LANDSCAPE
DESIGN

THE BEAUTY OF CURVE

景观设计之曲线之美

之

蔡梁峰　吴晓华　著

中国林业出版社

图书在版编目（CIP）数据

景观设计之曲线之美 / 蔡梁峰，吴晓华著. -- 北京：
中国林业出版社，2014.12（2019.7重印）

ISBN 978-7-5038-7770-4

Ⅰ. ①景… Ⅱ. ①蔡… ②吴… Ⅲ. ①景观设计－研究
Ⅳ. ①TU986.2

中国版本图书馆CIP数据核字(2014)第286034号

责任编辑：张华　何增明
电话：（010）83143566

出版发行：中国林业出版社（100009　北京西城区德内大街刘海胡同7号）
制版：北京美光设计制版有限公司
印刷：固安县京平诚乾印刷有限公司
版次：2015年1月第1版
印次：2019年7月第2次
开本：710mm × 1000mm　1/16
印张：12
字数：266千字
定价：49.00元

PREFACE 前言

线条是人类最古老的绘画艺术形式，无论地球的东西南北，从岩画到彩陶，无一不用线条来勾勒、模仿自然中的山川、日月、动物、草木，在中国逐渐演变成用线条来“画”字，从而产生了绵延数千年、不同于西方的象形文字——汉字，汉字书法不管如何演变依旧脱离不了线条，线条之美在乎力量、立体与节奏，毛笔运用之妙，存乎一心，然后通过书写日月山川才能传达书者的怀抱与心流。

虽然线条绘画是书法的起源，但书法又深刻地影响着中国绘画，以书入画是传统绘画的不传之秘，同样中国绘画艺术的核心就如书法的记事、抒情一样，绘画在于写意，它出于日月山川，表现的是绘者对大自然、人世间的主观感受。曲线白描画是我国传统绘画的最为重要的画种，东晋顾恺之勾勒轮廓和衣褶所用的线条“如春蚕吐丝”，也形容为“春云浮空，流水行地”，而形容唐代吴道子笔画有着“天衣飞扬，满壁风动”的效果，正是所谓的“吴带当风”。敦煌飞天正是借着这些“吴带当风”的水袖而有着御风而行的动人姿态。顾恺之与吴道子的线条有着传承关系但又截然不同，因为中国历代画家、书法家都凭借腕力赋予笔端挥洒的线条，是用来描绘个体心中的精神世界，线条也因此散发因人而异的独特魅力。通过简而又简的线条表达精神世界是东方绘画艺术有别于西方的最大特征。正如西方艺术大师马蒂斯所说：“东方的线画，是显示出一种广阔的空间，而且是一个真实存在的空间，它帮助我走出写生的范围之外。”胡兰成在《中国文学史话》中曾写道“西洋的古代文学没有写自然风景，近世的有写自然风景，如托尔斯泰写俄罗斯的大雪旷野中的马车、英国王尔德童话中的月光，但皆是只写了物形，没有写出大自然的象，那情绪也是人事的，不知自然是无情而有意，所谓天意。近世西洋的画家想要脱出物形，但亦还是画不得大自然的象。想要弃绝情绪，但亦还是画不得大自然的意思”。这当然有过于夸大中国传统审美高于西方之嫌，事实上，西方绘画艺术的理性、透视、色彩、光影亦是中国绘画所不及的，各有千秋。但传统西方艺术，无论在绘画、建筑、园林等方面往往只强调“人事”，而失去“自然”。比如绘画，传统西方大部分艺术作品主要表现宗教题材，而在中国流传于世的大部分名作多是溪流山川、花鸟虫草。美国美术史家菲诺罗莎，在谈到东西方绘画的比较时，说过这样一段话：“西画注重实物的摹写，但这并非绘画的第一要义，妙想的有无才是美术的中心课题。东方绘画虽无油画般的阴影，但可透过浓淡去表现妙想；东方绘画具有轮廓线，乍看似觉不自然，但线条的美感是油画所没有的；西画油彩色调丰富，东方绘画则少而简约，但色彩的丰富浓厚，可能导致绘画的退步；东方绘画比较简洁，简洁反而易于表现凝聚的精神浓度。”东西方绘画艺术的差别也同样深远影响到其他艺术门类的差别，比如建筑与园林（东西方绘画艺术比较）。

中西方建筑与园林同样有着鲜明的“从属于自然”和“高于自然”的区别。虽然中西传统建筑都以方形格局为主，但中国传统建筑是以四合院为单体集群的水平发展结构，内敛于自然之中，天（自然）人合一；西方建筑是开放的单体的空间格局向高空发展，处处体现“人”的至高无上。至于园林景观则更甚，西方园林几乎是完全的、精确计算的几何构成，若脱离历史语境，就凡尔赛宫的园林而言，简直不值一观。而中国传统园林讲究园林山池的绵延不绝之美，或依据场地现状山水优势因地构物，或叠石堆山，曲水流觞。除了建筑，皆以曲线构成为基底，户外山水、步道、植物都从属于自然的绵延。

但真所谓物极必反，《红楼梦》第十七回《大观园试才题对额 荣国府归省庆元宵》对园林营建有详细的描述，蔚为大观，以至于贾妃看园内外如此豪华，默默叹息奢华过度，并劝道：“以后不可太奢，此皆过分之极”。讲究“天人合一”的中国园林最后到了明清之际却进入了小小的“壶中天地”，贵族士大夫寄情的“山水”，只不过是仕途受阻、朋党倾轧失败之后龟缩的“盆景”，借以自嘲和自我催眠，陷入在叶公好龙的两难之中，不惜金银，用奇珍异石、奇花异草堆砌的“自然山水”园，并非真正崇尚自然，热爱山水，他们的“拙政”与“退思”显得极其猥琐，国之将凋，其鸣也哀，中国园林的山池之美进入明清以后，就是千篇一律的重复，我并不知苏州的留园与网师园有何本质的不同，更甚的是有大量的园林专业的各种大师、专家毕其一生研究它们的欲扬先抑、透瘦漏皱、借景、框景、窗景……著书立说，我不知道对这些“盆景”的研究对当下生态危机，对雾霾是否有帮助，也不知道他们这样的一生是否有意义。这种畸形、病态的审美就如文学到了明清再未出现《诗经》的天真、汉乐府的清新、唐诗的雄阔，只剩下满篇的无所谓（自我放逐），以及哀怨与愤怒。由于这种近乎病态、畸形的审美以致国运衰敝，在各种灾难的近代史事实下，到20世纪“五四”新文化运动和文学革命的“全盘反传统”和“全盘西化”的激进主义思想，使国人不仅在物质、制度层面，更在精神层面几乎是全面地倾向于西方，中国传统文化根基基本坍塌，也包括人们对待自然中山川日月的审美文化。

当今中国，科技日新月异，经济繁荣，社会安定，国力较之百年前已不可同日而语，但不合理地开发利用自然资源所造成的生态环境破坏也极为严重：山体破碎，河道渠化，农田、森林、湖泊消失，公路无序蔓延，割裂的斑块……这些问题并非仅仅是经济利益的驱使，从哲学角度讲，这源于当下的我们与健康传统文化的失联太久，我们已走得太远，忘记了出发的方向，自然之中的一切形体都是绵延起伏的曲线，曲线的本质是婉约和缓慢，但我们让绵延的山脉崩裂，让蜿蜒的河流取直，使柔和的湖泊变成平地，使散漫的村落变成划一的“美丽乡村”……我们使所有大自然奇妙婉约的曲线依照我们的想法变成生硬无趣的多边形！当下是我们需要重构“天（自然）人合一”的审美文化的时候了，天人合一并非狭隘的壶中天地，而是“出去到日月山川里”的广阔、简单、健康与欢喜，遵从自然全美或者自然至美的环境美学，才能让自然与人类相依为命，相濡以沫。心理学家认为人类与自然越接近，心情越愉悦，现代社会人们更多地被科技所绑架，一部更好的手机或者更好的汽车带来的快乐并不能维持多久，更严重的问题是这种单纯以追求物质的生活方式不仅带给人们群体性焦虑，也是造成生态危机的根源。苏格拉底来到巨大的贸易市场的时候，惊叹道："原来这个世界上有这么多我不需要的东西"。梭罗在瓦尔登湖垂钓鲈鱼道："我们的生活都被耗费在细节上……简单，再简单"。当下的青年们日益严重地被智能手机文化所"殖民"，我们喜欢用手机去拍一朵花，却不是用"心"去看这朵花。

对于景观设计师而言，景观不是园林那么狭隘，景观是大地，是大自然。我们抱着乐观主义的精神，相信我们的"甲方"和受众终将会回归自然，我们也必须与自然相濡以沫，否则我们来于自然，又将归于何处？因为自然形态的本质是曲线，要做到"天（自然）人合一"，我们需要做的就是抚平大地的创伤，让山脉绵延，河流蜿蜒，湖泊重现，村落掩映。简而言之：曲线之美即自然之美。作者在《景观设计之方块之美》一书中已讲到景观除了自然之美还有人类从人性出发的智慧之美，景观设计师可以通过曲线之美修复自然，但同样可以通过曲线之美营造为城市居民提供生态服务的人工景观，而这些着重体现自然之美的人工景观又能起到对城市居民感受自然美学的启智作用。本书正是有鉴于此，通过曲线构成的方法演绎各种形式的场地景观设计。中国传统绘画艺术的曲线白描源于自然，绘画又反哺于中国早期山水园林，因此山水园林是人类先民充分结合自然的一种诗意栖居的智慧，但如果我们脱离自然本身，以龚自珍《病梅馆记》中的病梅为美，我们终将失去我们的伊甸园，皮之不存，毛将焉附！本书虽然以曲线构成的角度来演绎各种曲线基底景观设计，但作者的根本思想还是：曲线源于自然，设计从属自然。

本书共分五章，第一章圆形，圆形给人以永恒圆满的意象，是曲线的极致，受景观设计师的偏爱，但往往容易流于形式，成了无趣的"大饼"，本章意在如何营造纯粹而生动的圆形景观。第二章曲线地形，主要从等高线的角度创造景观地景艺术以及艺术地解决坡度场地落差。第三章长袖善舞，以传统线描画中的飞天水袖曲线为原型，变化出无穷的场地景观设计。第四章曲线肌理。从自然中存在的曲线肌理形态，以及从绘画艺术作品的肌理形态应用于景观设计之中。第五章分形景观。本章将以该大型场地来分解景观曲线分形设计步骤，通过曲线的逐级分形从宏观、中观、微观分解空间和联系空间又统一空间。分形曲线景观不仅展示了数学之美，也揭示了世界的本质——一沙一世界。

本书是《景观设计之方块之美》的姊妹篇，两书殊途同归，第一，是希望景观设计初学者可以通过直线与曲线进行景观设计构成练习，培养空间变化能力。第二，希望读者能够明白景观设计不是故弄玄虚，不是忽悠吹牛，而是解决场地的实际问题，简约而不简单。第三，带着仁爱之心，工匠之心创作人性景观。第四，自然至美，景观设计师永远要亲爱自然、敬畏自然。

2014年8月5日

目录 CONTENTS

第1章

圆

中国传统文化对圆有一种近乎图腾符号的崇拜，象征着阴阳调和，吉祥圆融，循环往复，生生不息。在传统建筑、园林中处处都可以见到圆的影子，但是除了皇家祭祀场地，很少出现如古罗马斗兽场般庞大的圆形场地，一般都表现在一些细部结构上，比如木质雕式、园林铺装、圆洞门、拱桥等。究其原因，几何意义的圆是不存在的，只有无限接近圆的多边形，直径越大的圆所需的边的数目越庞大，因而中大型圆形结构场地必须基于严格的数学计算，而中国传统文化擅长经验积累，不擅逻辑推理，故而，在中国出现的圆形元素景观都属小型，即使《清明上河图》中，也很难见到中型圆形景观。另一方面，弧形景观对材料的浪费极为巨大，施工难度尤甚。当下国内在楼盘和市政广场中出现的硬质中大型圆形景观比较多，无非是表现奢华与豪气，失去人性的尺度与情感。所以，在现代景观设计中，圆形硬质景观依旧应该是宜小不宜大。

案例尺度

在本书前四章中我们将继续延续《景观设计之方块之美》一书中的场地尺度，演绎曲线景观设计变化。

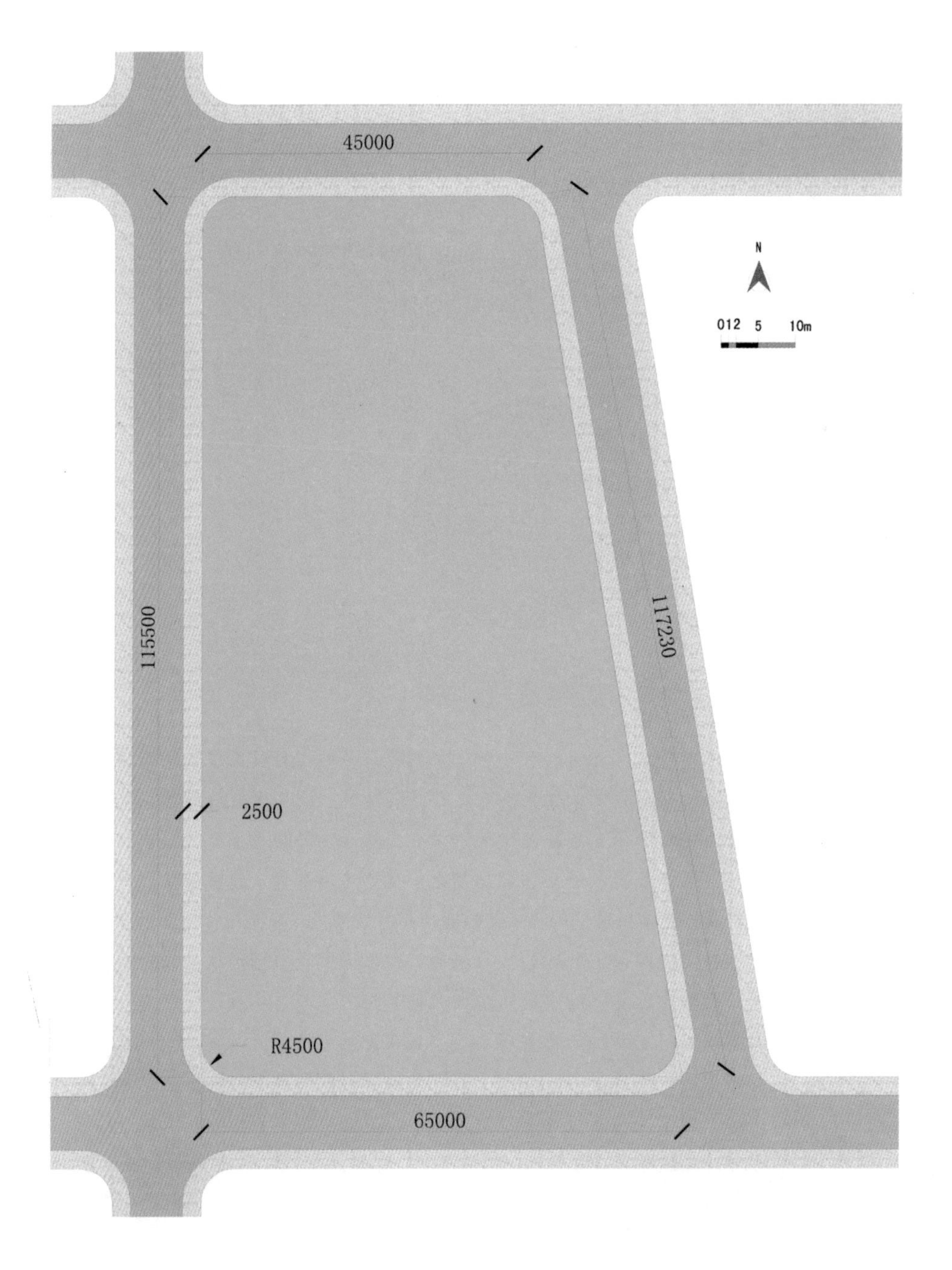
45000
N
012 5 10m
115500
117230
2500
R4500
65000

碎石倾置

孩子们都喜欢玩沙子、挖个洞、堆个山。对于景观设计师而言，碎石就如孩子手上的沙子，它有无穷的可能，能变化出怎样的景观呢？

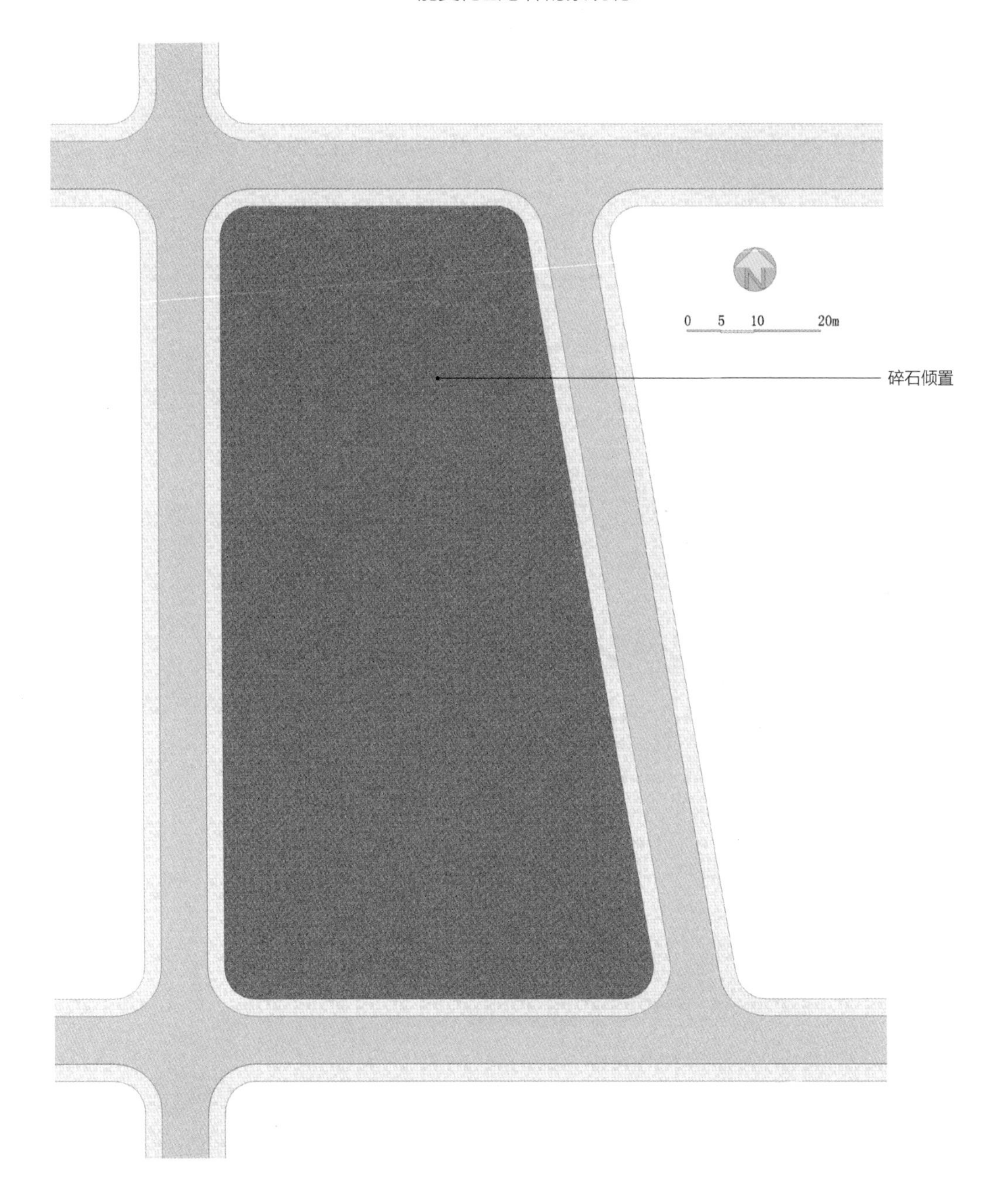
N
0 5 10 20m
碎石倾置

树而成圆

两千多年前的墨子给圆的定义是：圆，一中同长也。自古以来人们从日月的形态获得圆形的概念，由此而膜拜。岩画、玉器、青铜器、陶器等无不深深地留下圆形的烙印，并影响到中国传统阴阳哲学观，留下太极、八卦等东方哲学图腾符号，传承至今，圆也成了美好的代名词：圆满、圆融、圆润。以至于学生也好，设计师也好，业主也好，在景观设计中都强烈地、顽固地喜欢圆形构成形态，物极必反，圆的向心性演变成圆滑与集权，这也就是城市大广场中“大饼”如此多的原因，尤其是圆心中加一个雕塑千万需要杜绝。没有真正的圆，只有无限接近的正多边形，回到圆的本根，人们从圆形中得到的是一种模糊、神秘的宇宙意识及东方阴阳辩证的哲学观，如下图因树围合而成的圆，因其无，成其有。

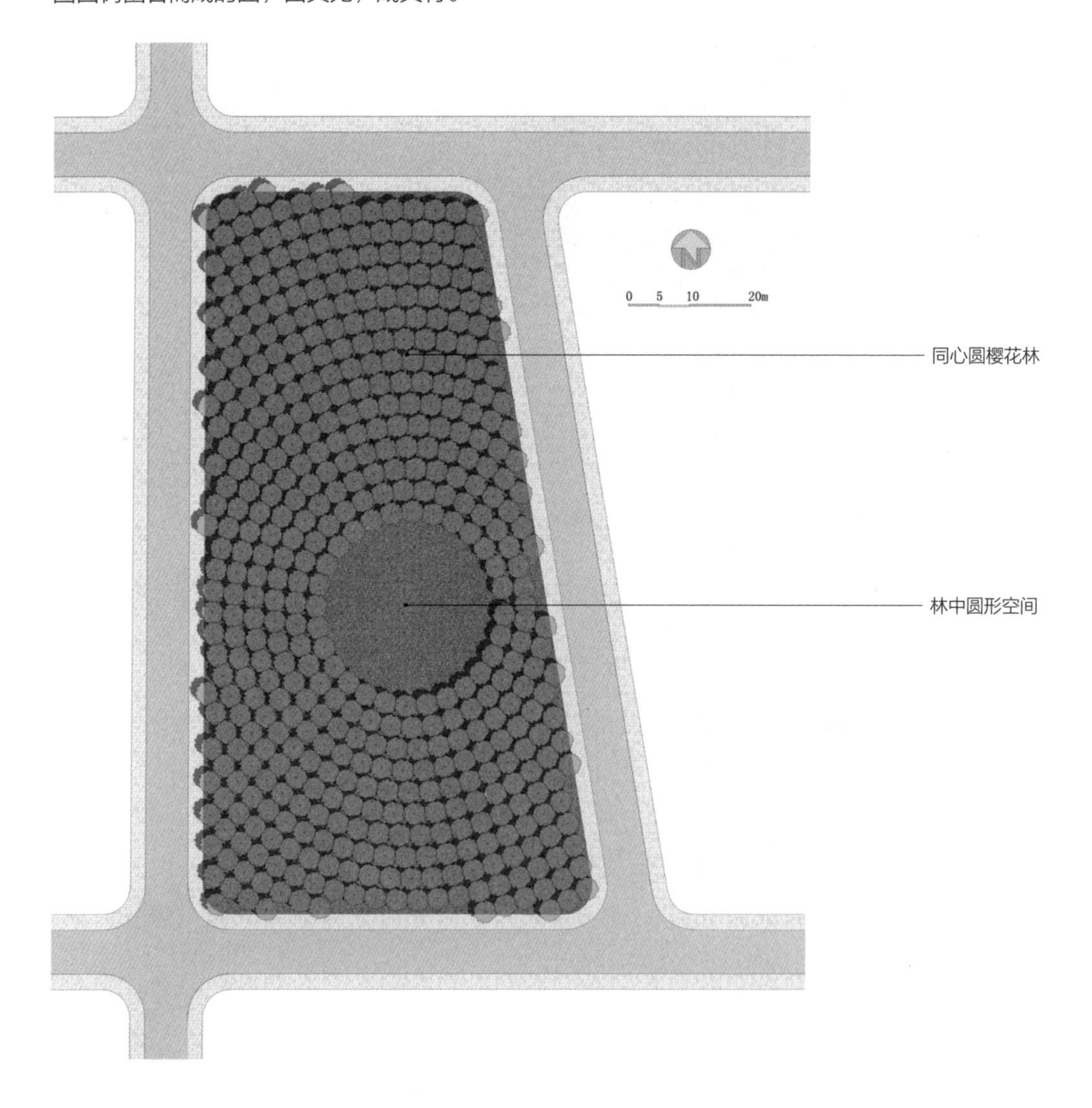
N
0 5 10 20m
同心圆樱花林
林中圆形空间

漂浮草坪

20 世纪，国外有很多神秘麦田怪圈的出现，大多被证明是自然雕塑艺术家的一种大地艺术。景观设计不同于建筑设计就在于我们可以使用自然中的元素进行创作，不仅仅是作为景观设计师，也是自然雕塑家和大地艺术家。就我而言，一堆泥土远比一个游戏好玩，不管走多远，我们终将回到土地。草坪该如何漂浮？树可以是哪种？

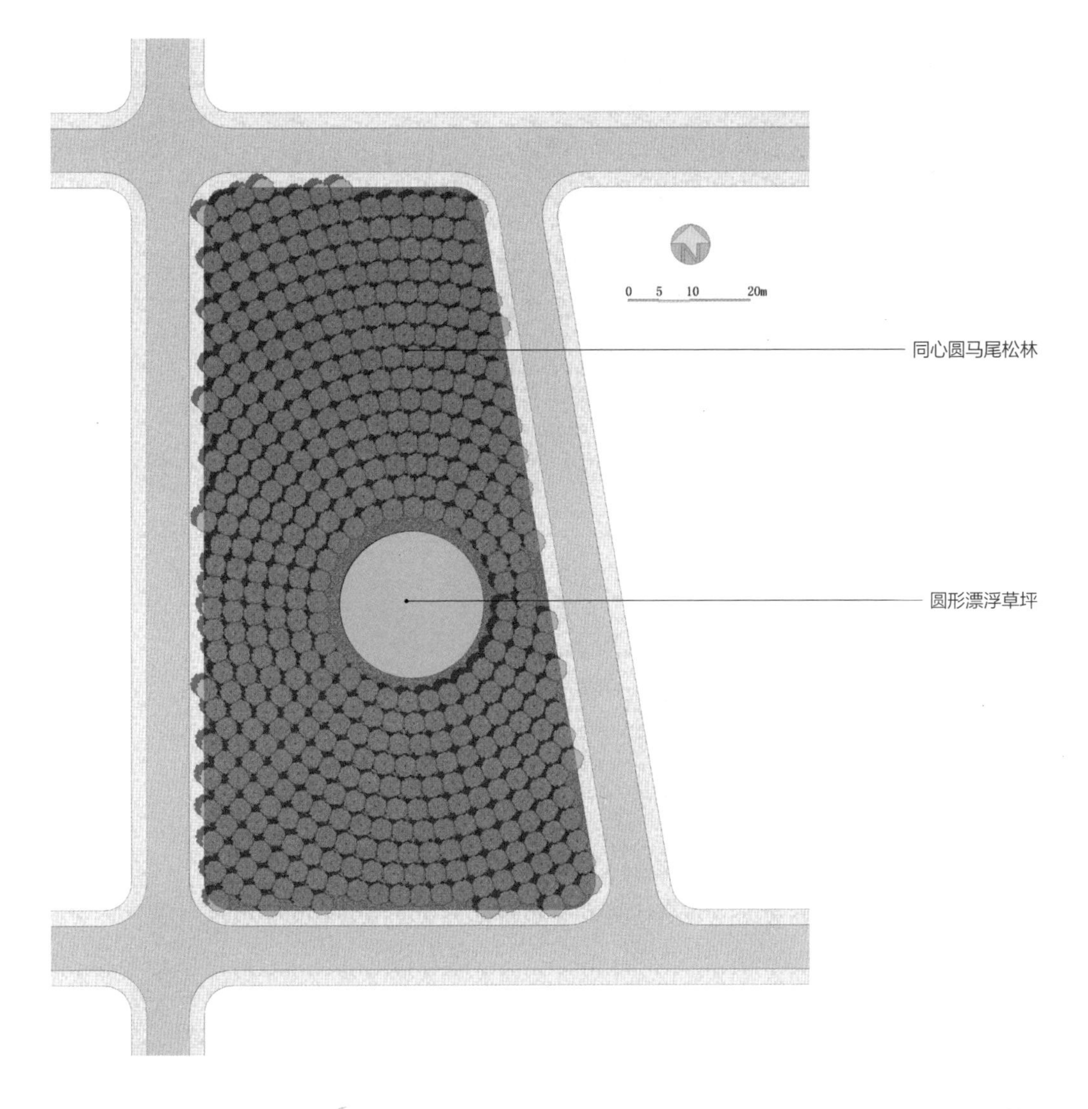
N
0 5 10 20m
同心圆马尾松林
圆形漂浮草坪

林中之镜

穿过水杉林，悠长的树干勾勒出林中空隙的穹顶，宛如镜子的水面微高于地面，倒映着天空、树和注视它的人，微风吹皱了水面，使反射的阳光在黝黯的林中摇曳起来。若是其中增加雾森，能使这片林子更加奇幻。如此简约的设计是否削弱了使用功能？它能否成为人们休憩、散步、太极或者瑜伽的理想场所？

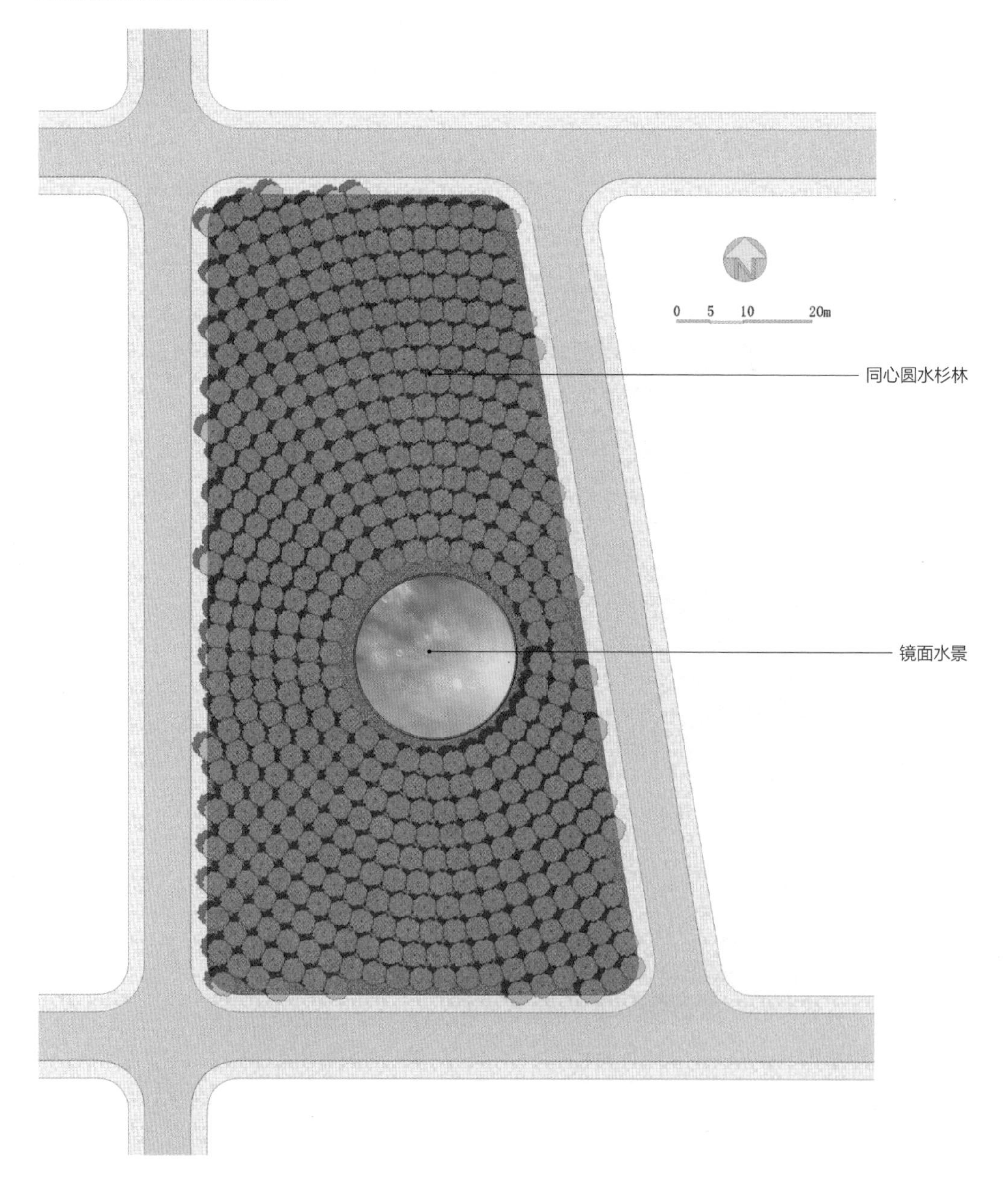
N
0 5 10 20m
同心圆水杉林
镜面水景

生长的绿球

一个个绿色的球面仿佛水面上的肥皂泡，在那里生长，灰色碎石的粗糙与球面的圆润及生命的绿色形成鲜明的对比，碰到人行道被切掉的两部分需要考虑依坡而行的挡墙。

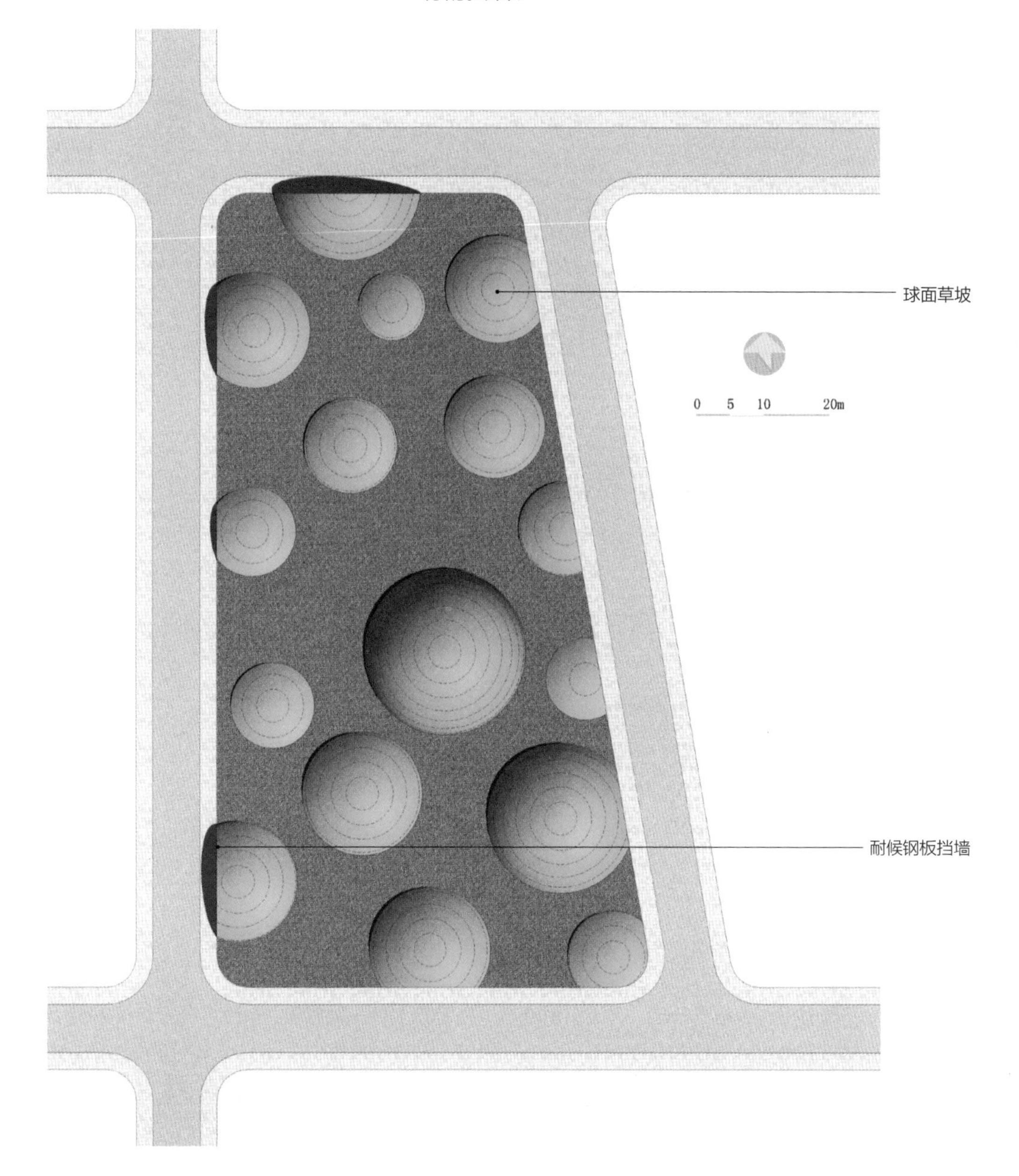
球面草坡
0 5 10 20m
耐候钢板挡墙

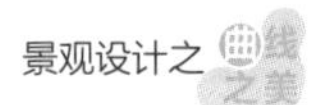

紫花地丁

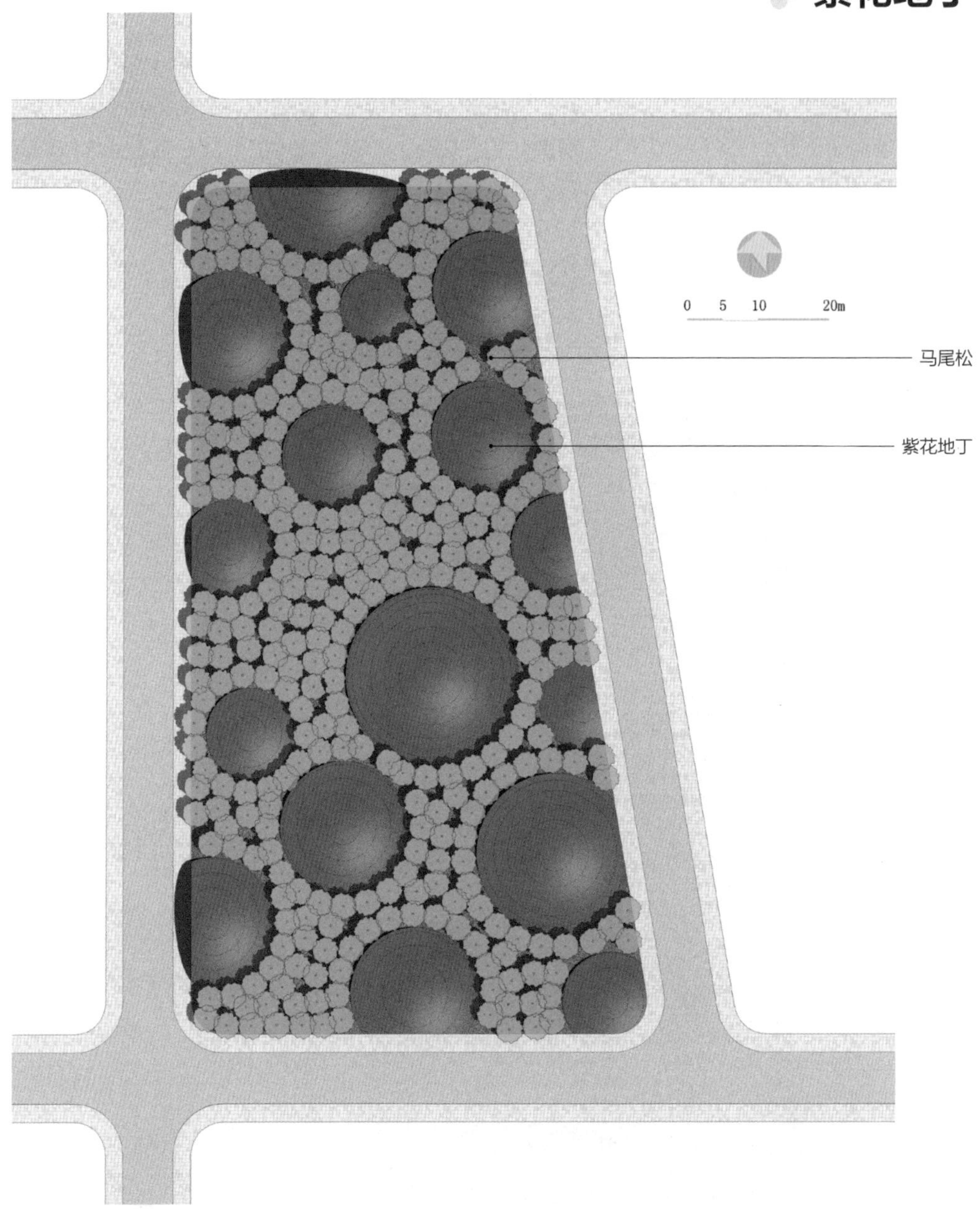
0 5 10 20m
马尾松
紫花地丁

景观设计有时没法分析为什么，比如这里就觉得在碎石上种一片松林，待红色的松针铺满地，孩子们可以来捡拾松果，大量的松花粉，可以做成糕点……

球面地形为了保障其曲面的圆润，地被除了草坪以外也可以是紫花地丁、蒲公英、车前草、毛地黄等一些生长粗放的矮小植物。

一个圆的舞蹈

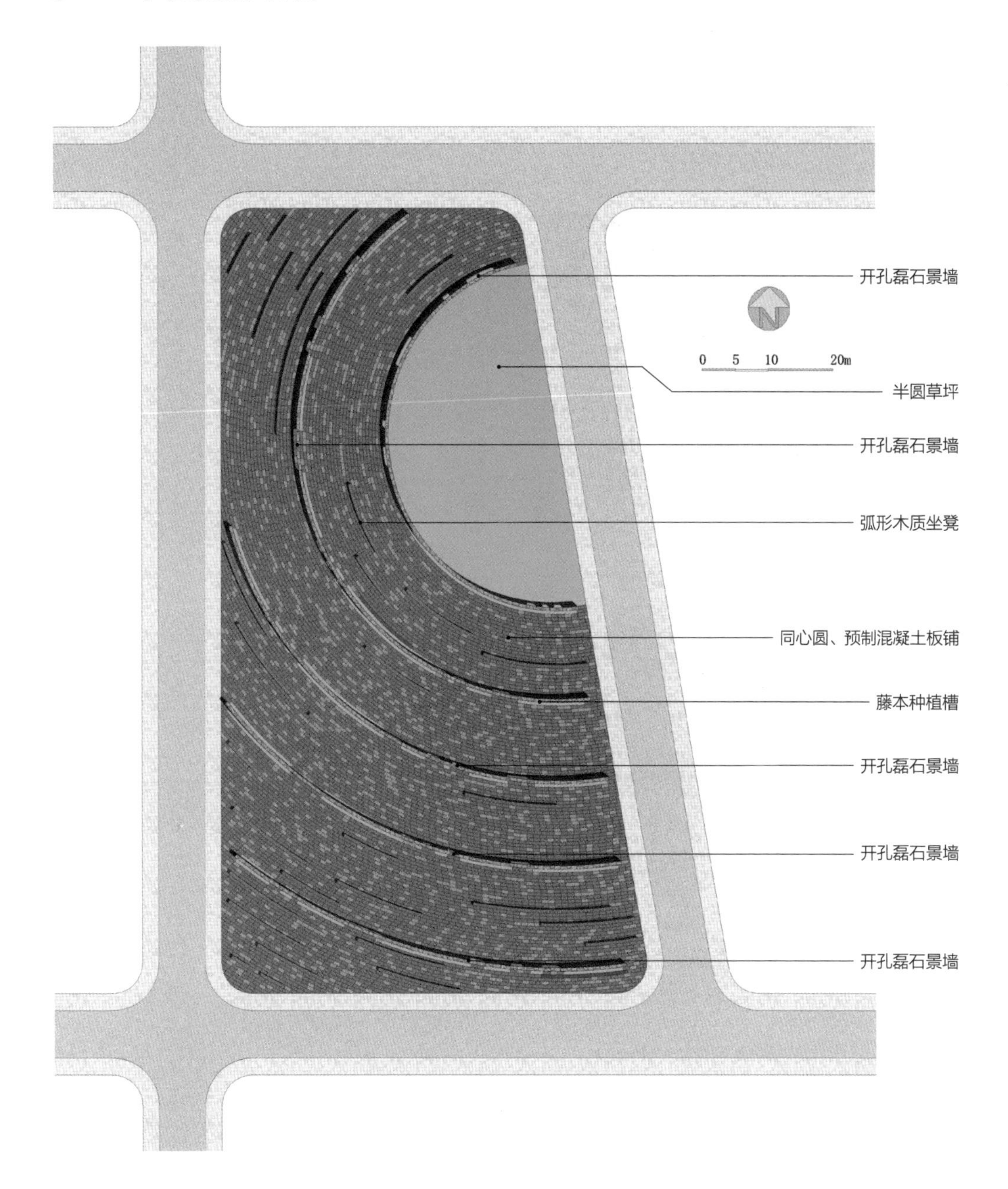
开孔磊石景墙
0 5 10 20m
半圆草坪
开孔磊石景墙
弧形木质坐凳
同心圆、预制混凝土板铺
藤本种植槽
开孔磊石景墙
开孔磊石景墙
开孔磊石景墙

即使是唯一圆心的同心圆也能创造出多义、多重的空间效果，此图的草坪、铺装、景墙、坐凳 4 种元素依从于同一圆心，5 堵景墙分割出 6 个亚空间，开孔提供了穿越，坐凳提供了休憩，而粗糙的混凝土预制板在此肌理变得细腻。

樱花与绿墙

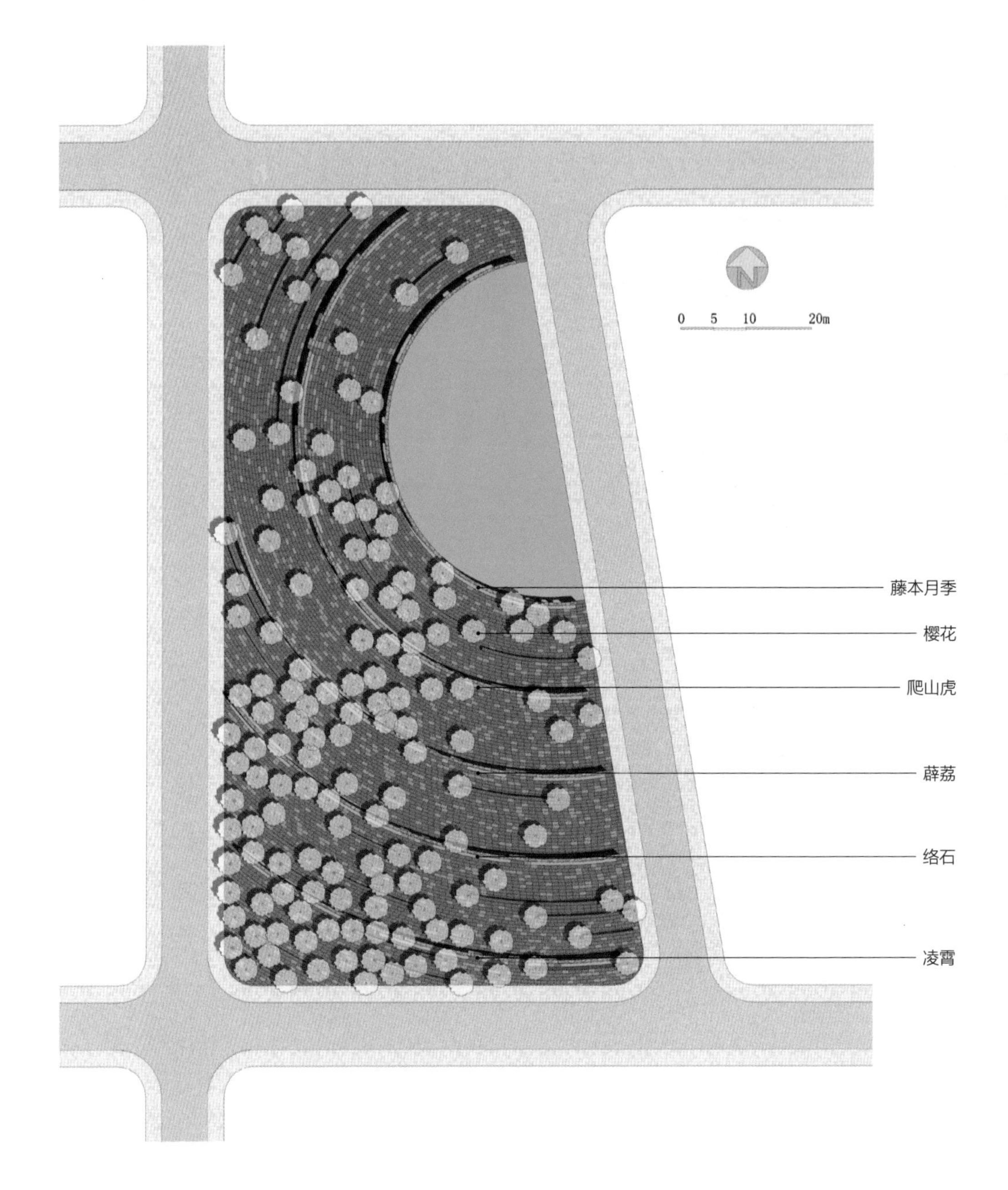
0 5 10 20m
藤本月季
樱花
爬山虎
薜荔
络石
凌霄

极简的构成中也能表达古朴的韵味，樱花的集散构成统领上层空间，5 道弧形景墙攀爬 5 种攀援藤本，在 2 年之内绿色就能覆盖石墙，因其品性的不同界定出各亚空间属性，人们穿过不同的门，会发现不同的景观。

细节与完美

由于国内景观设计周期较短，就我所知，大部分设计项目不论大小不会超过 2 个月，这导致方案设计师往往不能对场地作出全面的分析，另外，由于时间限制在方案阶段就没有深入细节，使得设计方案与施工图的脱节，不能保障工程细节的表达。因此，在条件许可的情况下，以及日新月异的计算机设计软件的辅助下，方案设计师应尽可能地完善细节，唯有细节才能构成完美。

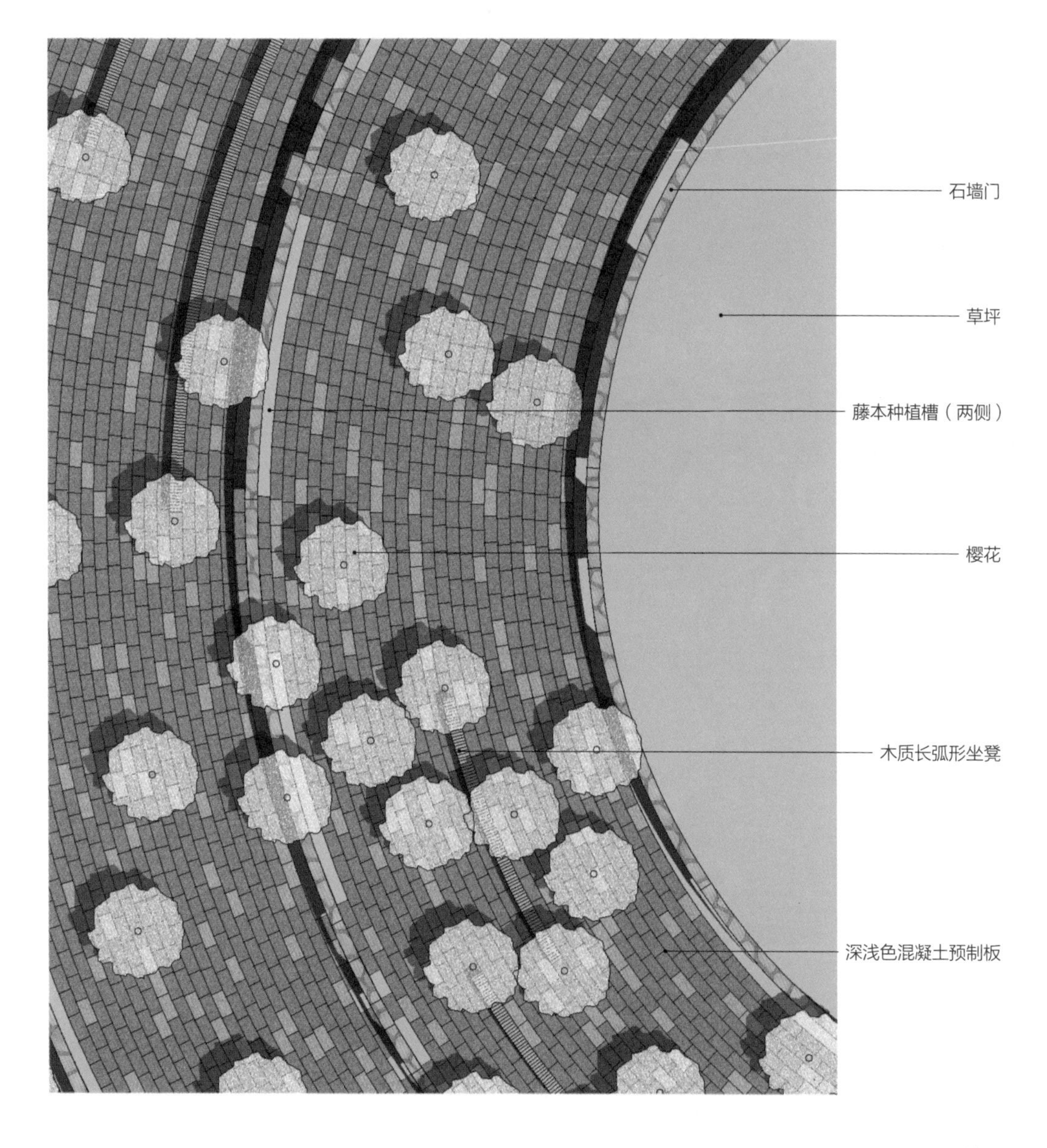
石墙门
草坪
藤本种植槽（两侧）
樱花
木质长弧形坐凳
深浅色混凝土预制板

四步成一图

大小三圆用相切线相连的泳池形式较为普遍，结合休闲及绿化空间，使空间效果柔和饱满。绘制 4 次线条即可得到基本形，第一步：绘制大小不等、圆心布局为钝角三角形的 3 个圆，然后用相切弧相连，得到泳池形状；第二步：绘制宽窄不一、环绕泳池的外围休闲空间；第三步：（一般泳池都为住区内庭）绘制曲线形式的入口线条；第四步：局部需要绘制入口平台与休闲空间的过渡空间；第五步：绿色空间自动形成。

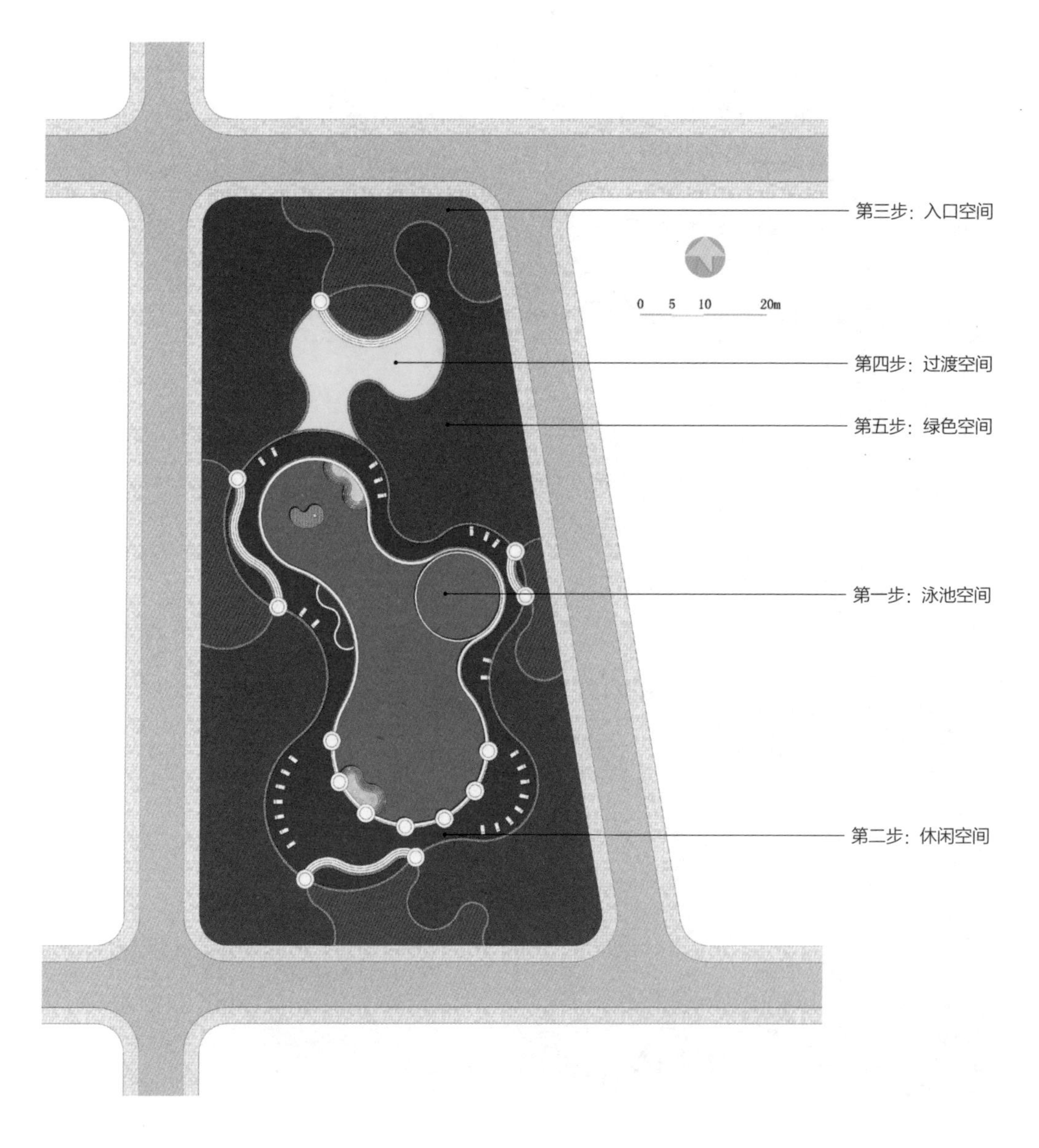
第三步：入口空间
0 5 10 20m
第四步：过渡空间
第五步：绿色空间
第一步：泳池空间
第二步：休闲空间

曲线泳池

布局确定以后需要明确泳池的各个功能，竖向上台阶的使用，甚至林下空间桌椅、躺椅的设置也能使画面产生强烈的感染力，此图线条并不复杂，但依然有一种内敛的华丽。内敛也是大部分景观设计需要依从的一种精神，宁可低调的华丽，不可土豪的奢华。

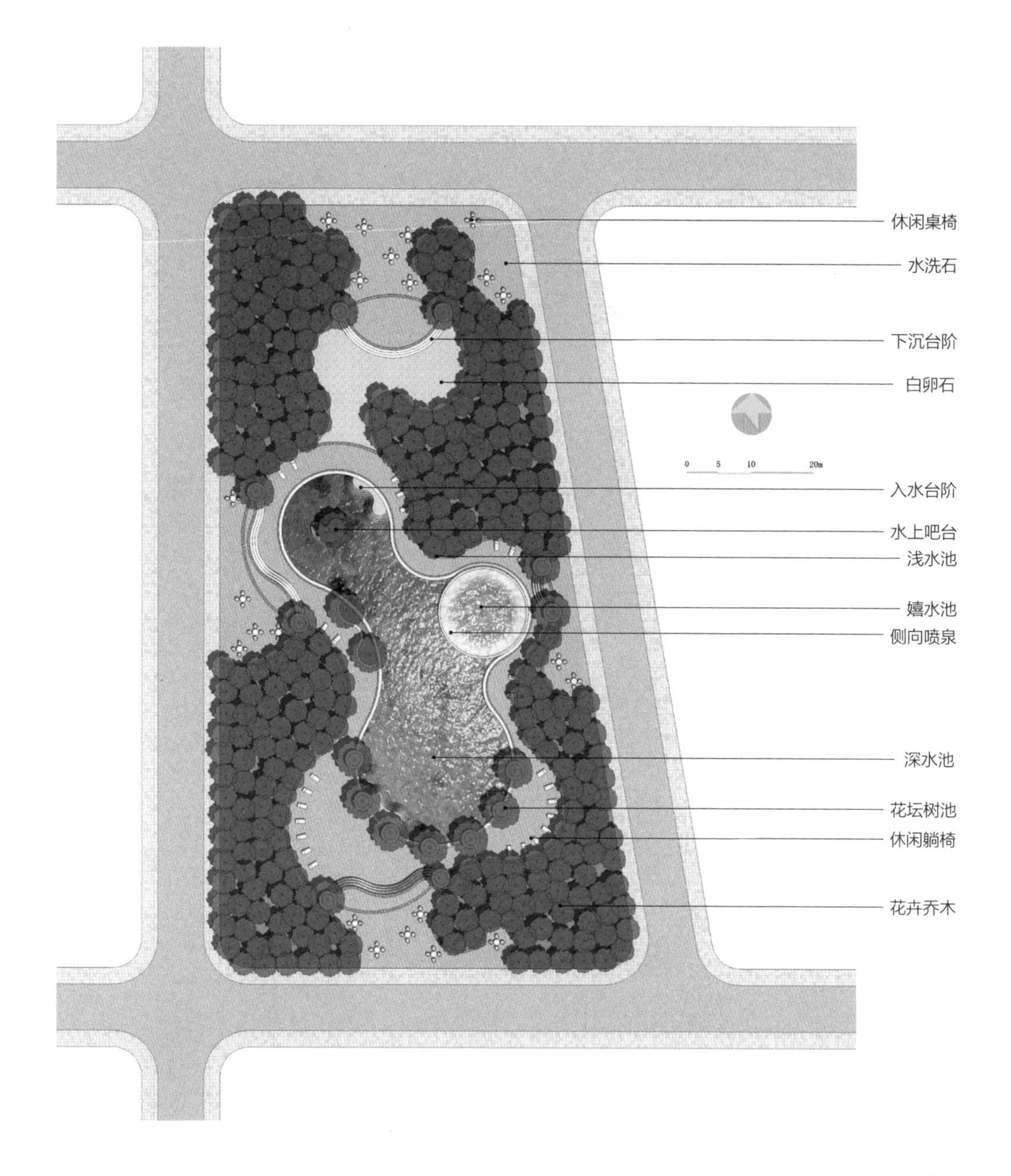
休闲桌椅
水洗石
下沉台阶
白卵石
0 5 10 20m
入水台阶
水上吧台
浅水池
嬉水池
侧向喷泉
深水池
花坛树池
休闲躺椅
花卉乔木

大饼接大饼

在教学当中，经常有学生喜欢用圆形构图，一圆接一圆的构图是懒人设计师的最爱，但往往除了铺装就没有其他“观点”（可观之处的点），因此而无趣。所以，即使是大饼接大饼的设计，也需要让这个“大饼”好吃才可以，才有“观点”。

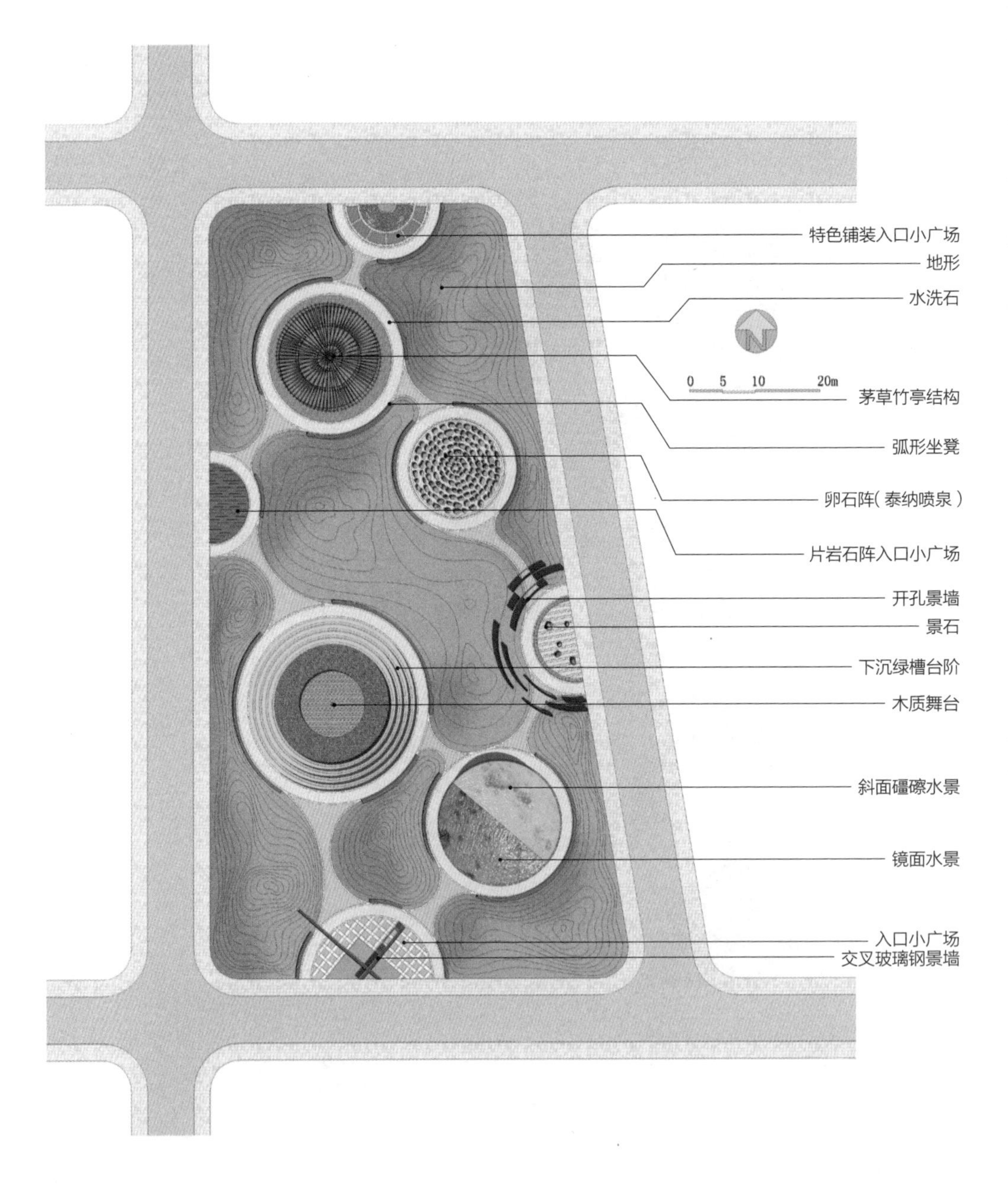
特色铺装入口小广场
地形
水洗石
0 5 10 20m
茅草竹亭结构
弧形坐凳
卵石阵(泰纳喷泉)
片岩石阵入口小广场
开孔景墙
景石
下沉绿槽台阶
木质舞台
斜面礓礤水景
镜面水景
入口小广场
交叉玻璃钢景墙

树荫之下

即使每个圆都已经有了观点，但若无地形与乔木，场地一览无余，就会缺少传统园林中步移景异的景观效果。

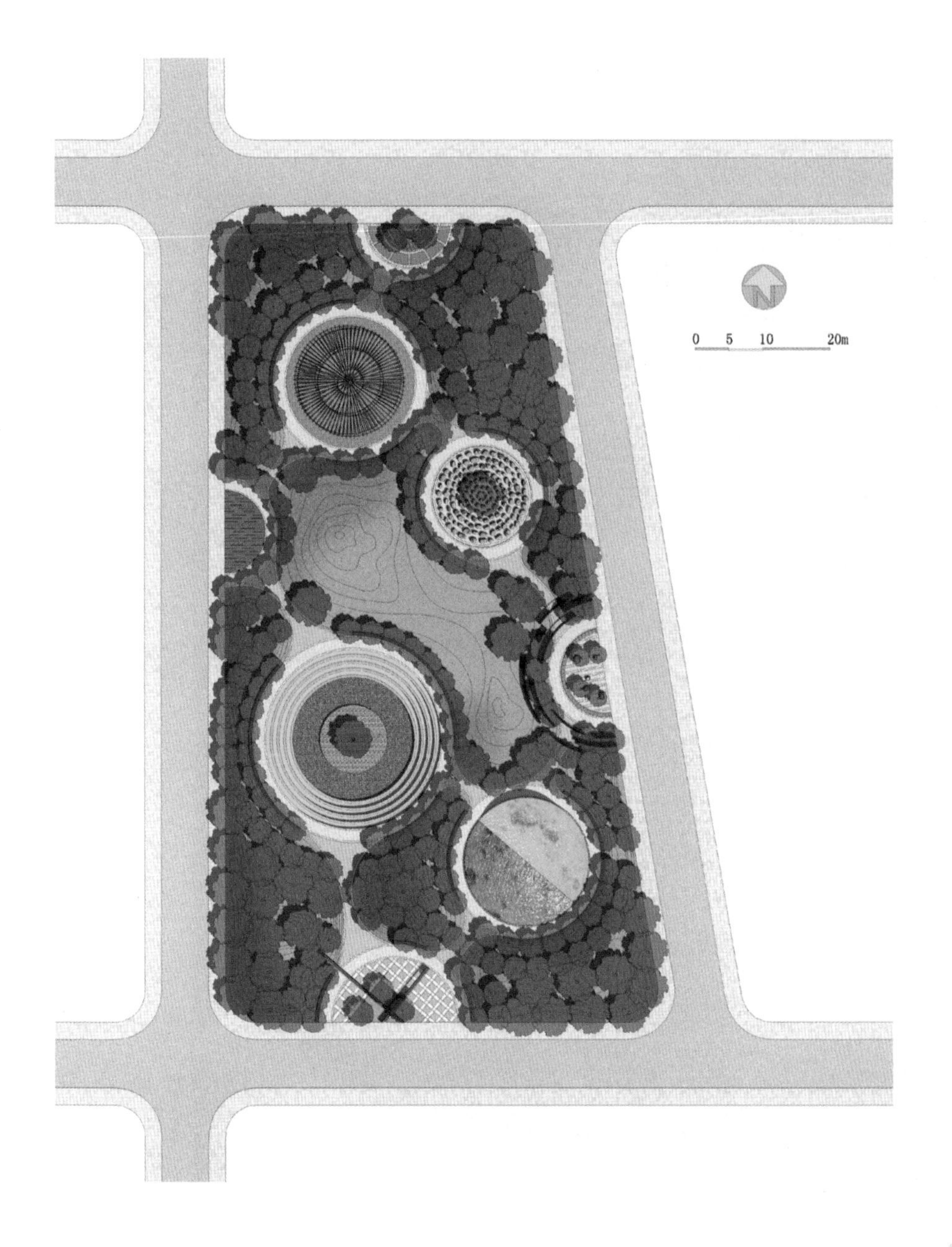
N
0 5 10 20m

局部一

圆形硬质空间的“观点”可以从以下角度出发设计：1. 依从圆形的特色铺装。2. 结合乔木形成的林荫。3. 以圆形为要素的景观构筑。4. 卵石、片岩等景观小品的点缀。5. 圆形空间的上升或下沉。6. 水景。7. 地形、矮墙、坐凳、乔灌木对圆形空间的围合。8. 圆弧中直线构成对其产生的对比效果。

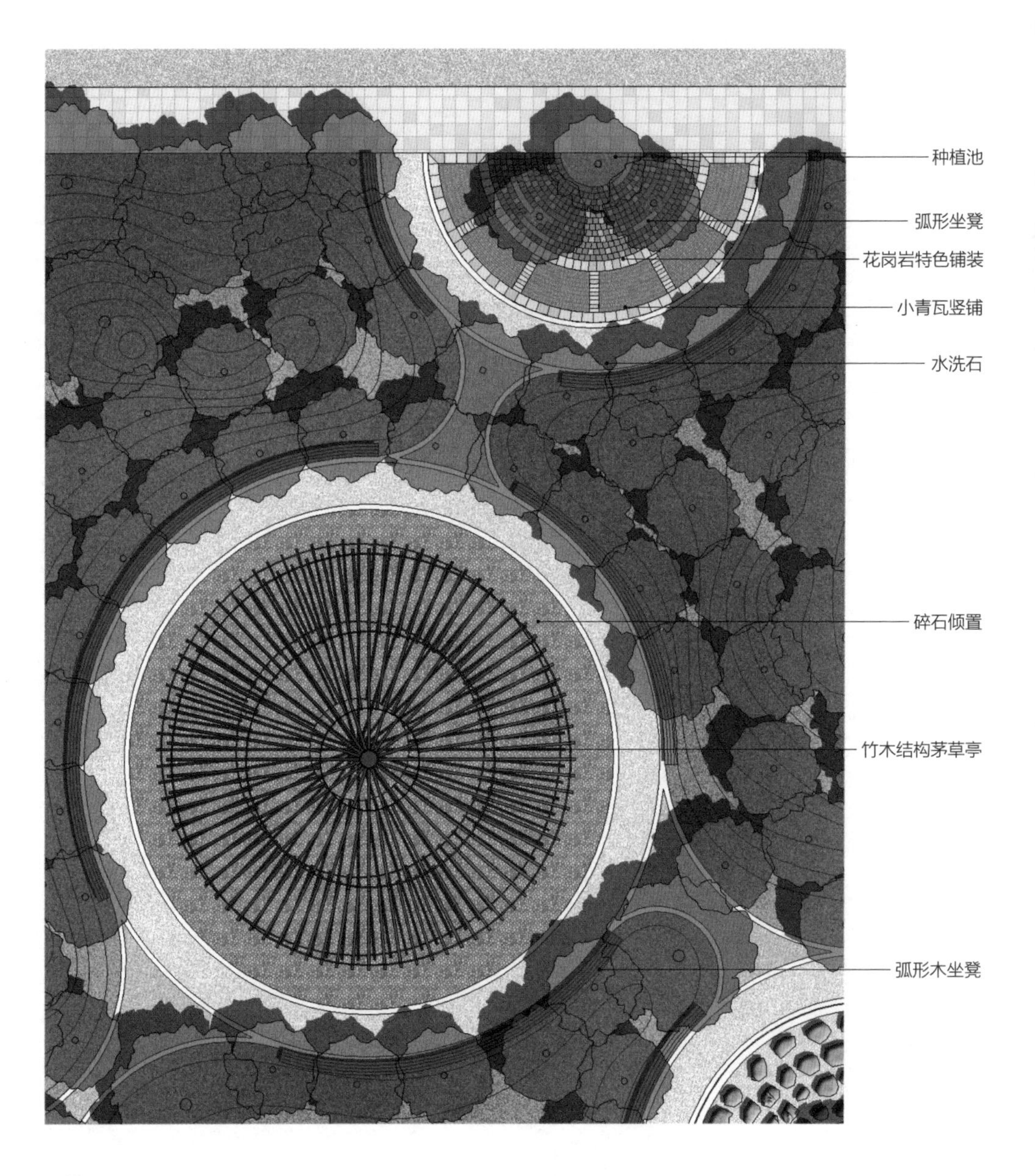
种植池
弧形坐凳
花岗岩特色铺装
小青瓦竖铺
水洗石
碎石倾置
竹木结构茅草亭
弧形木坐凳

局部二

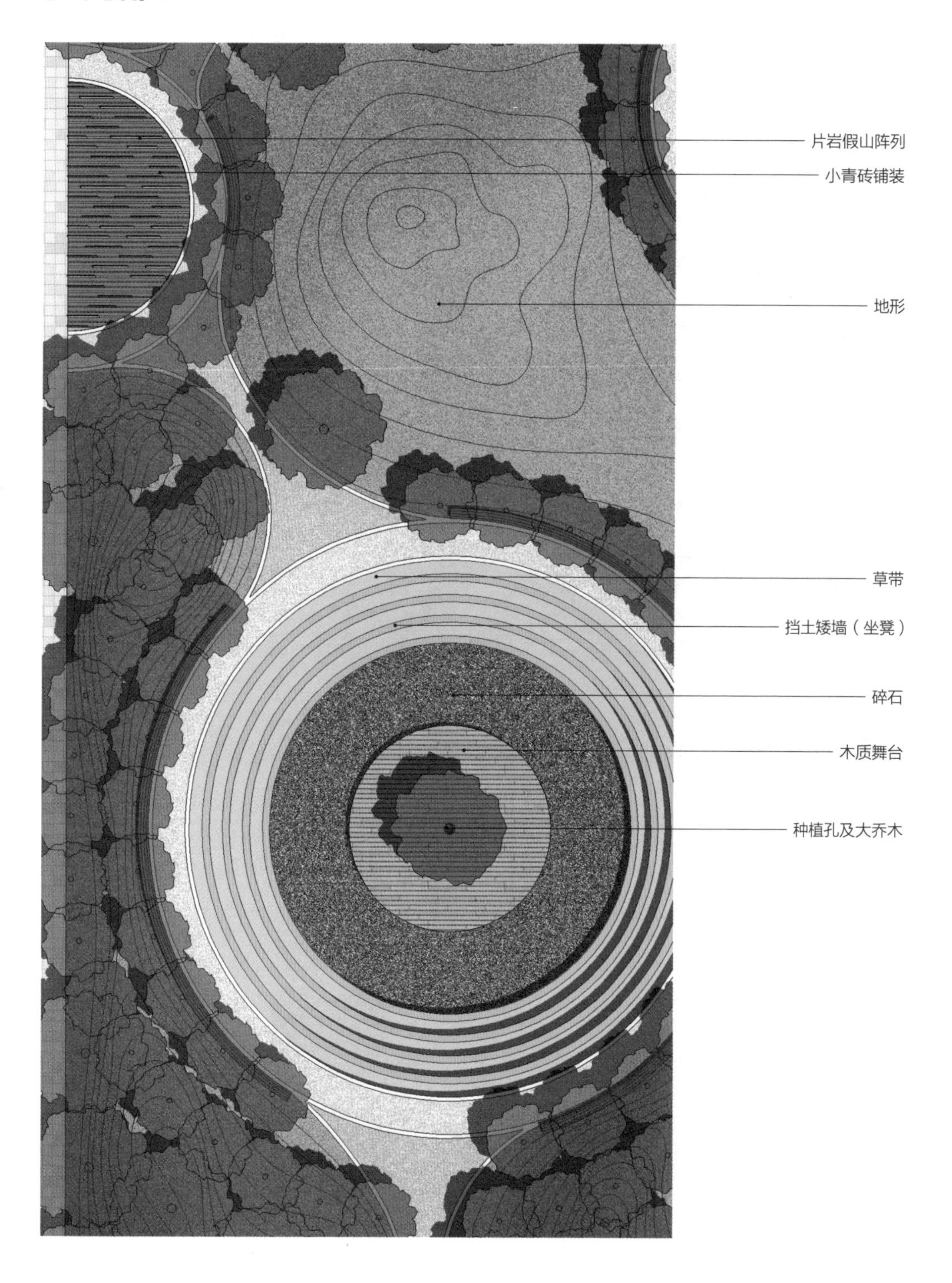
片岩假山阵列
小青砖铺装
地形
草带
挡土矮墙（坐凳）
碎石
木质舞台
种植孔及大乔木

局部三

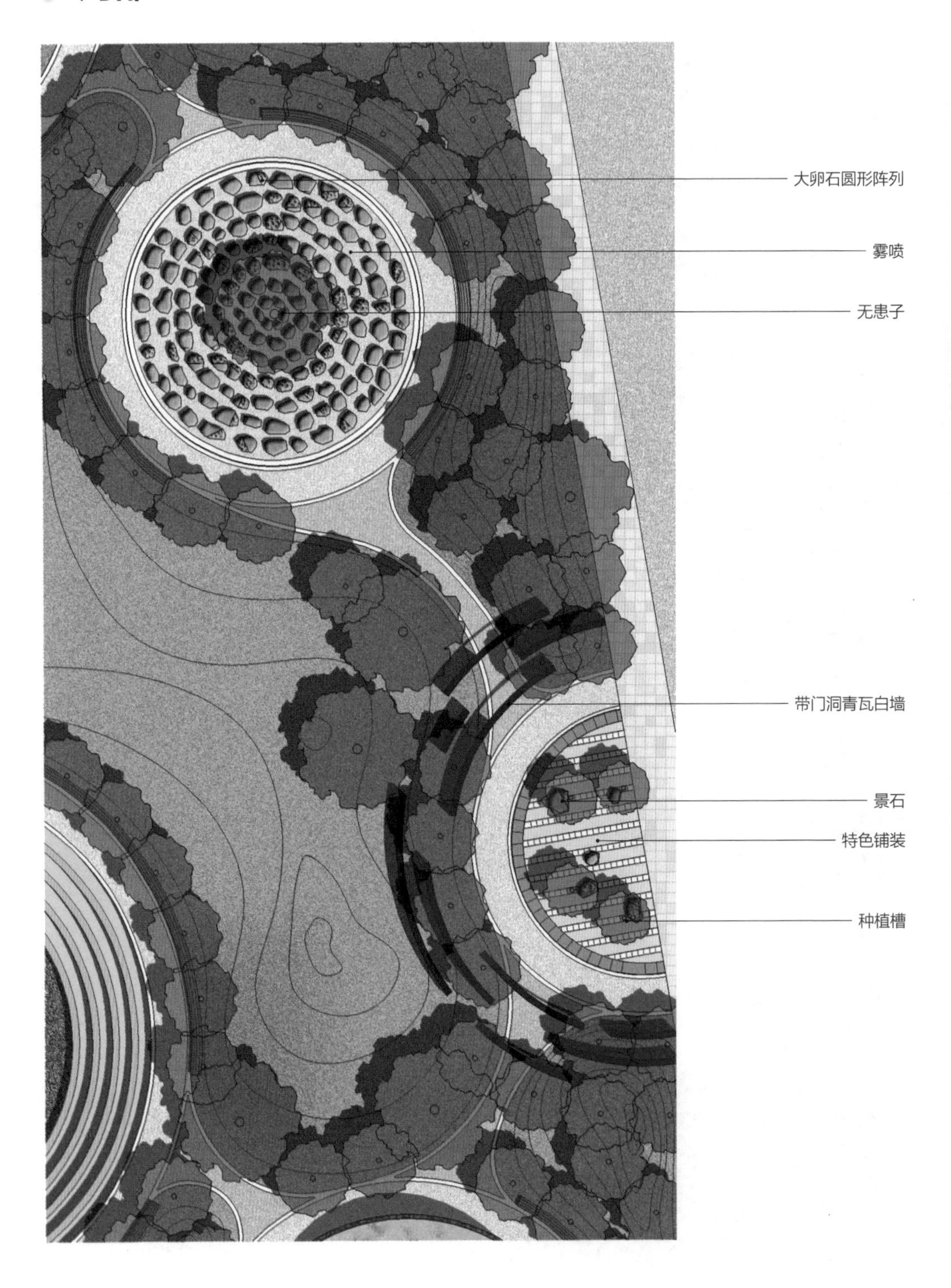
大卵石圆形阵列
雾喷
无患子
带门洞青瓦白墙
景石
特色铺装
种植槽

局部四

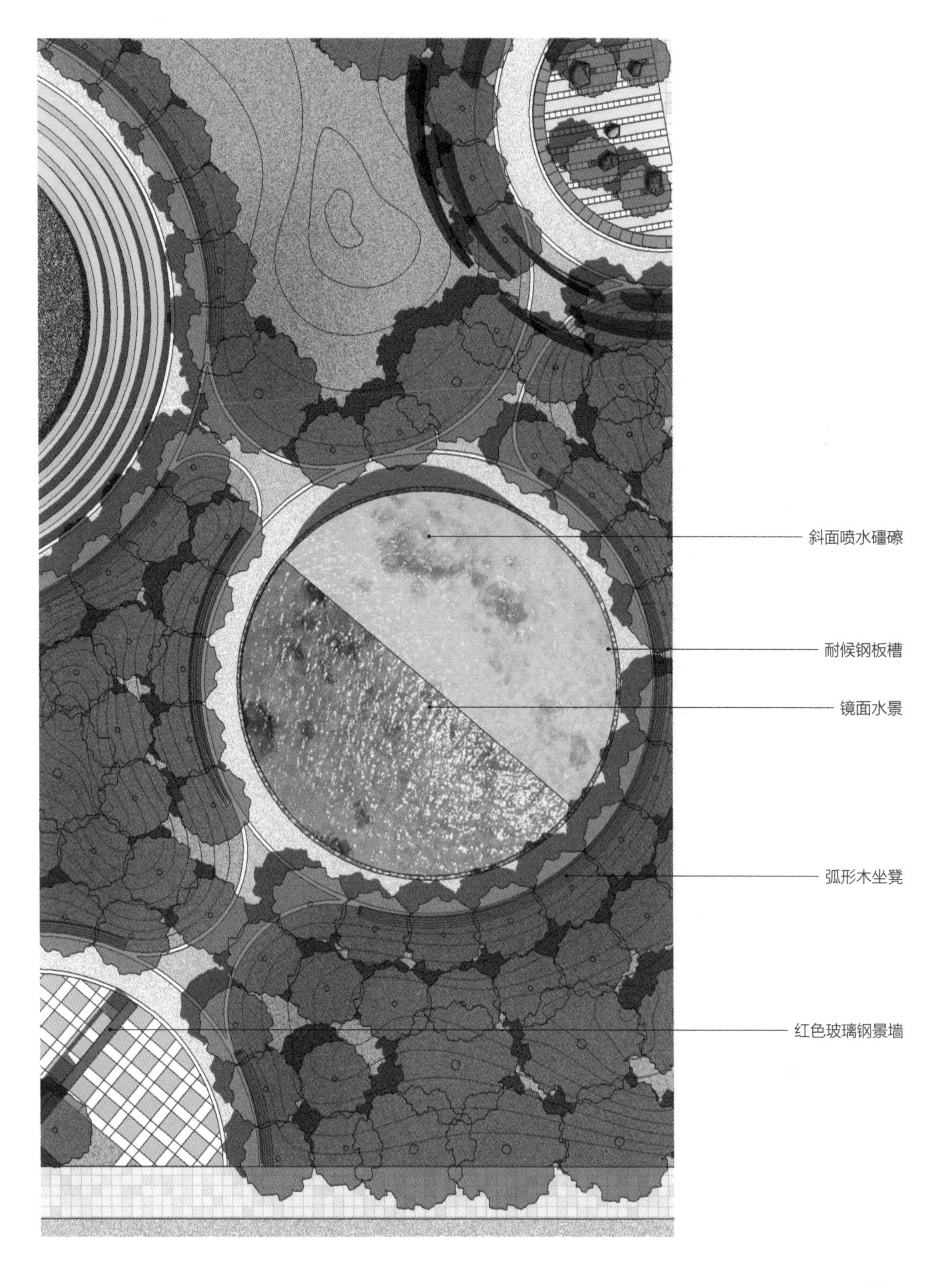
斜面喷水礓礤
耐候钢板槽
镜面水景
弧形木坐凳
红色玻璃钢景墙

三个麦田圈

虽然三个麦田圈引人注目，但若场地减去三个圆剩下的线条形成的面域也同样可以成为场地的重心。

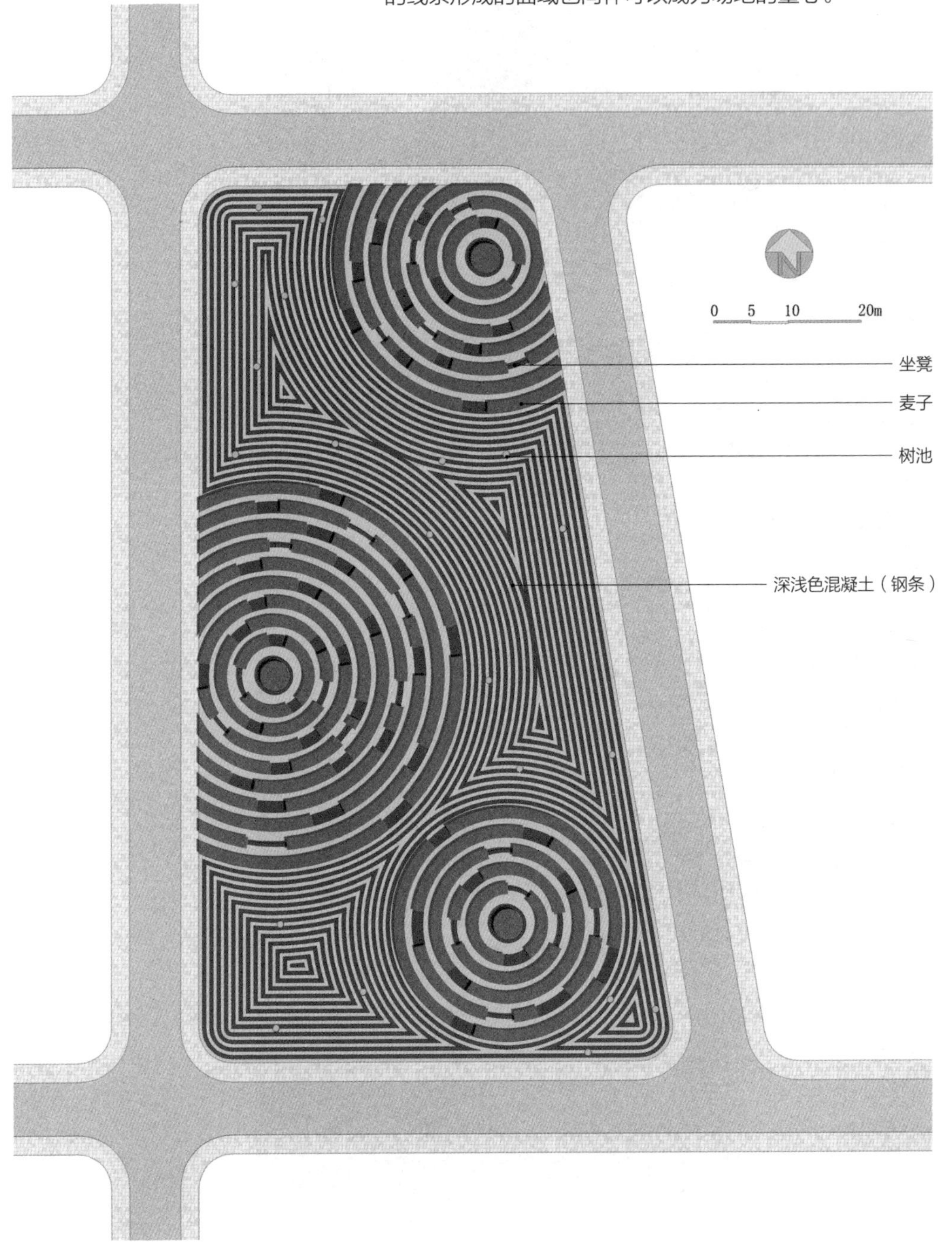
0 5 10 20m
坐凳
麦子
树池
深浅色混凝土（钢条）

第2章 曲线与地形

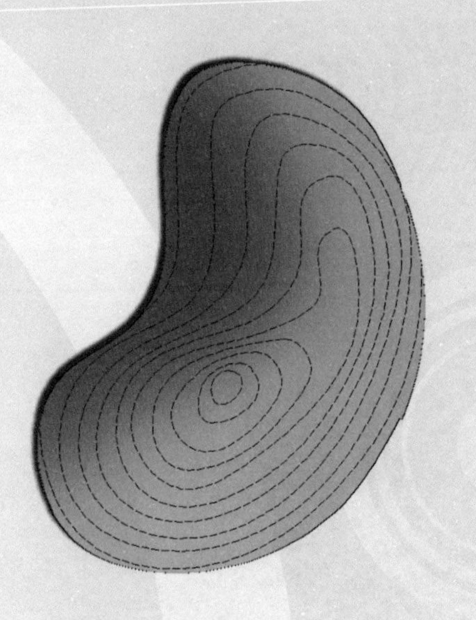

地形是景观四大要素之首，传统称之为“势”，老子说“道生之，德蓄之，物形之，势成之。”它包含着一种自然的力量与事物发展的趋向。因此，传统造园极其讲究因地构物、顺势而为，凭借业已具备的趋势而推进，称之为谋势、借势、乘势、任势。即使只有地形也能构成壮美的景观，比如高尔夫球场，虽然其生态的破坏性自不待言，但其连绵起伏的微缩版绿色丘陵地貌，岂能不令人动容，形容到图纸上，只是一连串的等高线而已。若我们将果岭草换成白茅或者蒲公英，它就符合伦理的审美需求。

异形曲面

当内缩的曲线成为一系列的等高线，这个异形曲面就仿佛是一个具有多种“山脊”的极限运动场地。同样的构成，当空间地形发生变化时，整个设计就因此翻天覆地。

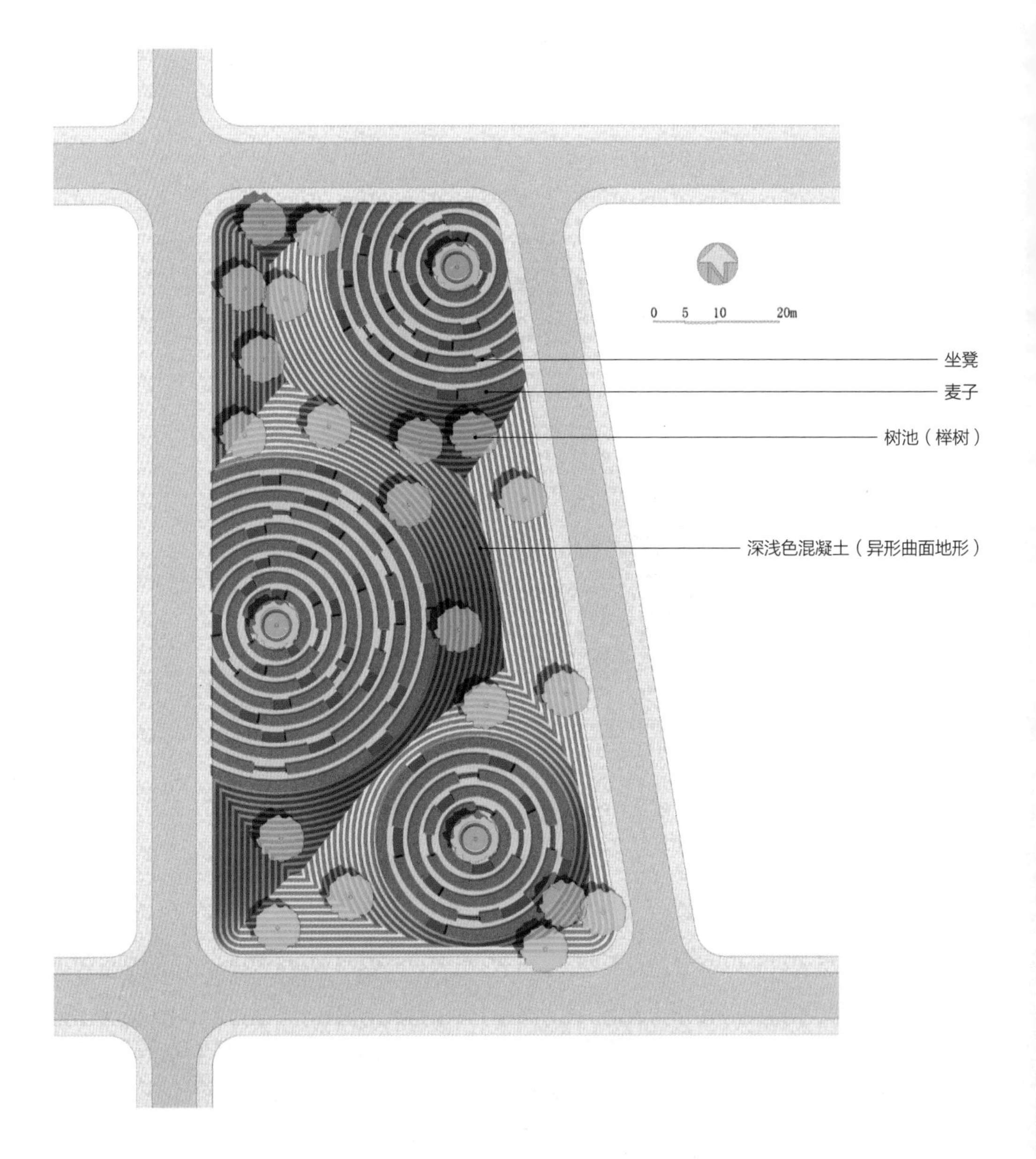
0 5 10 20m
坐凳
麦子
树池（榉树）
深浅色混凝土（异形曲面地形）

铺装上的岛屿

设计可以逆向进行，即在硬质铺装中寻找绿色空间及其他，上图中国黑与芝麻灰花岗岩平行间隔而成的铺装中漂浮着绿色的岛屿，需要用等高线来表达岛屿的高矮、陡缓、山峰、山谷、山脊以及部分出现的鞍部。等高线虽然由一系列简单的曲线组成，但要注意的是：1. 杜绝同距偏移，即使是微小的地形也需要有陡缓。2. 曲线应有渐变的疏密有致和渐变的轮廓转动才能使地形具有陡缓和扭动。3. 成图以后山脊线基本应是一条曲线而非直线。4. 鞍部通常最为舒缓。

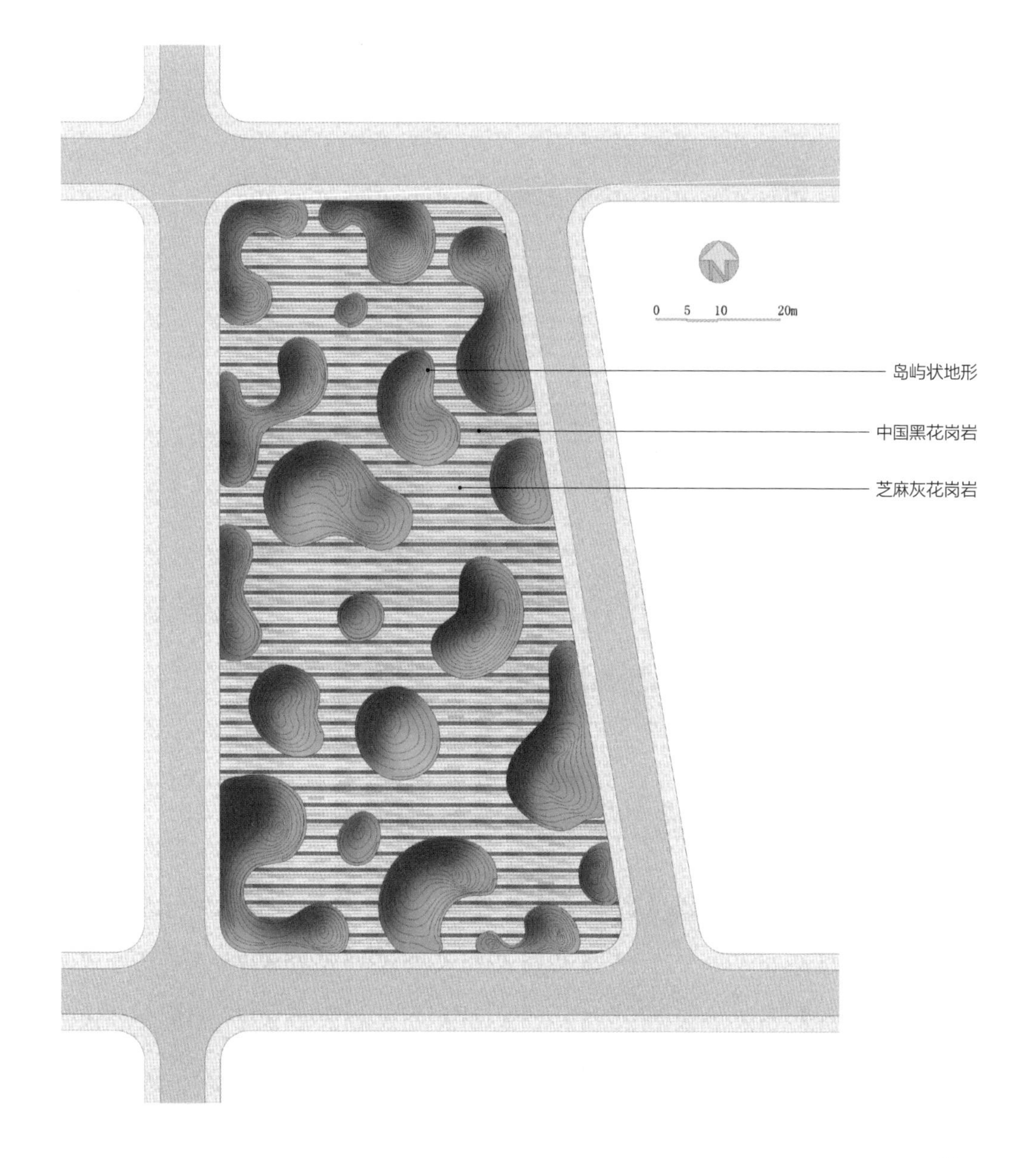
N
0 5 10 20m
岛屿状地形
中国黑花岗岩
芝麻灰花岗岩

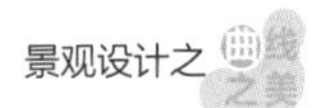

树的河流

若说地形是岛屿，铺装是水面，这些樱花就是树的河流。绿岛、樱花、铺装、黑色的曲线坐凳，4 种元素造就了丰富又纯净的空间效果。

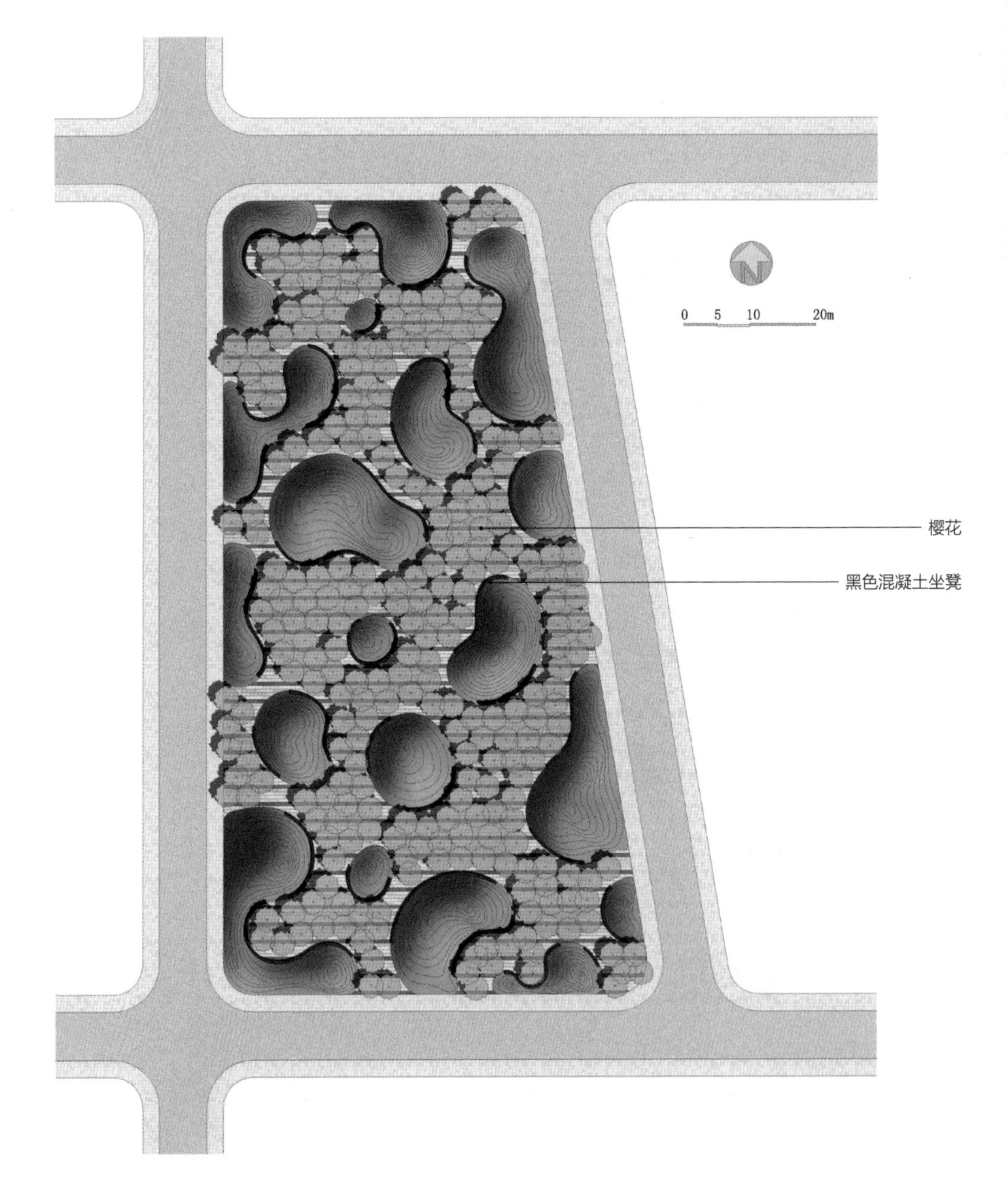
N
0 5 10 20m
樱花
黑色混凝土坐凳

柔和的正负

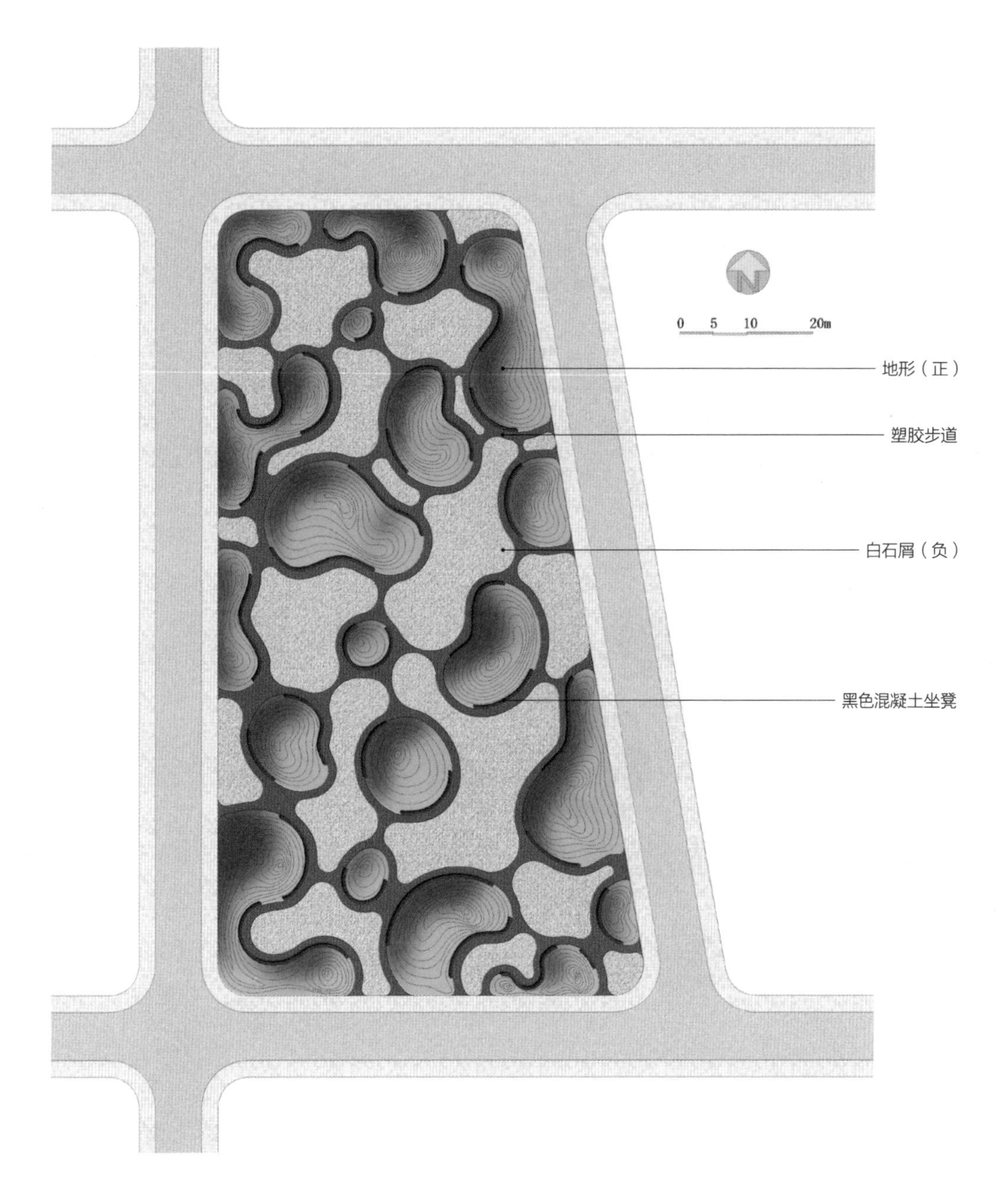
0 5 10 20m
地形（正）
塑胶步道
白石屑（负）
黑色混凝土坐凳

通过地形外轮廓曲线的扩边形成的红色塑胶步道，挺括线条的侧边钢条勾勒出多个柔和的白石屑空间，地形与白石屑场地形成了正负空间对比，或者说是空间阴阳的调和，它们相互依存，可以说是地形的“正”，造就了白石屑场的“负”，反之亦然。

四种颜色

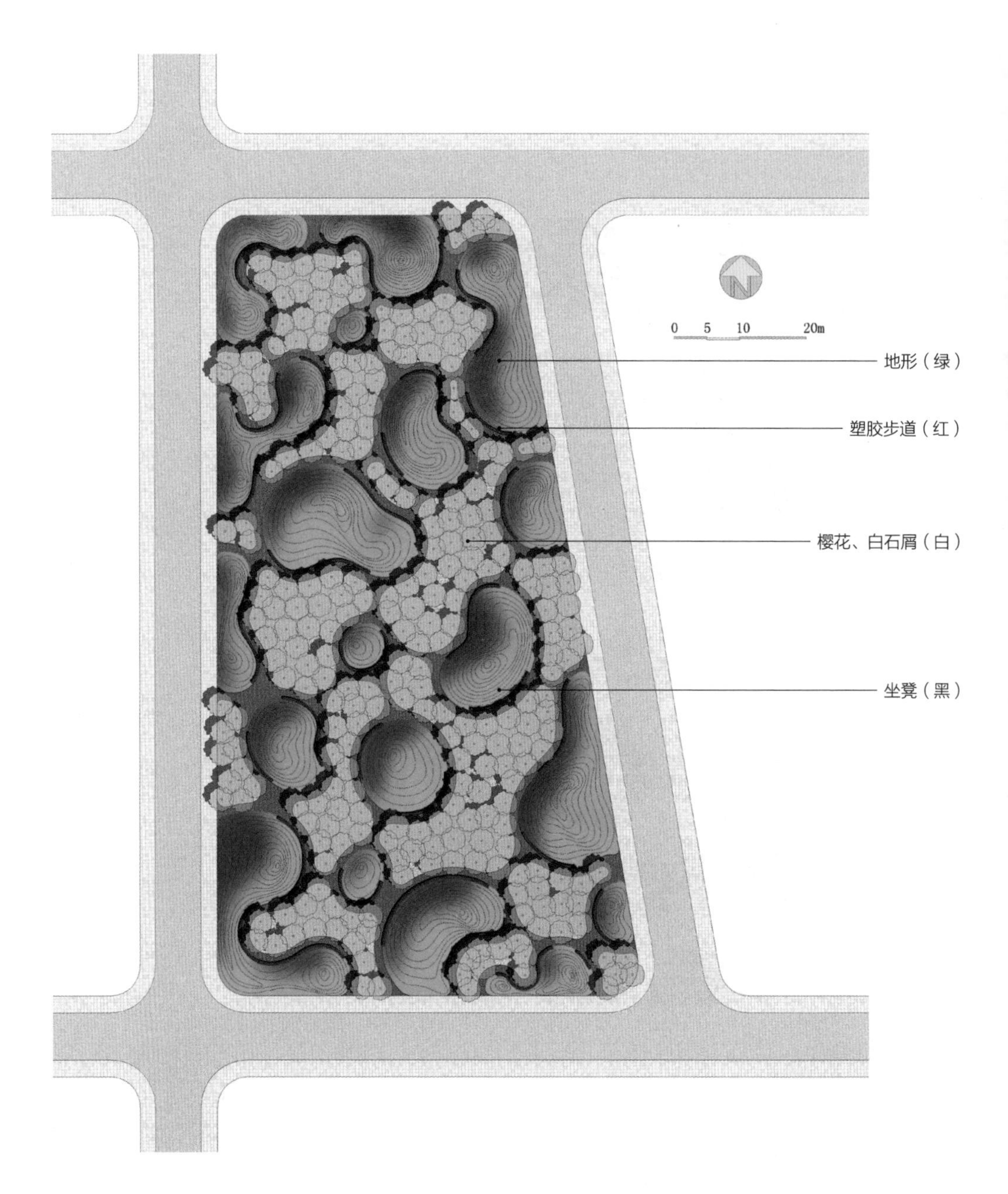
N
0 5 10 20m
地形（绿）
塑胶步道（红）
樱花、白石屑（白）
坐凳（黑）

景观除了设计空间，也需赋予空间色彩，此处呈现了4种极为纯净的色彩，地形草坡的绿、塑胶步道的红色、白石屑和盛开樱花的雪白以及曲线坐凳的黑色。

红飘带中的树

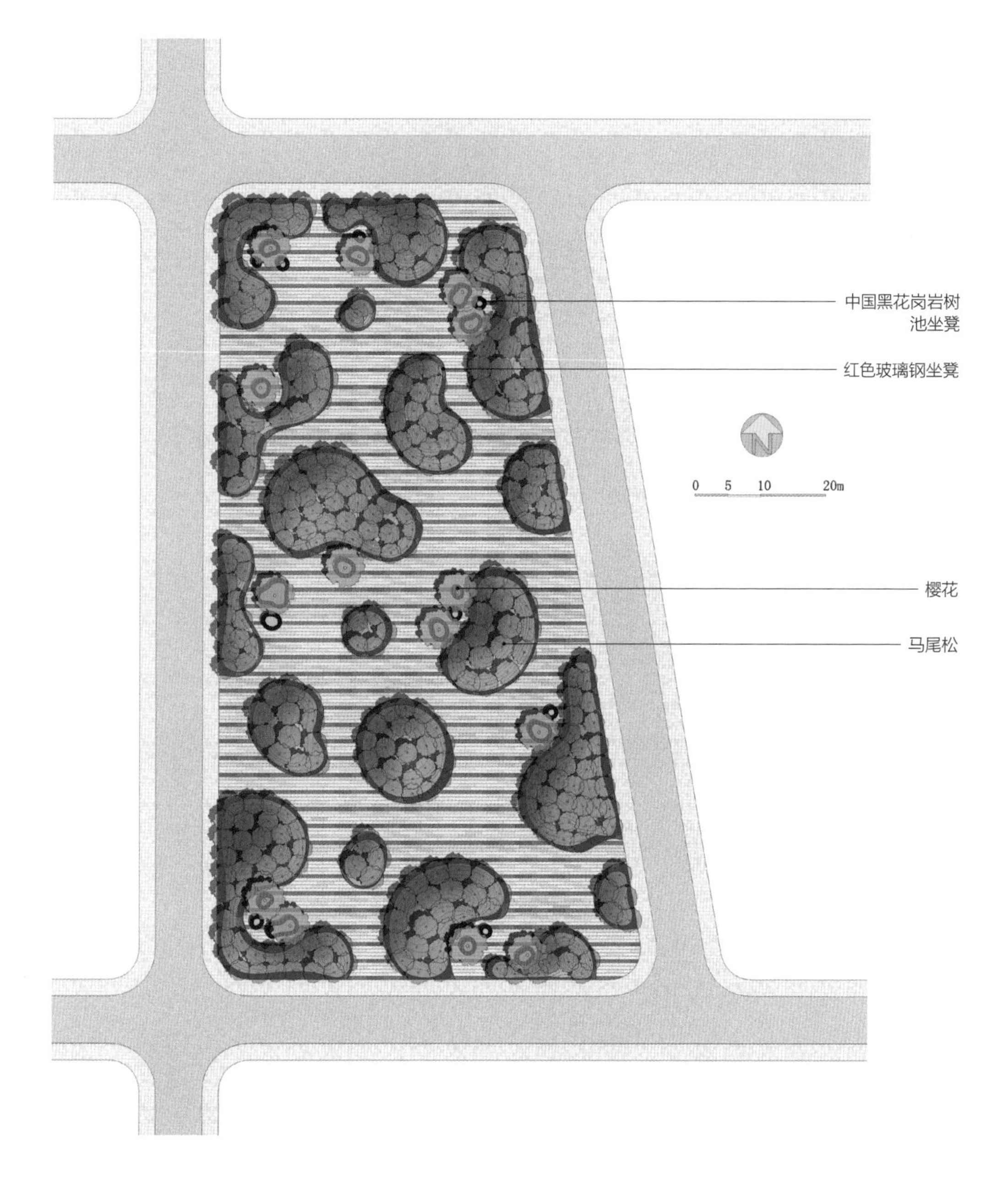
中国黑花岗岩树
池坐凳
红色玻璃钢坐凳
0 5 10 20m
樱花
马尾松

所有绿岛被宽窄不一、形似飘带的玻璃钢坐凳围合，马尾松生长其中，黑色花岗岩树池坐凳零星散置，内种樱花。红与黑，青色与雪白，飘带的柔和与铺装的刚直，绿岛的曲面与广场的水平，使空间在这些元素的对比下形成其特有的个性。

肌理 + 等高线

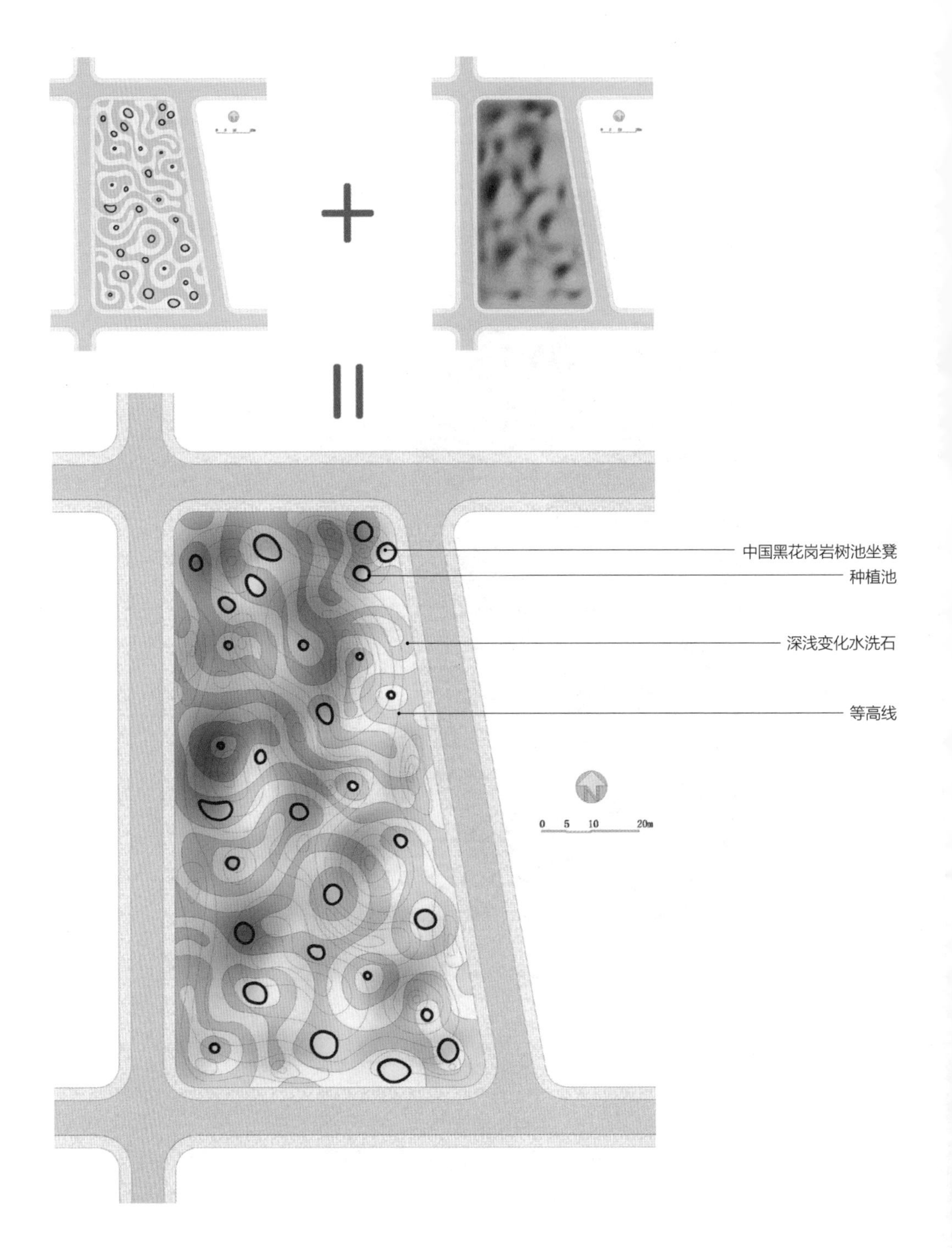
中国黑花岗岩树池坐凳
种植池
深浅变化水洗石
等高线
0 5 10 20m

流动的空间

深浅色水洗石曲线肌理铺装和等高线绘制的地形，两个看似完全无关联的设计叠加在一起却创造了流动般的空间效果。并非只有土壤才能构建地形，硬质铺装空间在现代工艺技术下也能创造多变的地形，犹如一个极限运动场地。需要注意的是地形设计要考虑排水问题，防止积水。

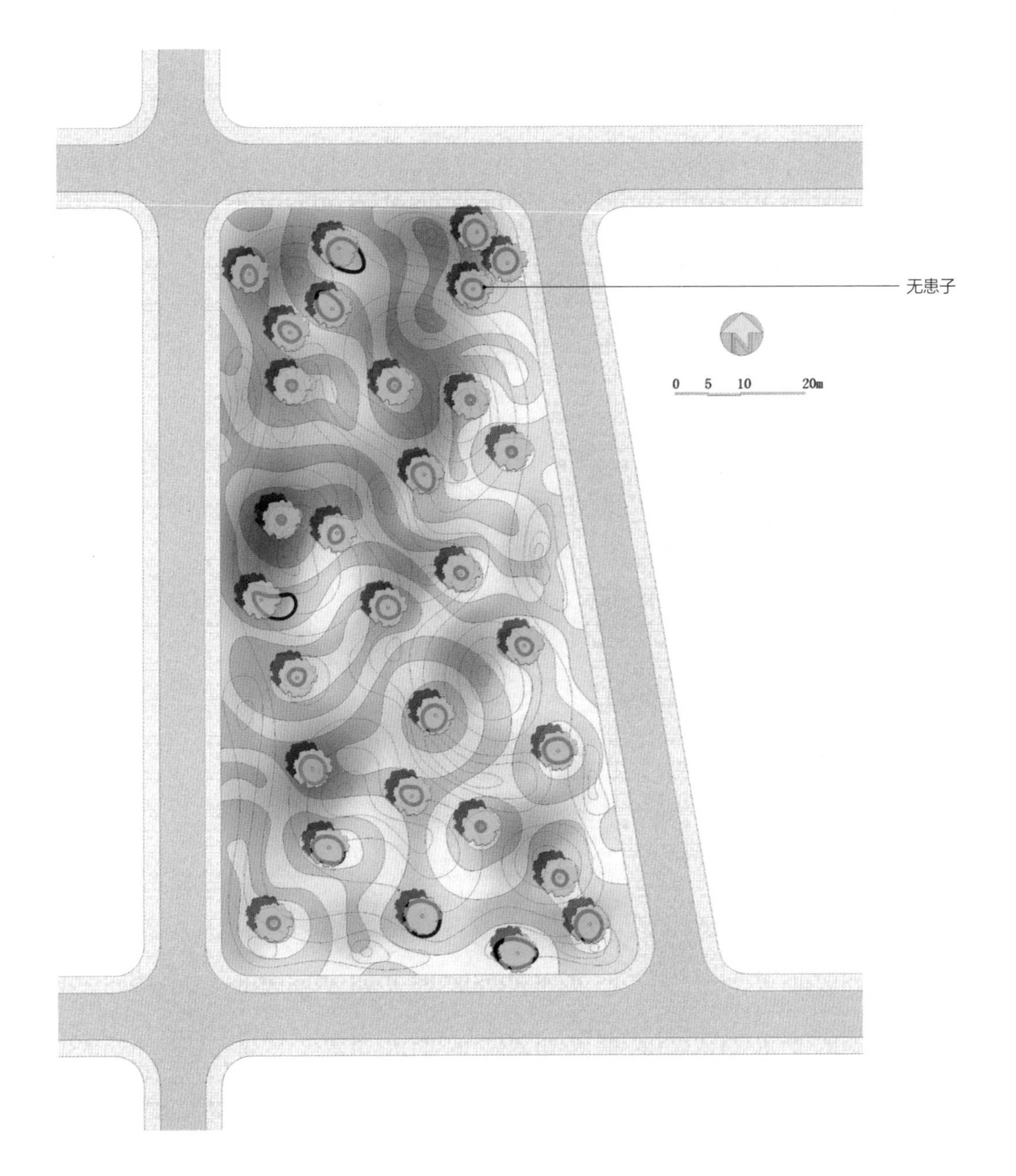
无患子
N
0 5 10 20m

异形曲面

异形曲面是景观设计中最难进行空间思考和绘图表现的，其施工难度也很大，但实现出来往往也是极为有趣的，下图中每个绿岛外部曲线的中点高出地面 1m，至曲线终点，消失于人行道处，以下台阶 20cm 逐级下降，形成一系列倾斜台阶，结合曲面草地和绿岛本身的空间分割，使整体空间有一种奇幻效果。

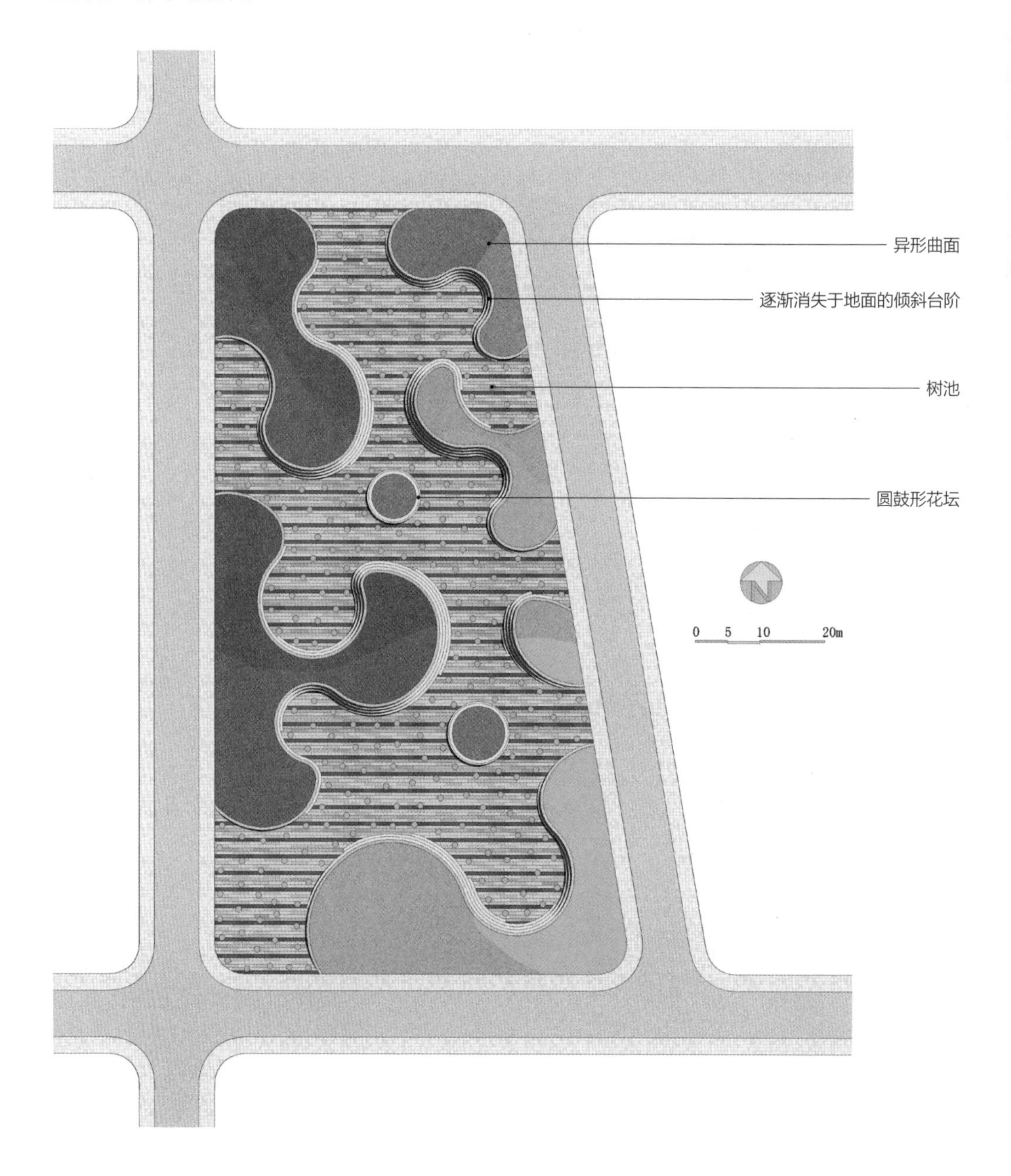

异形曲面
逐渐消失于地面的倾斜台阶
树池
圆鼓形花坛
N
0 5 10 20m

上层与下沉

铺装平面中，其上为阳，其下为阴，整体空间阴阳相济，平衡中又能使空间有趣生动。

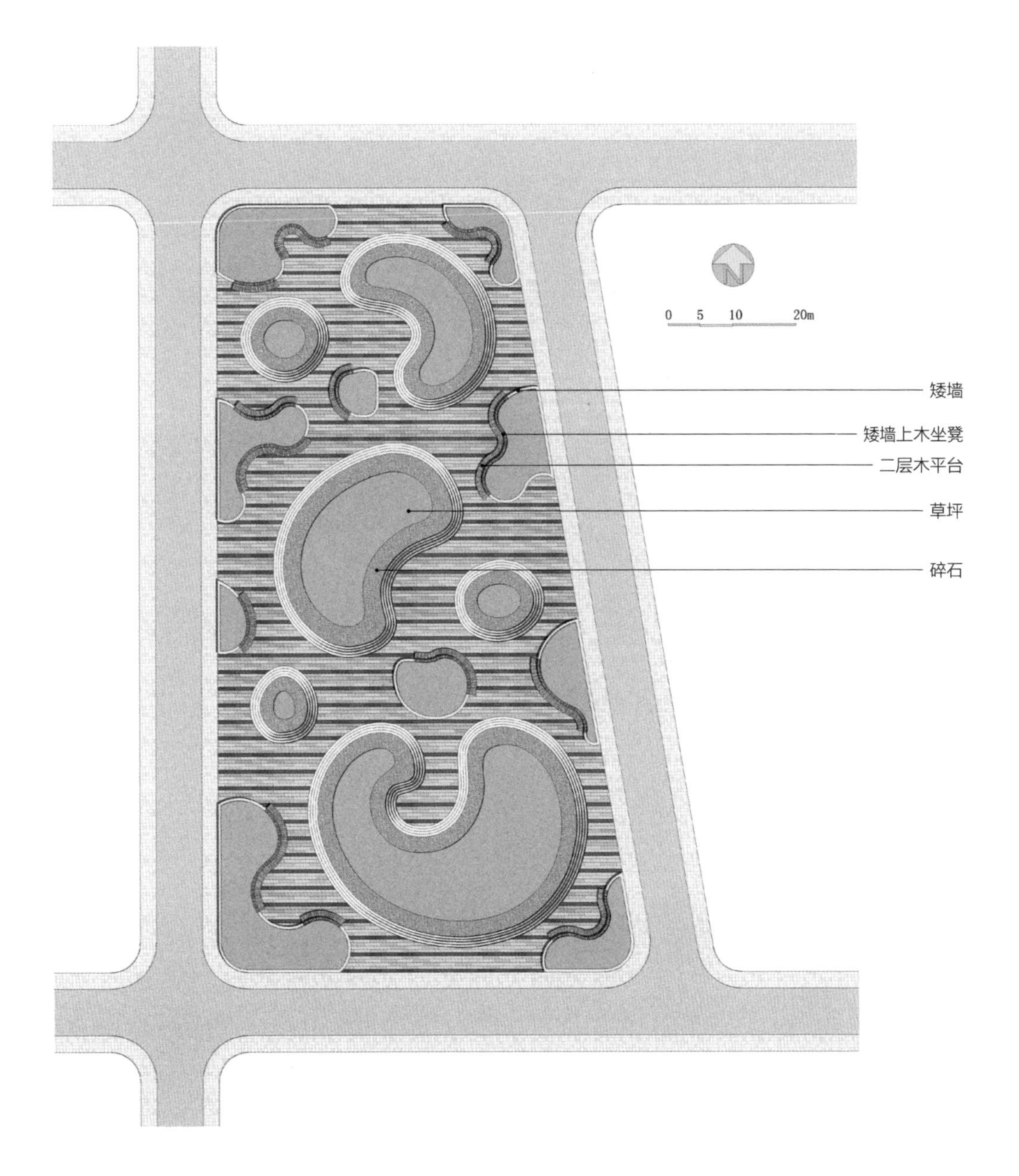
0 5 10 20m
矮墙
矮墙上木坐凳
二层木平台
草坪
碎石

高大与低矮

上升空间内种植挺拔常绿的乐昌含笑，下沉空间内种植低矮针茅，使上下空间对比更加强烈。

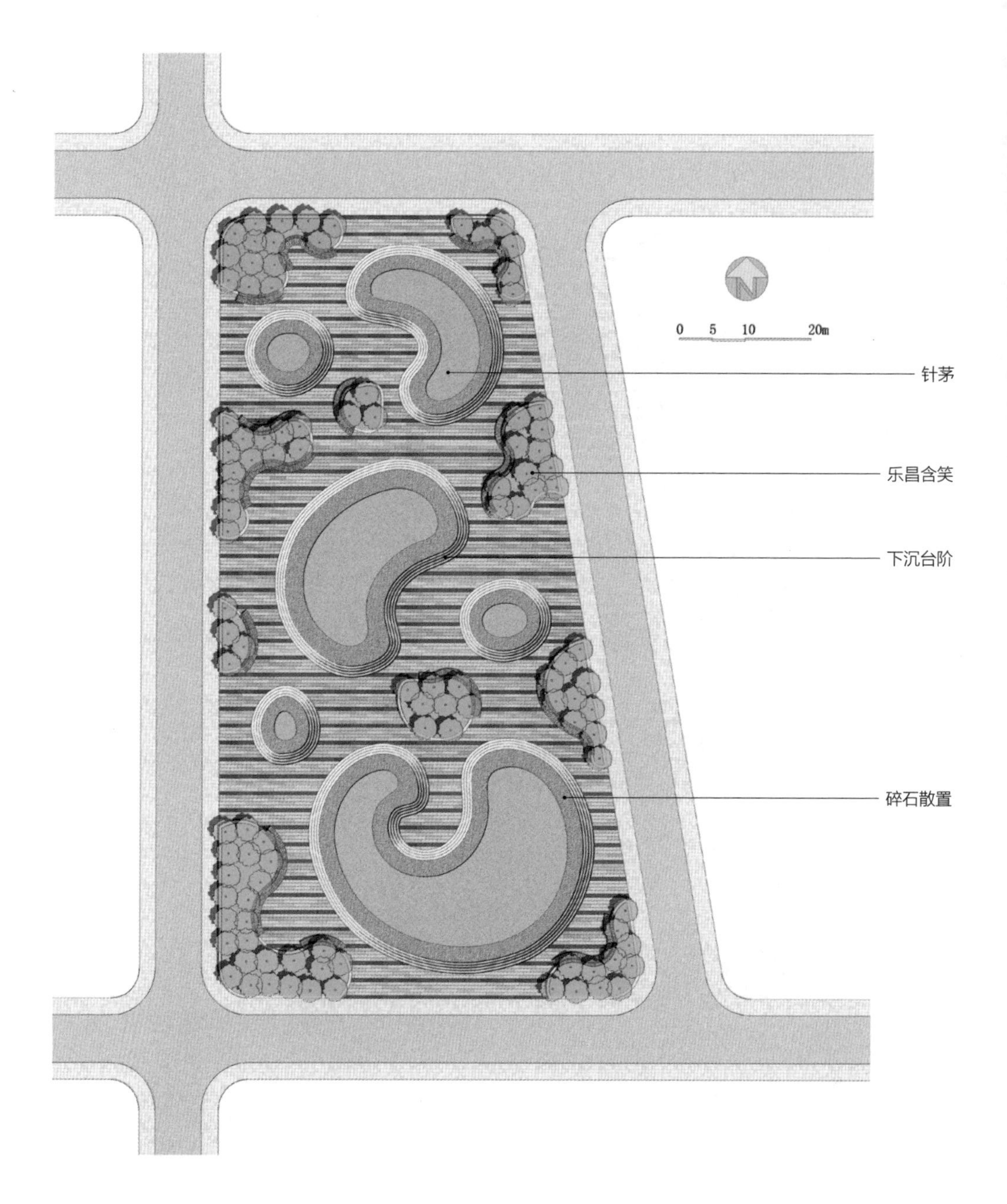
N
0 5 10 20m
针茅
乐昌含笑
下沉台阶
碎石散置

花开花落

景观设计师需要具备的一种感性的空间思维能力，就是身临其境的想象在自己的作品中的感受，犹如电影《盗梦空间》里的那个造梦师女孩。倾斜台阶也是坐凳的一种，人们坐在碧绿草坡边的台阶上，看花开花落，就是一种美好的享受！

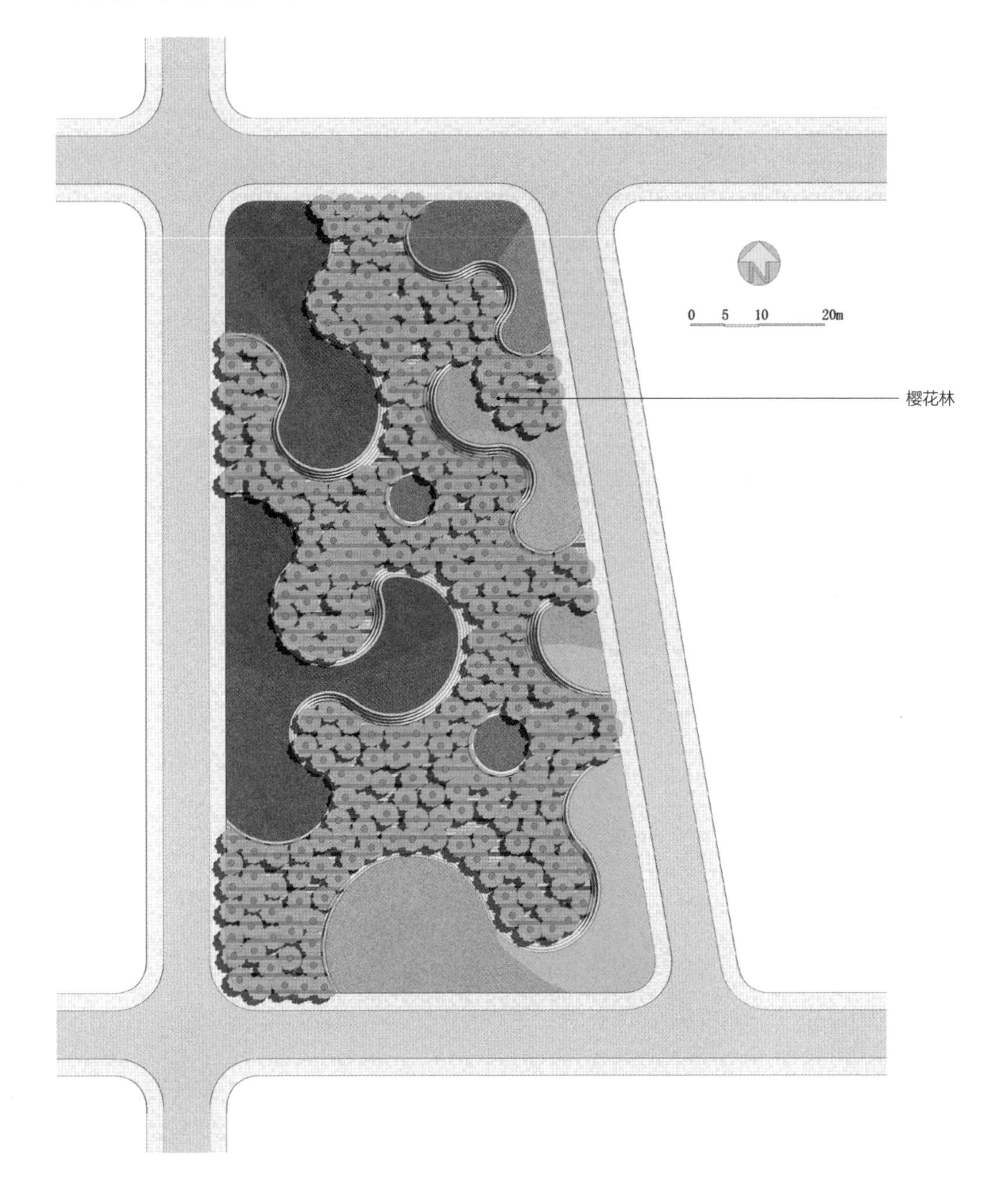
N
0 5 10 20m
樱花林

高差场地

在实际项目中，存在大量具有高差的场地，下图场地我们假设从上到下存在 12m 的落差。本章以下部分将以此具备高差变化的场地阐述曲线在此类方案中的应用。

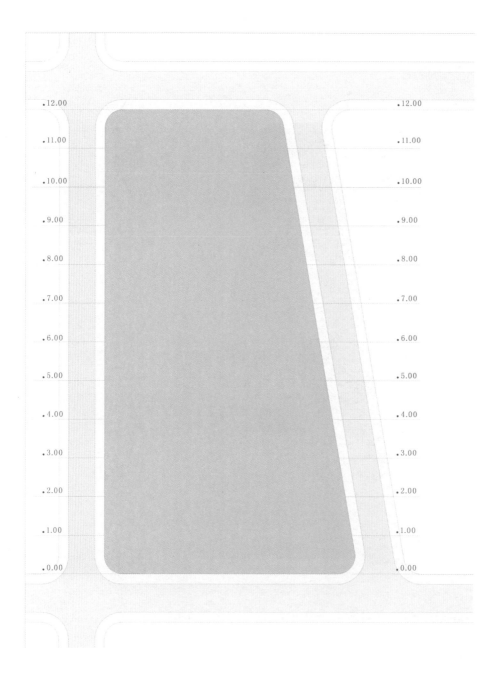
.12.00
.11.00
.10.00
.9.00
.8.00
.7.00
.6.00
.5.00
.4.00
.3.00
.2.00
.1.00
.0.00
.12.00
.11.00
.10.00
.9.00
.8.00
.7.00
.6.00
.5.00
.4.00
.3.00
.2.00
.1.00
.0.00

斜坡分解

场地本身为一 12m 高差的斜坡平面，但在景观设计中为了将坡面空间更加丰富立体，可以将图中东西两侧同一整数标高用曲线相连，形成高差为 1m 的 12 根等高线，需注意的是斜率（$k=\tan\alpha=y/x$）不能过大，或者说坡度角需在 45° 以下。

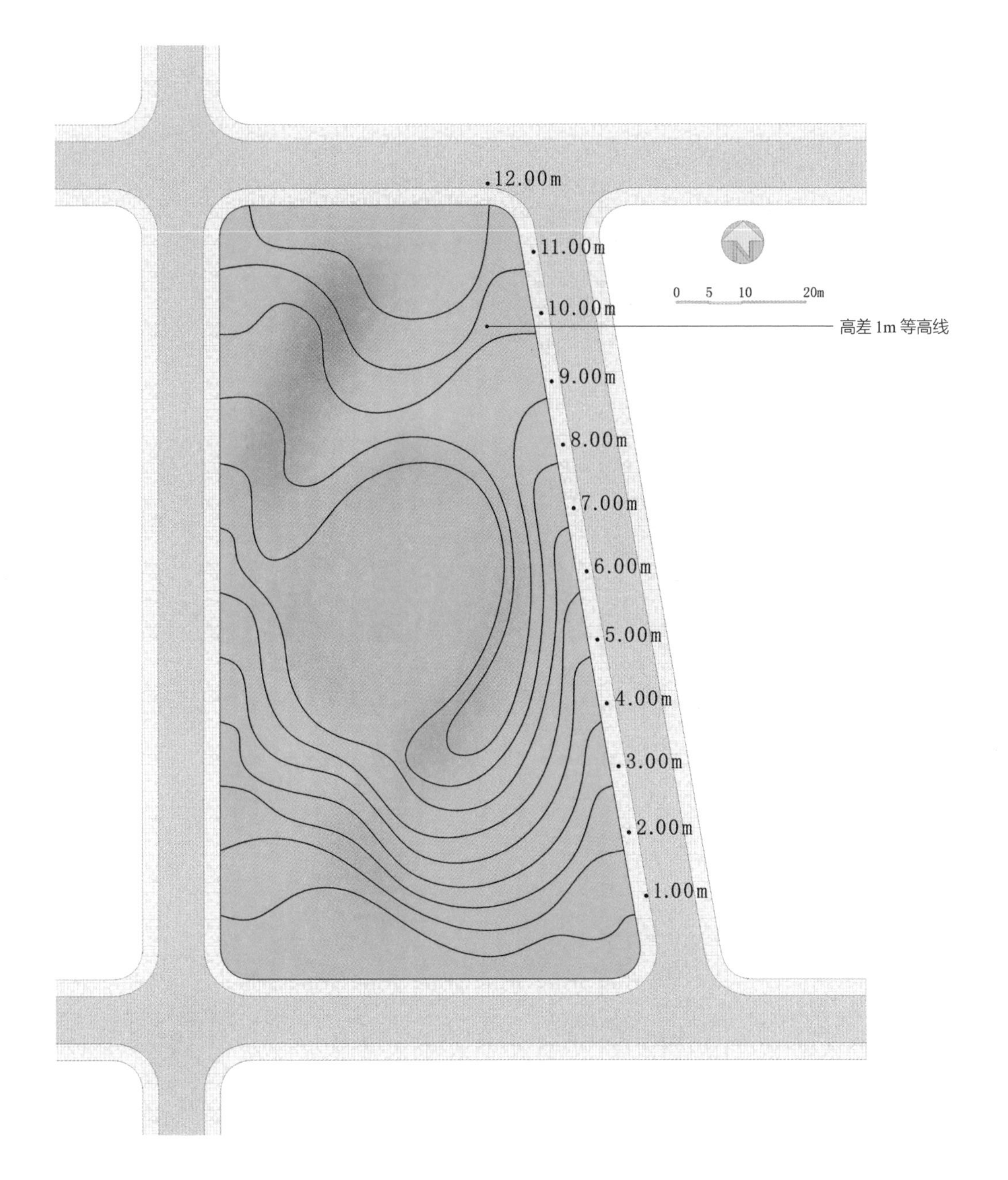
.12.00m
.11.00m
.10.00m
.9.00m
.8.00m
.7.00m
.6.00m
.5.00m
.4.00m
.3.00m
.2.00m
.1.00m
0 5 10 20m
高差 1m 等高线

增加地形

在顺势而下的 12 根等高线之中，还可以在空间条件许可的情况下增加新的地形——一个碟状地形。同样不能出现排水不畅的地形。

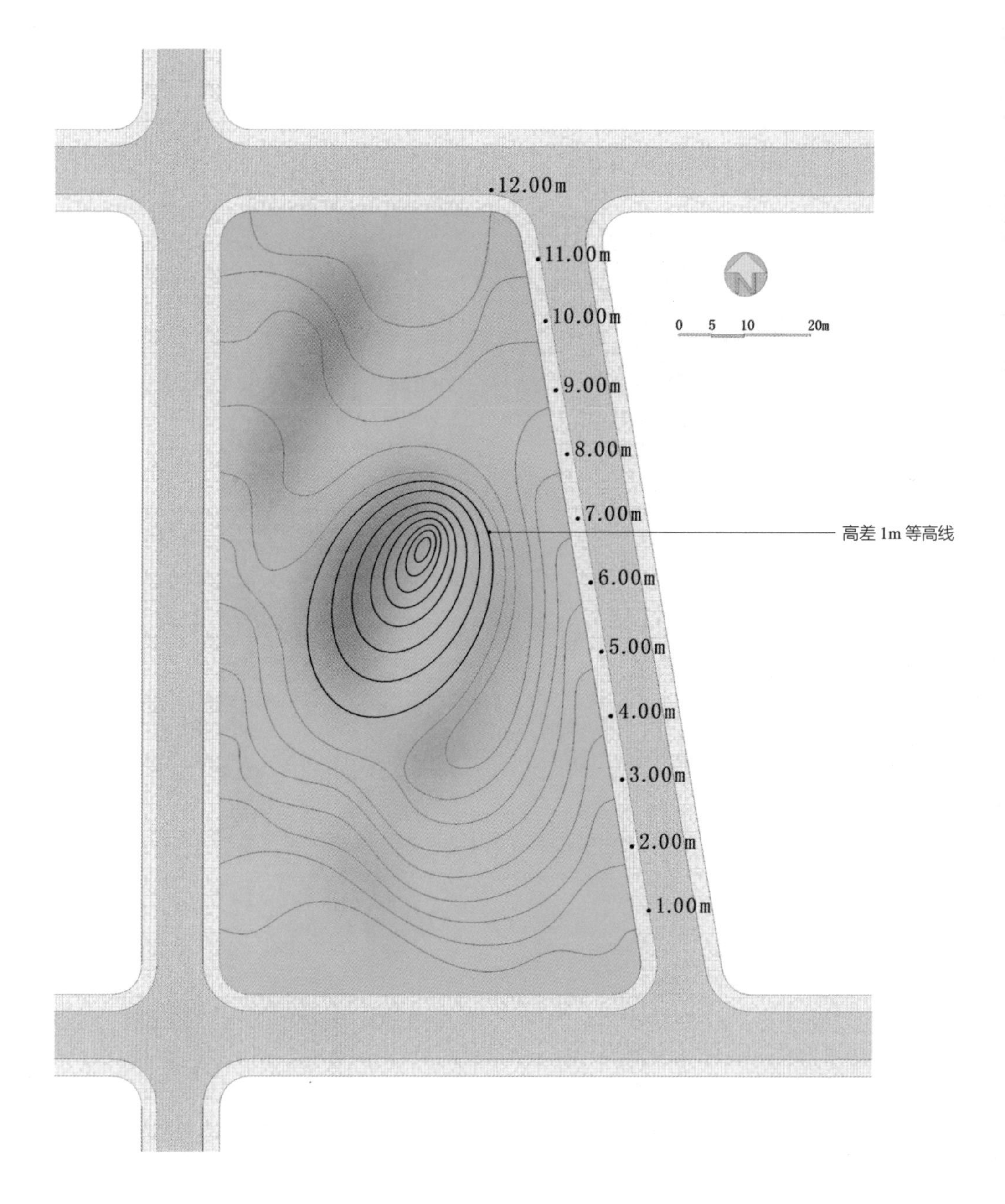

.12.00m
.11.00m
.10.00m
.9.00m
.8.00m
.7.00m
.6.00m
.5.00m
.4.00m
.3.00m
.2.00m
.1.00m
N
0 5 10 20m
高差 1m 等高线

缓坡步道

在地形丰富的场地中，必须掌握地形最缓处设置步道的规律：1. 斜跨等高线。2. 沿山脊。3. 同一等高线范围内。

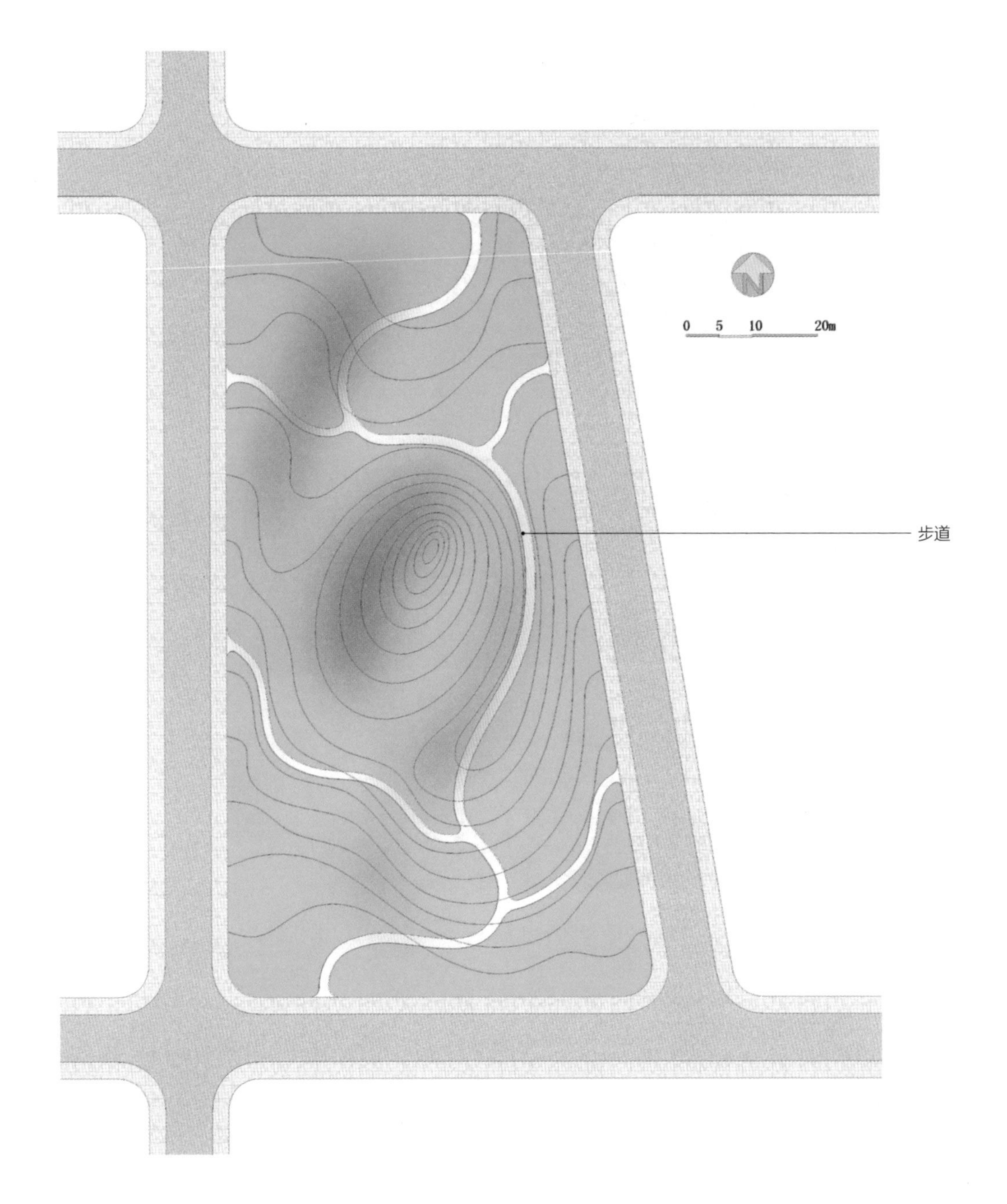

0 5 10 20m
步道

大地艺术

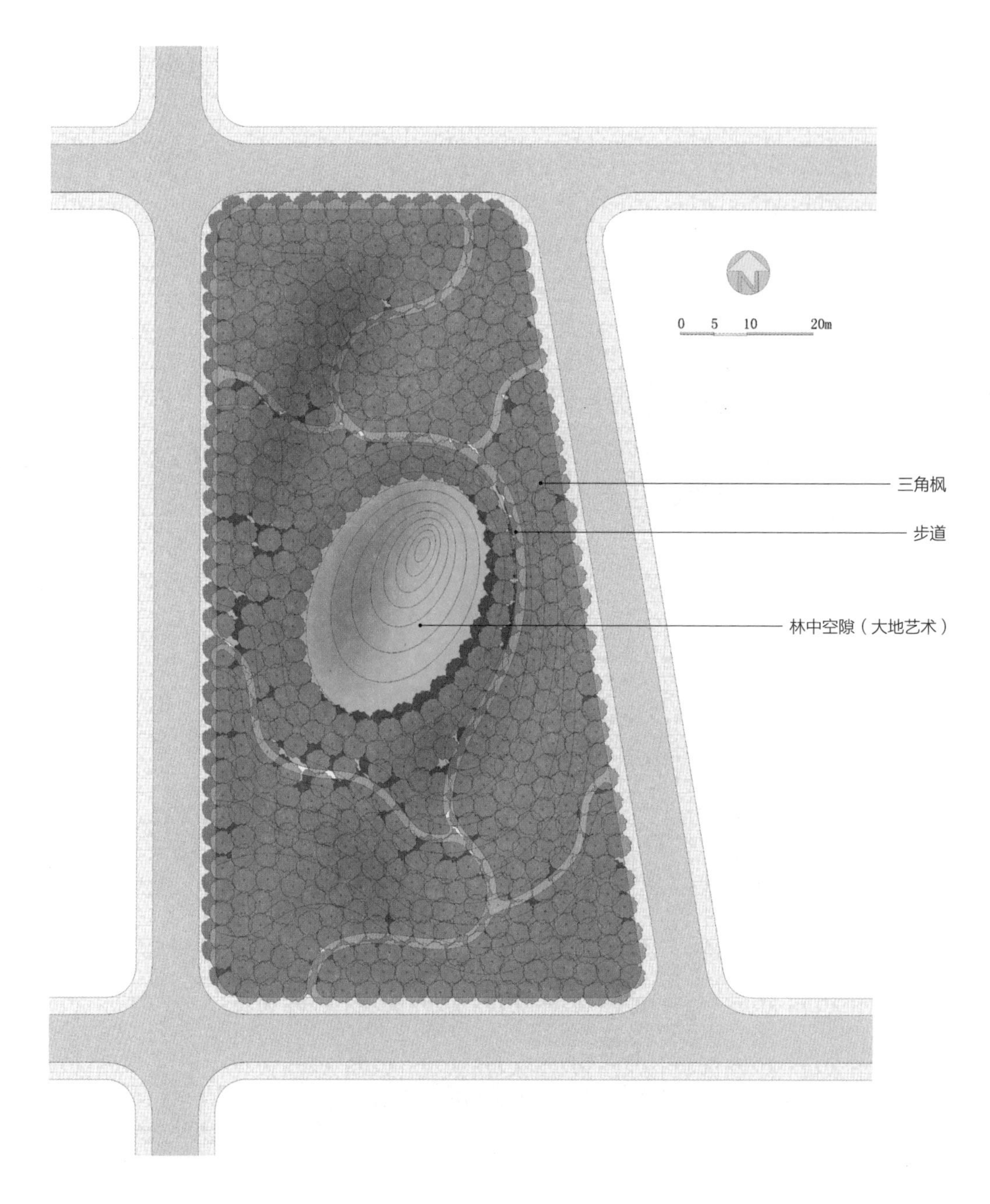
0 5 10 20m
三角枫
步道
林中空隙（大地艺术）

土地是雕塑的材料，也是雕塑的对象，地形设计本身就是一件大地雕塑作品，三角枫纯林中出现的碟状林中空隙进一步加强了大地艺术的神秘性质。

两个椭圆

等高线使地形空间千变万化，制造奇妙的空间效果，下图等高线围合出的两个椭圆，一个被相同等高线半围合，其上架设了在 12m 等高线内的架空步道。另一个围合出露天舞台，上部空间形成 15 层每层 0.5m 落差的梯田式看台。

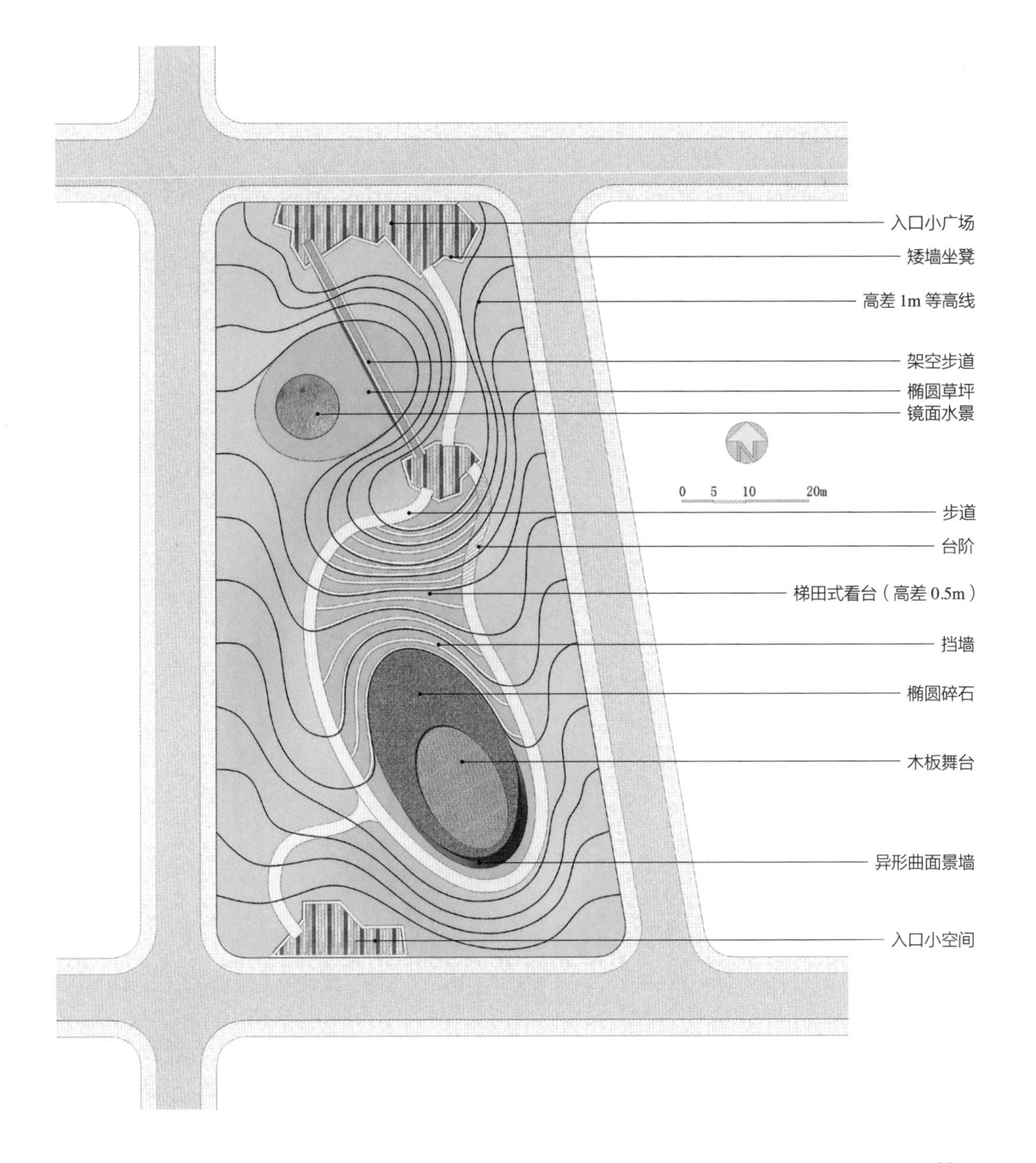
入口小广场
矮墙坐凳
高差 1m 等高线
架空步道
椭圆草坪
镜面水景
0 5 10 20m
步道
台阶
梯田式看台（高差 0.5m）
挡墙
椭圆碎石
木板舞台
异形曲面景墙
入口小空间

干净的树

植物设计非常重要，但不一定要多样的品种（大多城市公园本身需要进行大量的人工抑制与养护，才能令植物按照人类的意志生长，若不是荒野公园，而将丰富的品种定义成生物的多样性，多少显得无知与虚伪），只有本身平庸的作品才更需要用丰富的植物来弥补它的无趣。已经优秀的景观基础，过多的植物种类反而会削弱景观空间的价值，笔直舒展的榉树林加强了上部空间，同时使两个椭圆空间被清晰地勾勒出来。即使在冬天掉光了树叶，阳光下的树影洒落在草坡上也极有趣味。

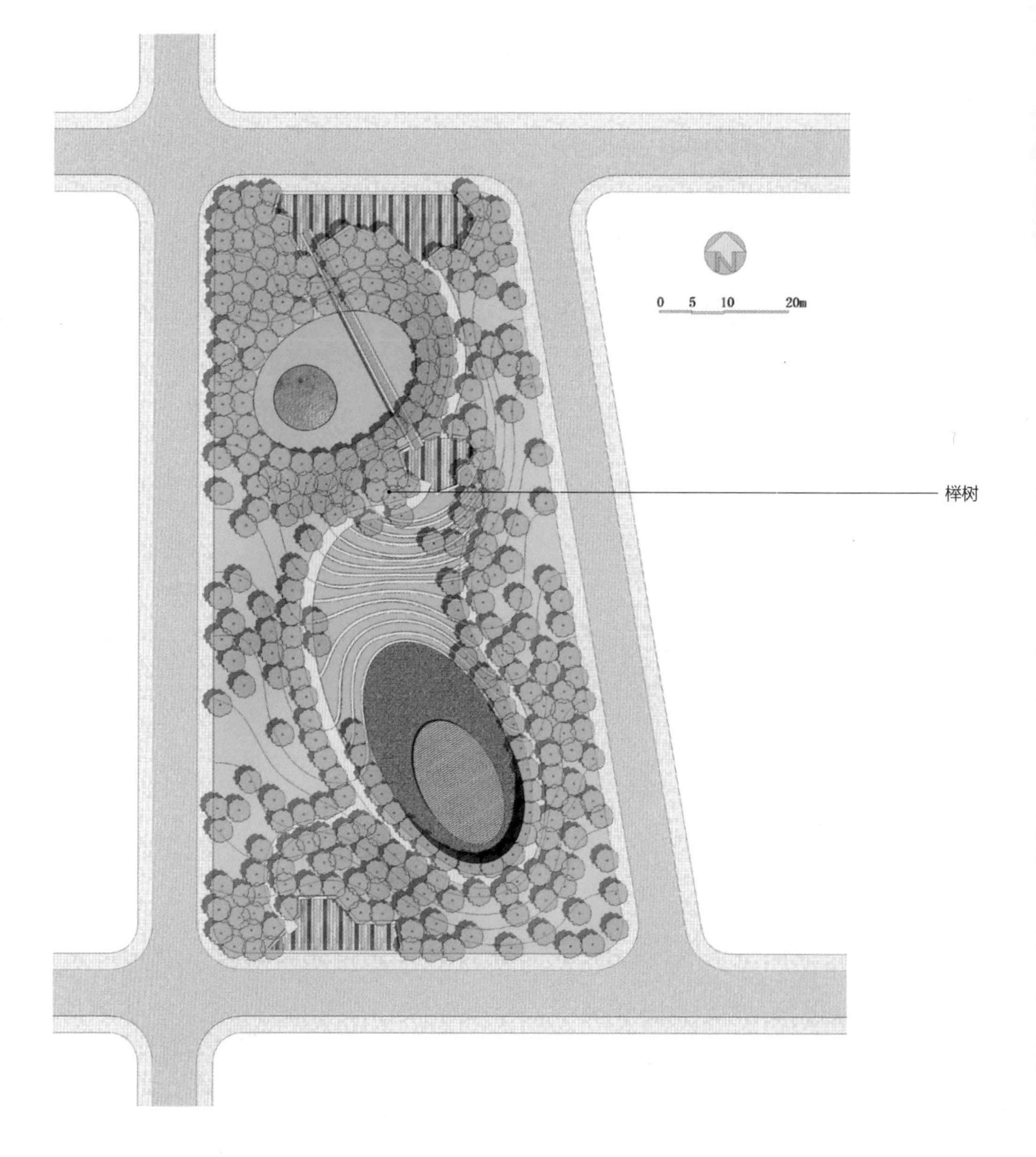
N
0 5 10 20m
榉树

薰衣草梯田

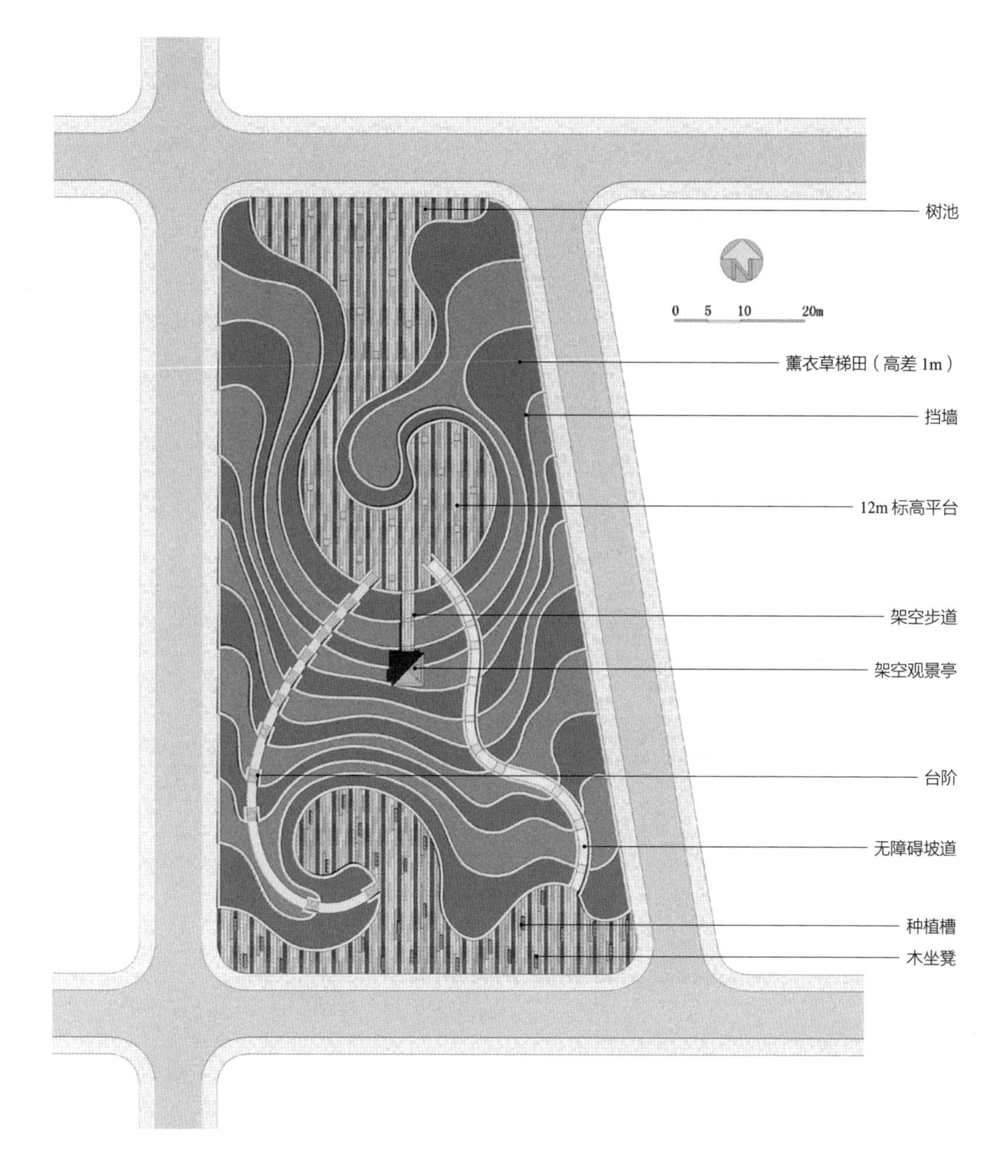

树池
0 5 10 20m
薰衣草梯田（高差 1m）
挡墙
12m 标高平台
架空步道
架空观景亭
台阶
无障碍坡道
种植槽
木坐凳

同样的 12 根线条将高差分解，但在此处形成的是种植了薰衣草的梯田，并营造了上下两个林荫入口广场空间，上部入口悬挑步道和景亭具备良好的观景视线，左右用台阶及无障碍坡道联系上下空间。

地形与微气候

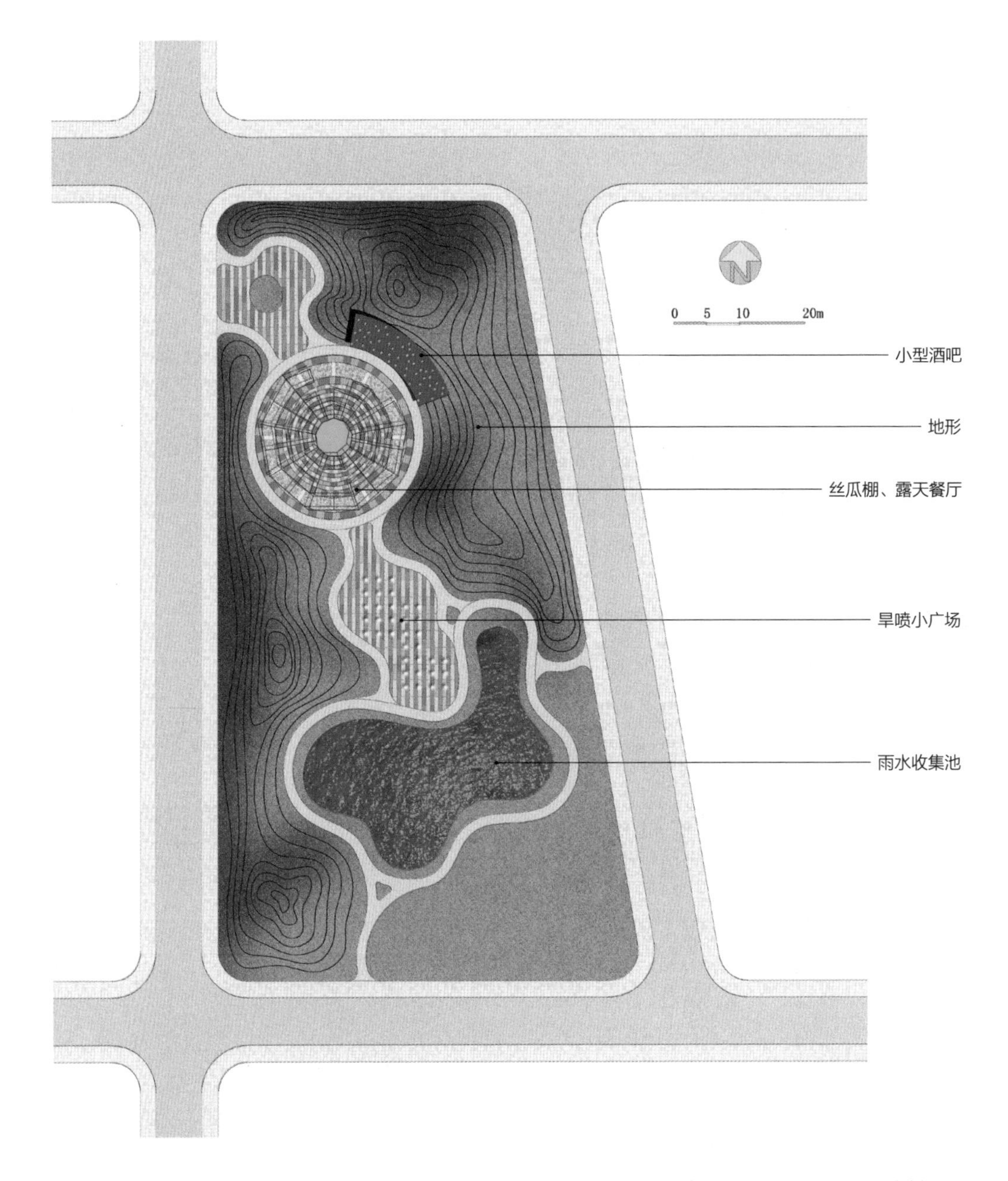

0 5 10 20m
小型酒吧
地形
丝瓜棚、露天餐厅
旱喷小广场
雨水收集池

通过简单的地形营造就能获得良好的微气候条件，东南形成平坦喇叭口，西北侧形成较高地形，可以使东南季风通畅，甚至放大，冬季则起到阻挡西北季风的作用。通过地形得到良好的微气候条件就是中国传统居住条件里面的“风水”。

综合因素的微气候

地形与乐昌含笑、水蜜桃树一起形成的东南口大西北角口小的风带廊道，可以使场地内部夏季风通畅，冬季阻风。尤其夏季晚风，掠过紫茉莉的暗香、荷花的清香、水蜜桃的甜香，夹带着水气的凉爽，到达丝瓜架下喝着啤酒看球赛的人们那里，风速也变得最大，看似简单的设计却有着最为舒适的景观功能。

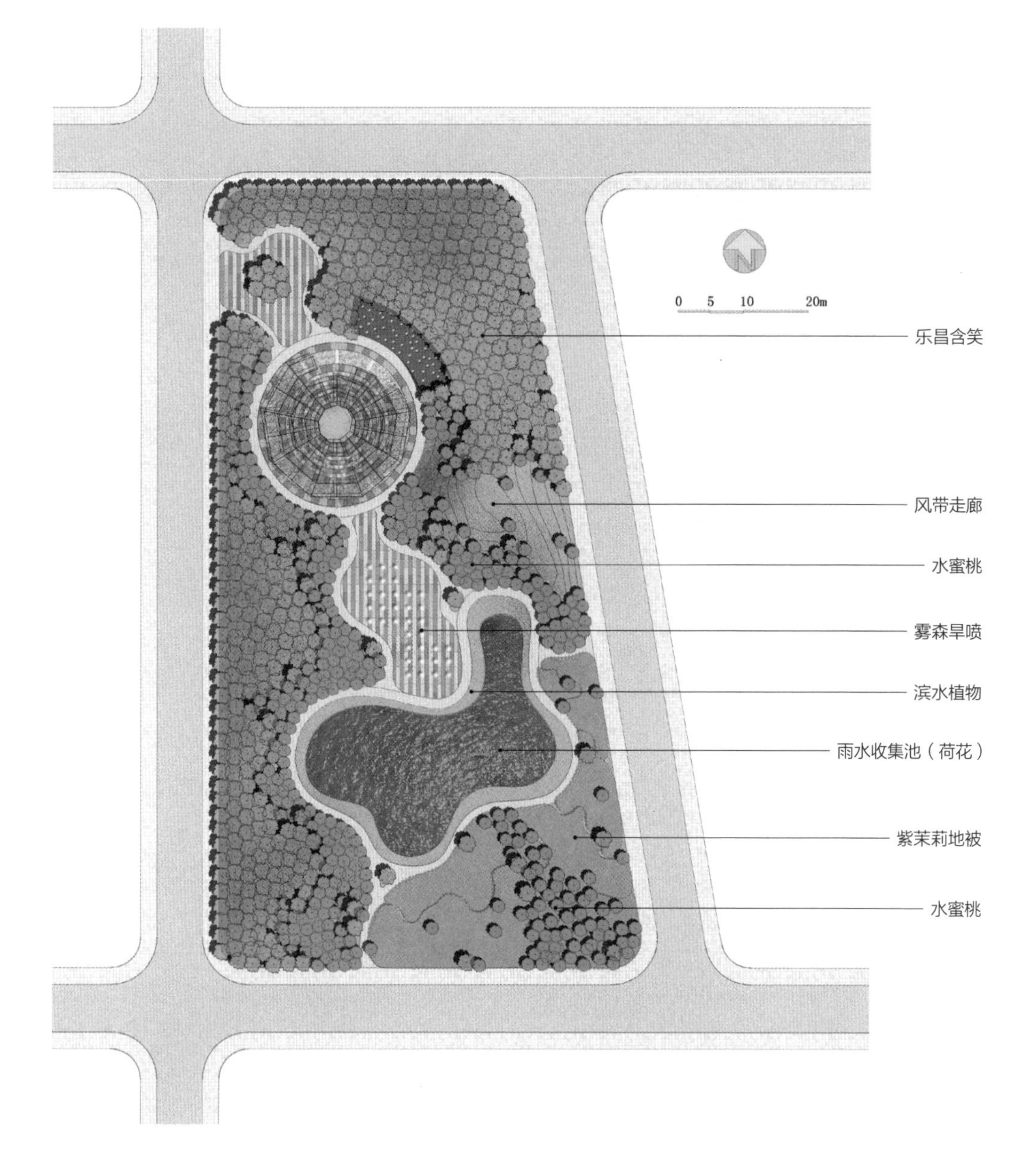
0 5 10 20m
乐昌含笑
风带走廊
水蜜桃
雾森旱喷
滨水植物
雨水收集池（荷花）
紫茉莉地被
水蜜桃

香樟与水杉

上部空间种植香樟，作为梯田的背景，从下往上看，更显梯田之高。下部空间种植水杉，其生长高度可以高于上部平台，从上往下看，可使梯田显低矮。

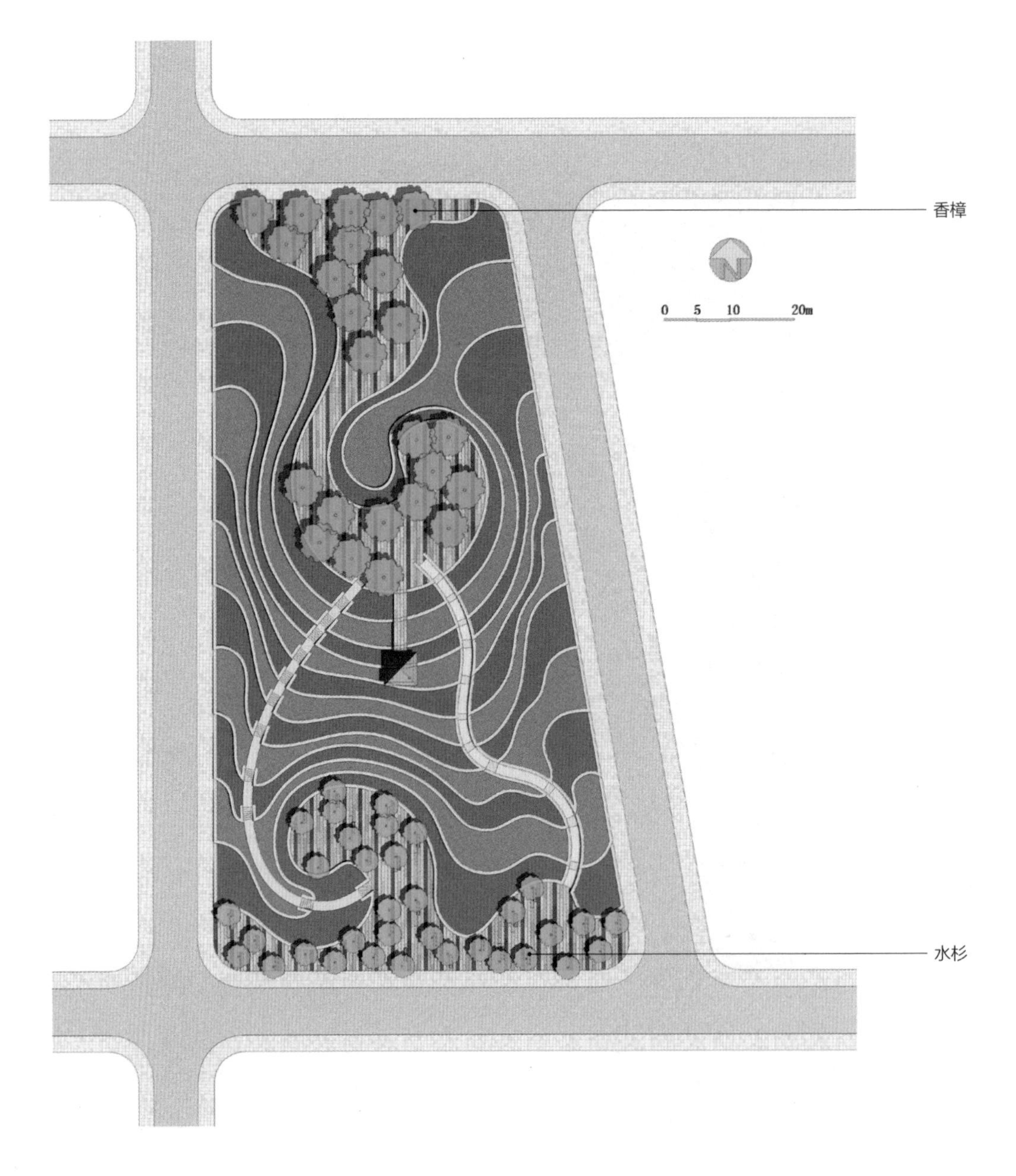
香樟
0 5 10 20m
水杉

按下的琴键

一道道弧度坡，犹如按下的琴键，长短不一，弧长不一，但都是从 12m 标高处降到 0m 硬质空间处，通过台阶上下联系，硬质铺装上形成若干绿岛。这个看上去主体是直线构成的设计其实在空间上的主体是曲线。0m 标高处铺装空间东西两侧人性道挡墙逐渐变高，结合樱花树林，因此，广场是一个半封闭的下沉空间。

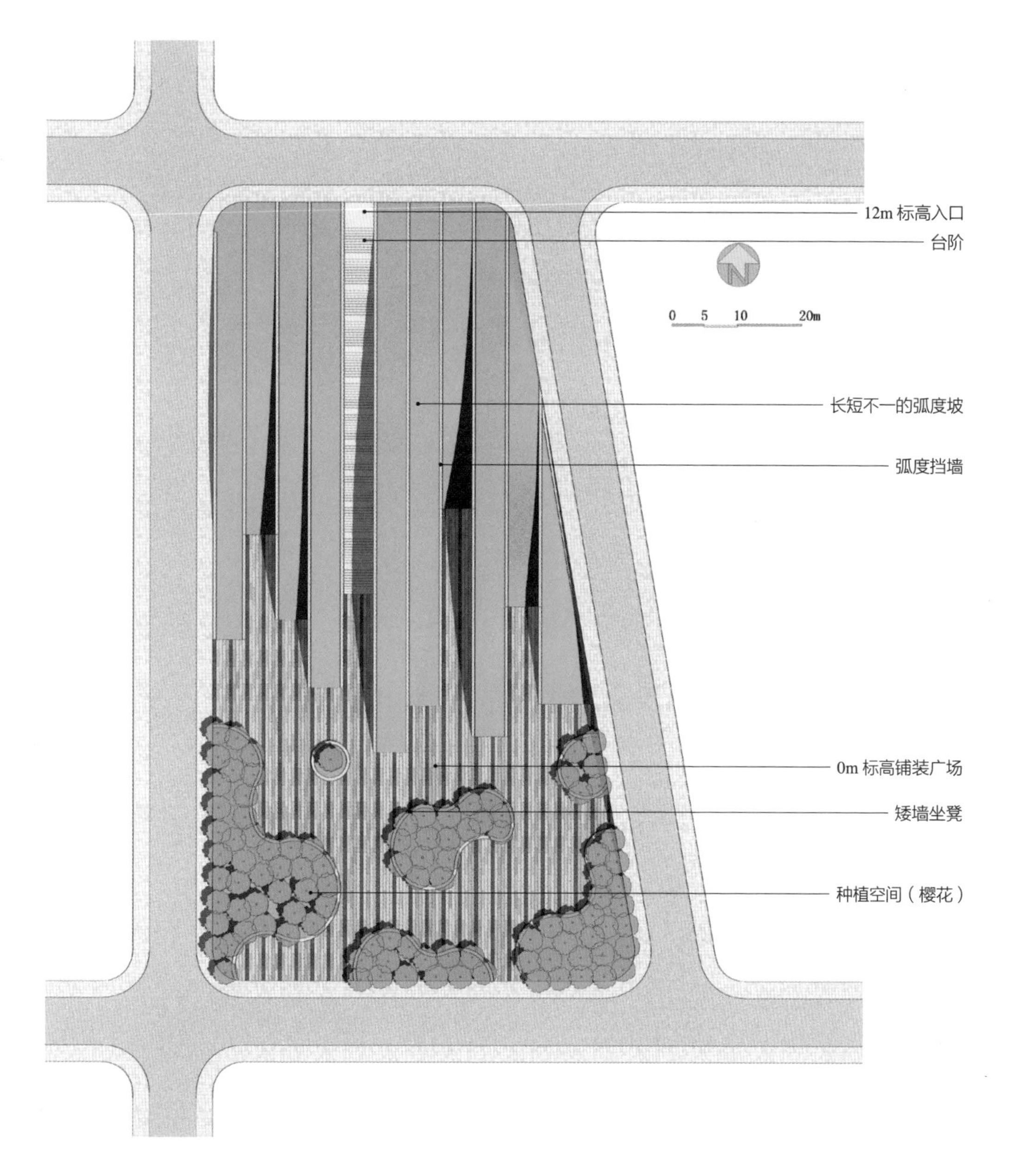
12m 标高入口
台阶
N
0 5 10 20m
长短不一的弧度坡
弧度挡墙
0m 标高铺装广场
矮墙坐凳
种植空间（樱花）

黑白变化

下部林荫广场中的曲线形式和樱花林种植空间曲线一样，但完全靠黑、灰花岗岩的构成转换，得到和樱花林广场完全不同的空间效果。

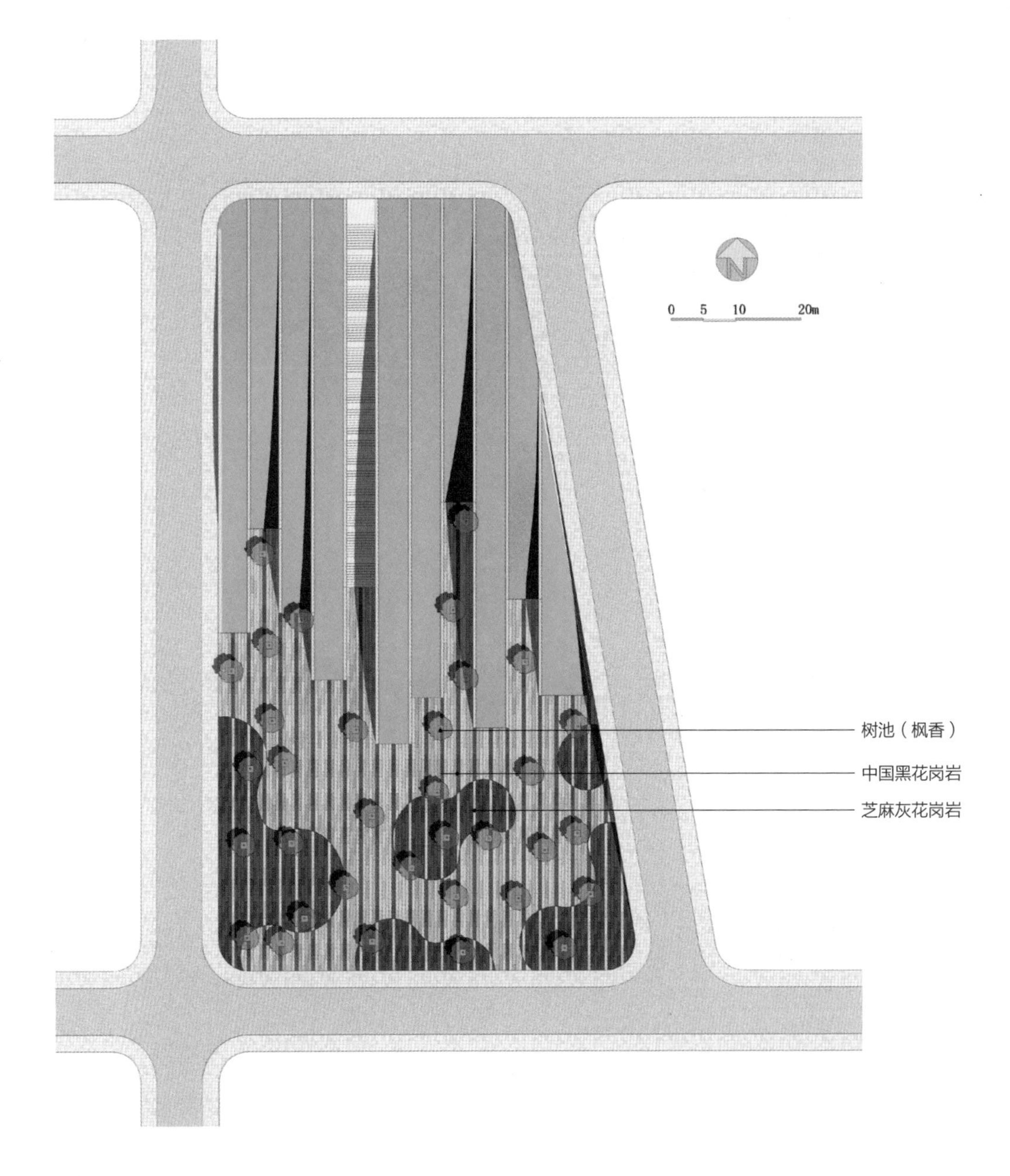
N
0 5 10 20m
树池（枫香）
中国黑花岗岩
芝麻灰花岗岩

铺装细节

铺装上的曲线并非刻意有任何特殊的空间处理，仅仅是依据这根曲线位置转化黑白花岗岩材料，通过肌理的变化达到空间变化。

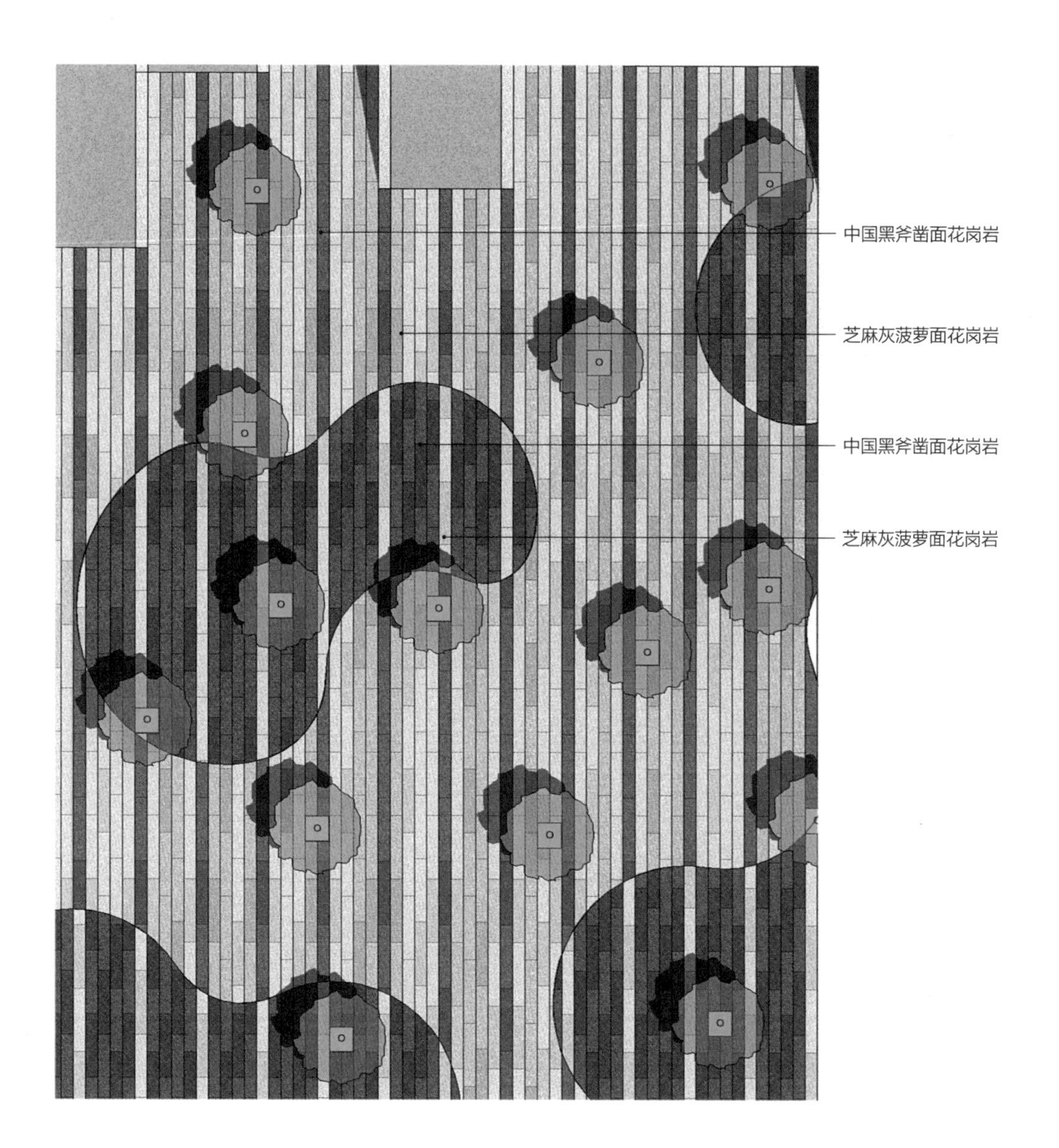
中国黑斧凿面花岗岩
芝麻灰菠萝面花岗岩
中国黑斧凿面花岗岩
芝麻灰菠萝面花岗岩

鱼鳞梯田

梯田的轮廓线除了自然曲线也可以如下图中国传统纹饰中的水波形式，产生鱼鳞肌理，每层高差 0.5m，通过 24 层解决 12m 高差。“之”字形步道，通过无障碍坡道贯穿上下。梯田中可以是茶叶，也可以是野花地被。

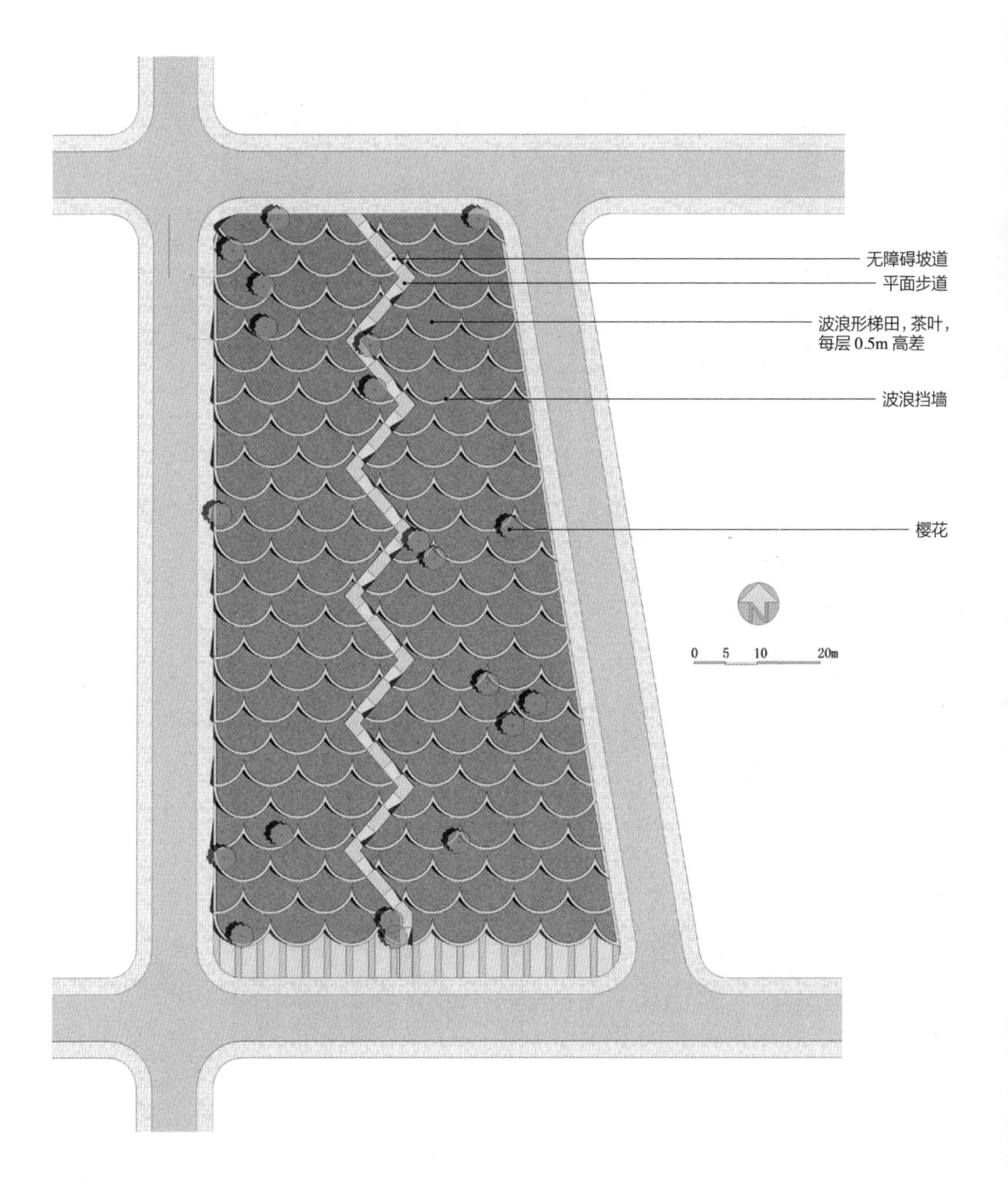
无障碍坡道
平面步道
波浪形梯田，茶叶，
每层 0.5m 高差
波浪挡墙
樱花
N
0 5 10 20m

第3章

水袖之变

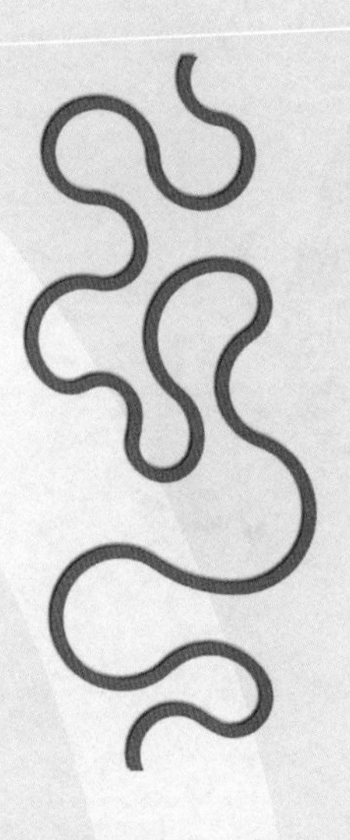

"看过了《变形记》，我对古希腊着了迷。我哥哥还告诉我说：古希腊有一种哲人，穿着宽松的袍子走来走去。有一天，有一位哲人去看朋友，见他不在，就要过一块涂蜡的木板，在上面随意挥洒，画了一条曲线，交给朋友的家人，自己回家去了。那位朋友回家，看到那块木板，为曲线的优美所折服，连忙埋伏在哲人家左近，待他出门时闯进去，要过一块木板，精心画上一条曲线……当然，这故事下余的部分就很容易猜了：哲人回了家，看到朋友留下的木板，又取一块蜡板，把自己的全部心胸画在一条曲线里，送给朋友去看，使他真正折服。现在我想，这个故事是我哥哥编的。但当时我还认真地想了一阵，终于傻呵呵地说道：这多好啊。时隔三十年回想起来，我并不羞愧。井底之蛙也拥有一片天空，十三岁的孩子也可以有一片精神家园……"

——王小波《我的精神家园》

飞天水袖

0 5 10 20m

图中的“飞天”是潘絜兹 1978 年作

用线条的变化来描绘对象及其形体结构的绘画方式，是最古老、最原始的一种绘画方式，也是我国传统绘画的方式之一，东晋顾恺之勾勒轮廓和衣褶所用的线条“如春蚕吐丝”，也形容为“春云浮空，流水行地”，而形容唐代吴道子笔画有着“天衣飞扬，满壁风动”的效果，正是所谓的“吴带当风”。敦煌飞天正是借着这些“吴带当风”的水袖而有着御风而行的动人姿态。东西方绘画艺术史同样影响东西方景观审美的变化，但可以说曲线是传统东方园林构图的核心所在。

一条水袖

中国古老太极图案中的曲线将圆形平分，利用黑白图形成阴阳对比关系，中国古人认为宇宙运行之源是太极即阴阳，《易经》用阴阳两种力量的相互作用解释事物的发展变化 。《老子》提出“反者道之动”这一命题，概括了矛盾的存在及其在事物发展中的作用 ，现代物理学也证明一切运动所需的力都是相互的。

下图的曲线其实是一系列、一连串变形的太极构成，从而形成西方构成学中的“鲁宾之杯”，鲁宾之杯是西方设计史上著名的设计图形。图中首先给人看到的是画面中白色的杯子。然而，若我们的视线集中在黑色的负形上，又会浮现出两个人的脸形，设计师利用图地互换的原理，使图形的设计更加丰富完美。当我们将视线沿着道路逐渐向上的时候，我们时而会被紫色的“腰果”吸引，时而又被绿色的“葫芦”吸引。一条简约优美的曲线却能传达景观无限的意象。

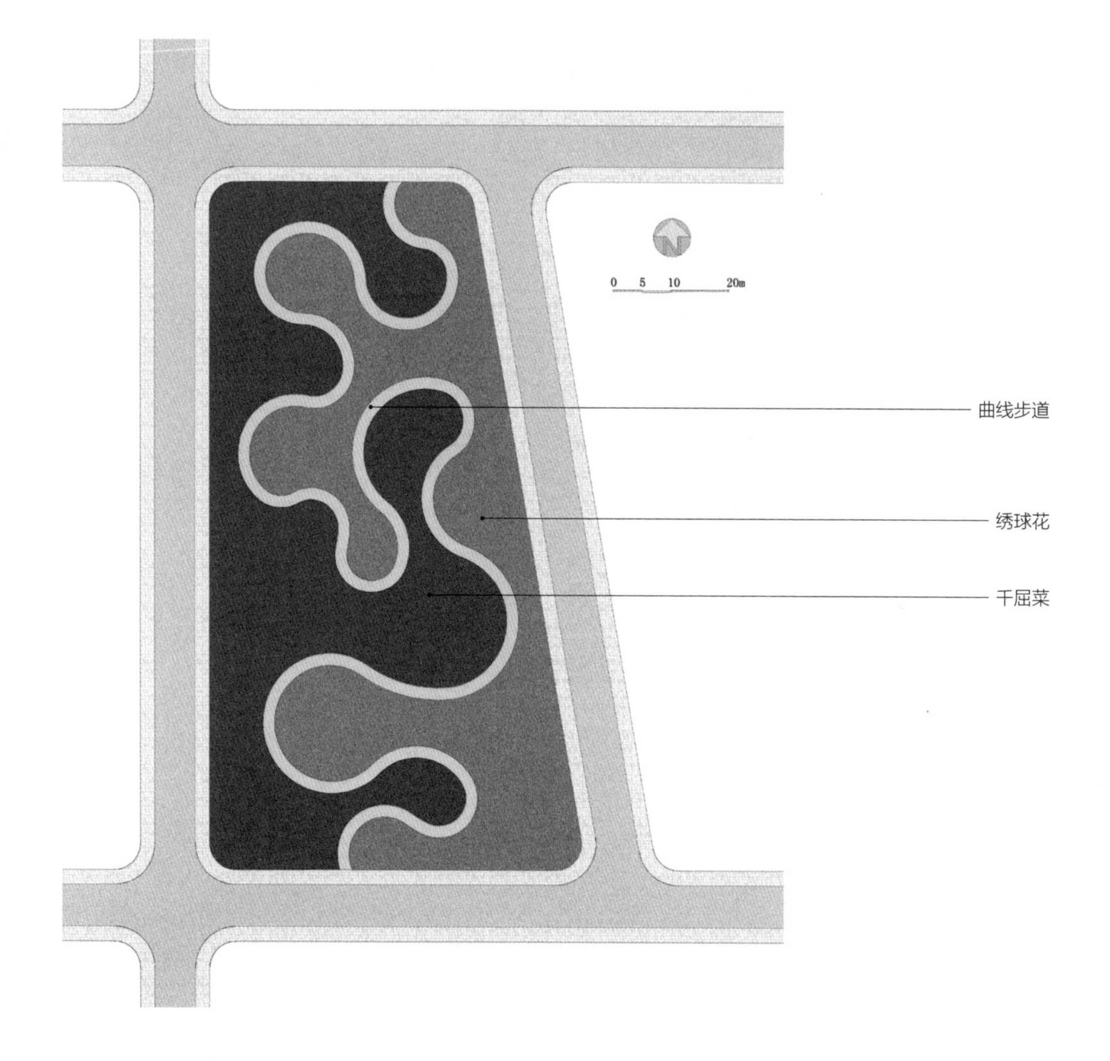
N
0 5 10 20m
曲线步道
绣球花
千屈菜

曲线中的直线

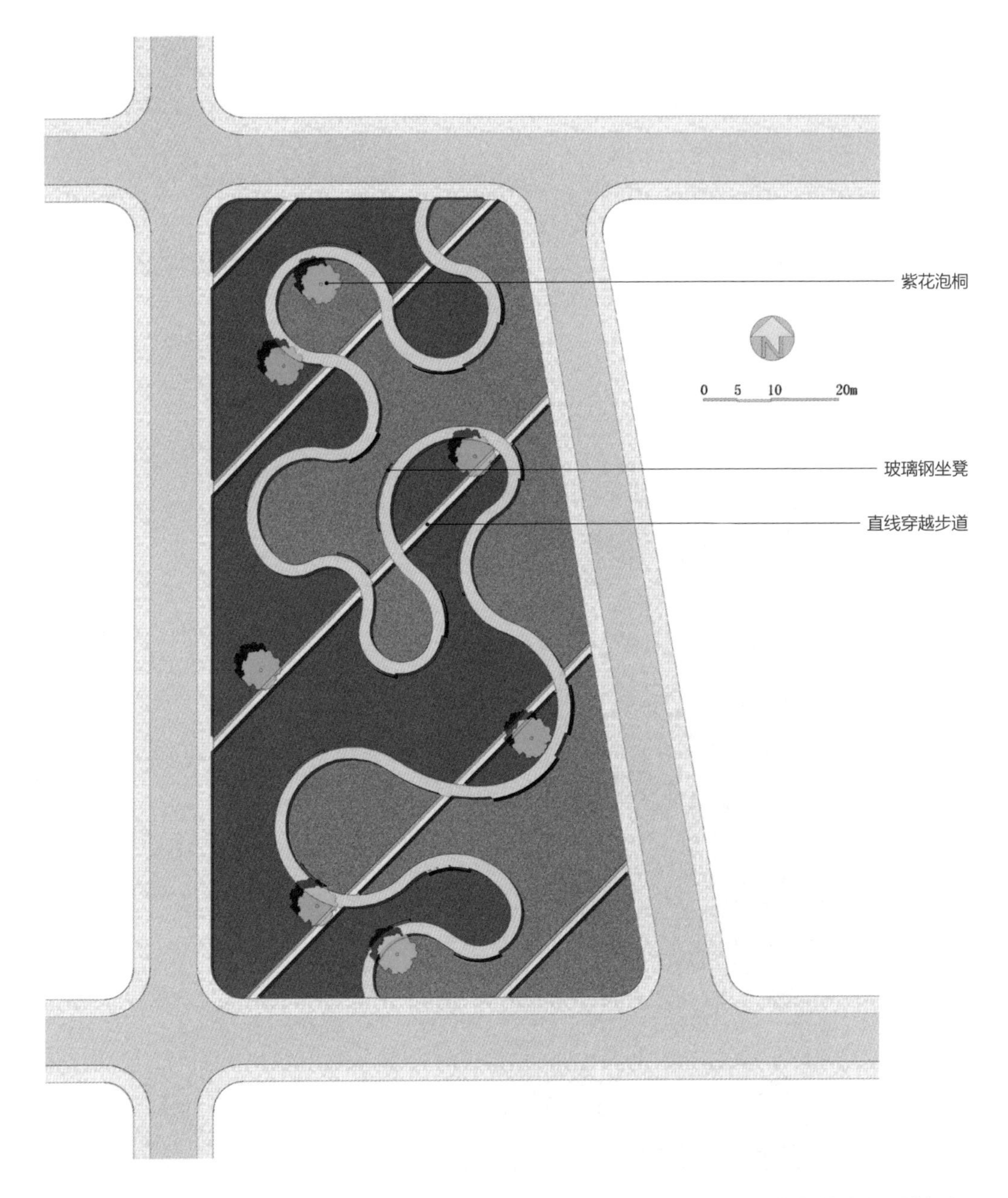
紫花泡桐
0 5 10 20m
玻璃钢坐凳
直线穿越步道

景观设计中法无定法，虽然本书讲的是曲线之美，但形式追随功能，在曲线基础上，增加提供便捷穿越的系列直线步道，反而能衬托出曲线的柔美。紫花泡桐非常优美，由于长势奇快，木质疏松，在台风影响地带，较少应用在景观之中。

空中步道

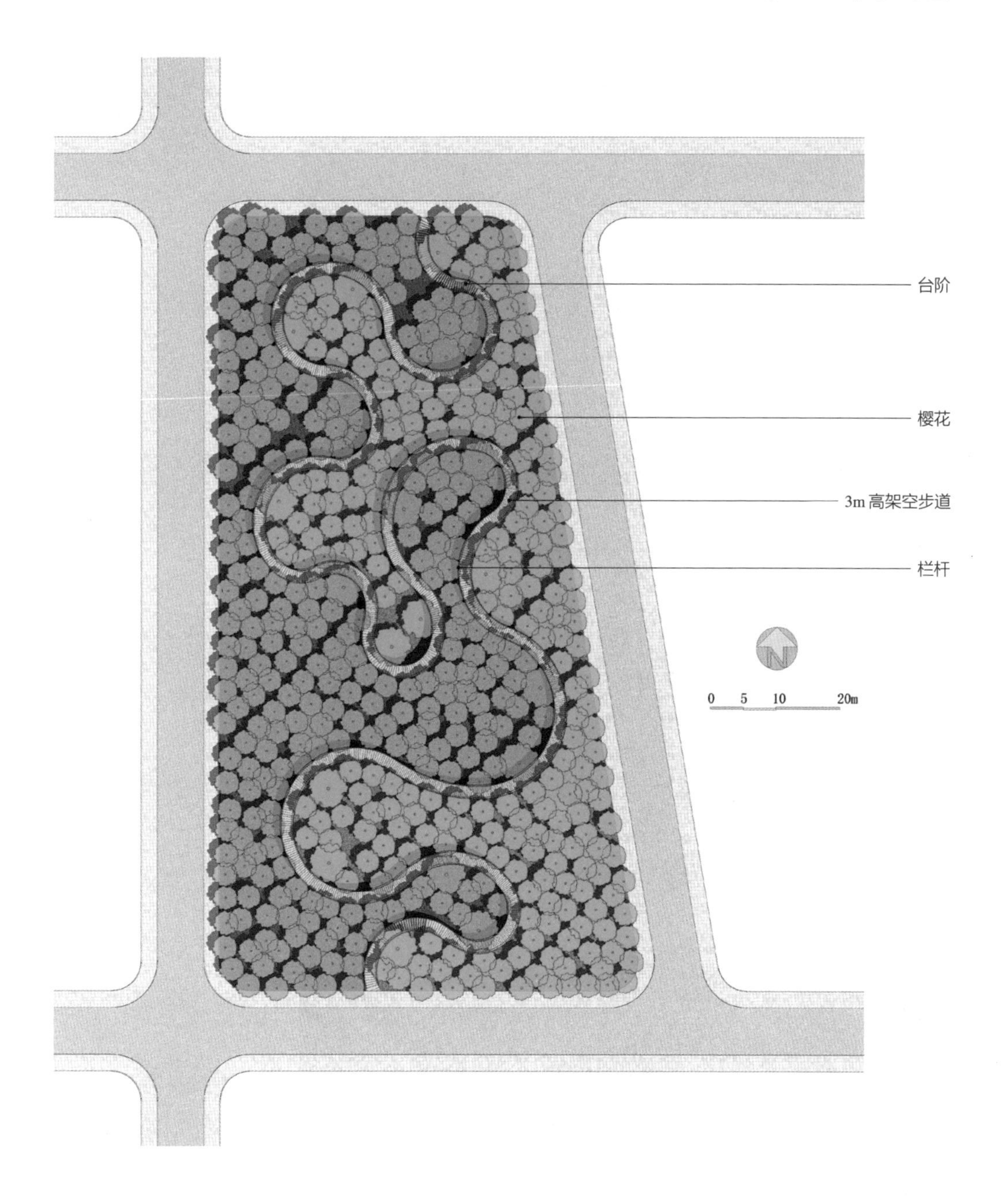
台阶
樱花
3m 高架空步道
栏杆
N
0 5 10 20m

空中步道蜿蜒在樱花林中，繁花盛开在耳际，漫步树冠层上，往往会给人一种特别的景观体验。

细节

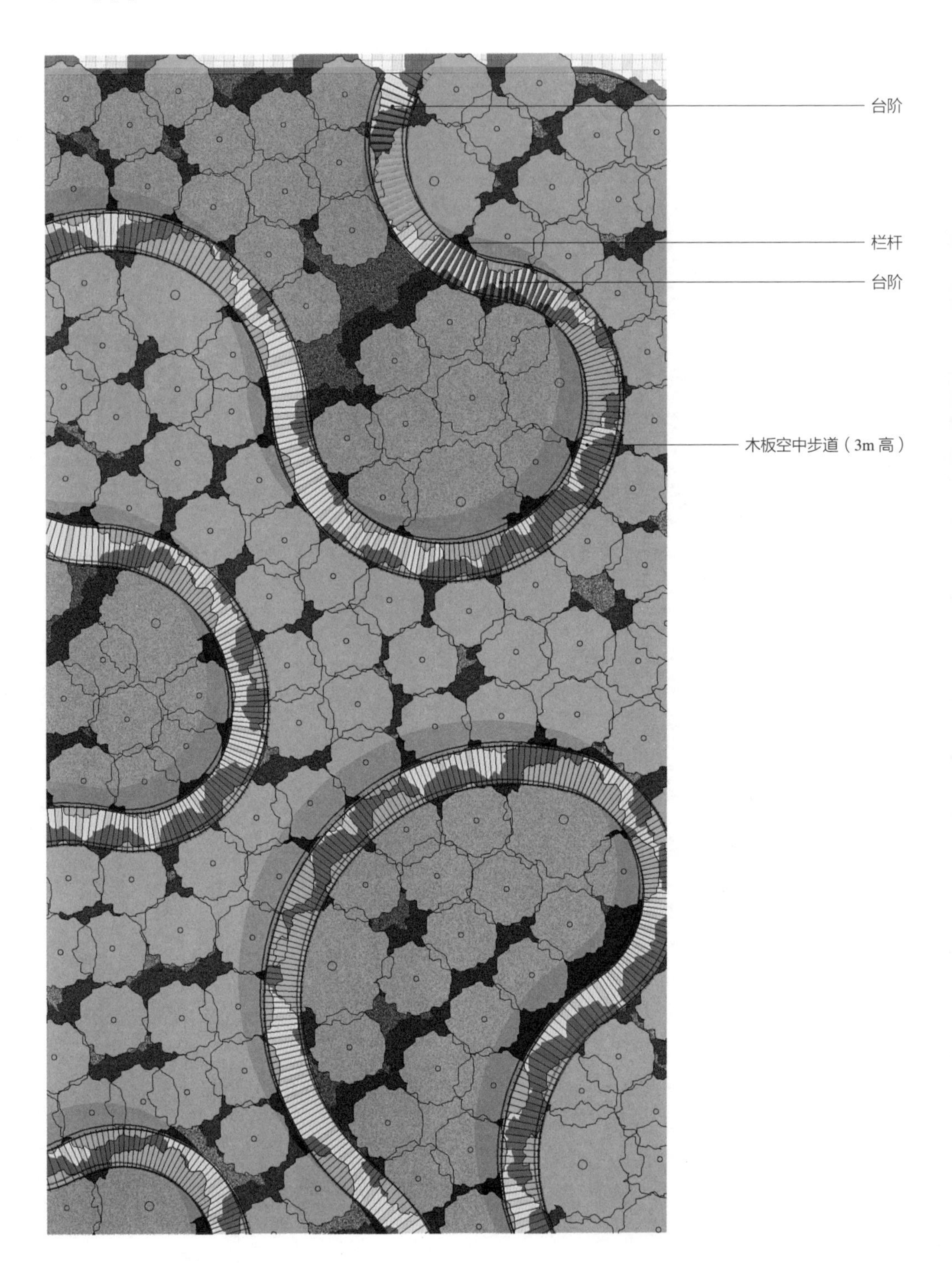
台阶
栏杆
台阶
木板空中步道（3m 高）

一半是水面，一半是向日葵

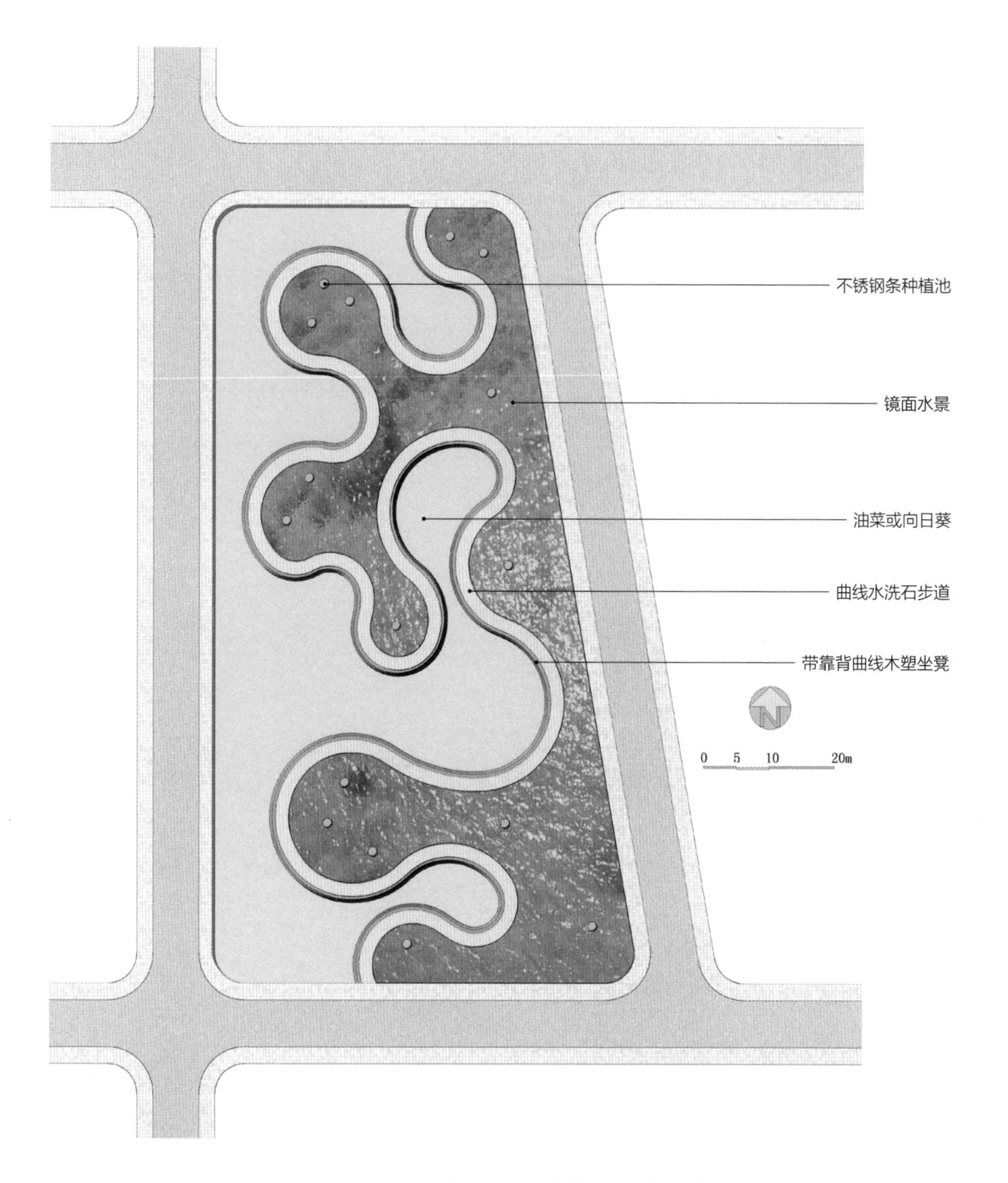

不锈钢条种植池
镜面水景
油菜或向日葵
曲线水洗石步道
带靠背曲线木塑坐凳
N
0 5 10 20m

曲线两侧可以变化万千，运用之妙，存乎一心，可以是油菜或向日葵，也可以是水面，树也可以“生长”在水中央，随着曲线道路一起的带靠背木塑坐凳更像是一件雕塑作品。

梅与海棠

绿萼梅长在水面上，月色反射着梅花，海棠和油菜花一起开了，明黄与粉色交错。

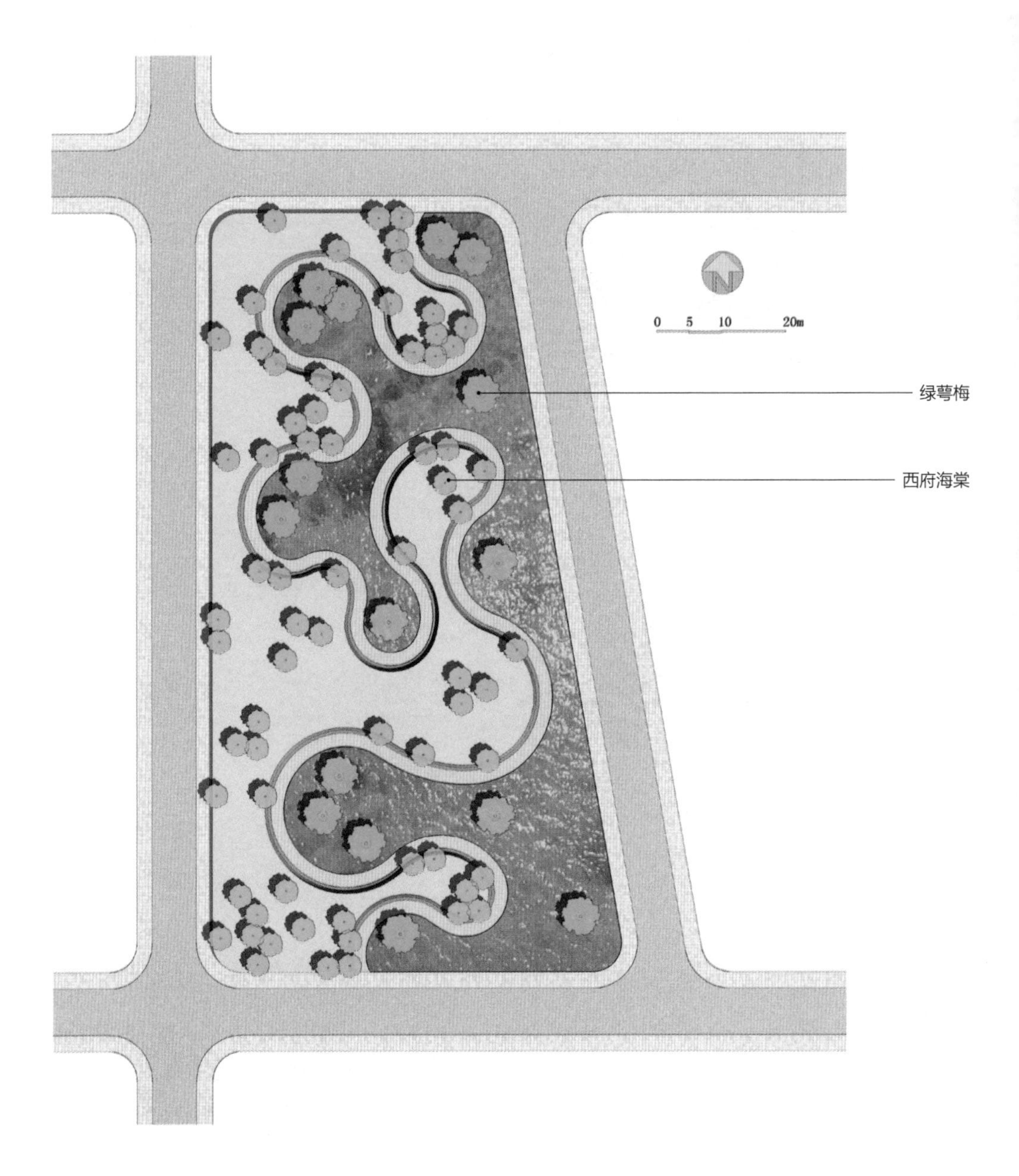
0 5 10 20m
绿萼梅
西府海棠

细节

你注意到的是水面还是油菜，或者只是那条曲线?

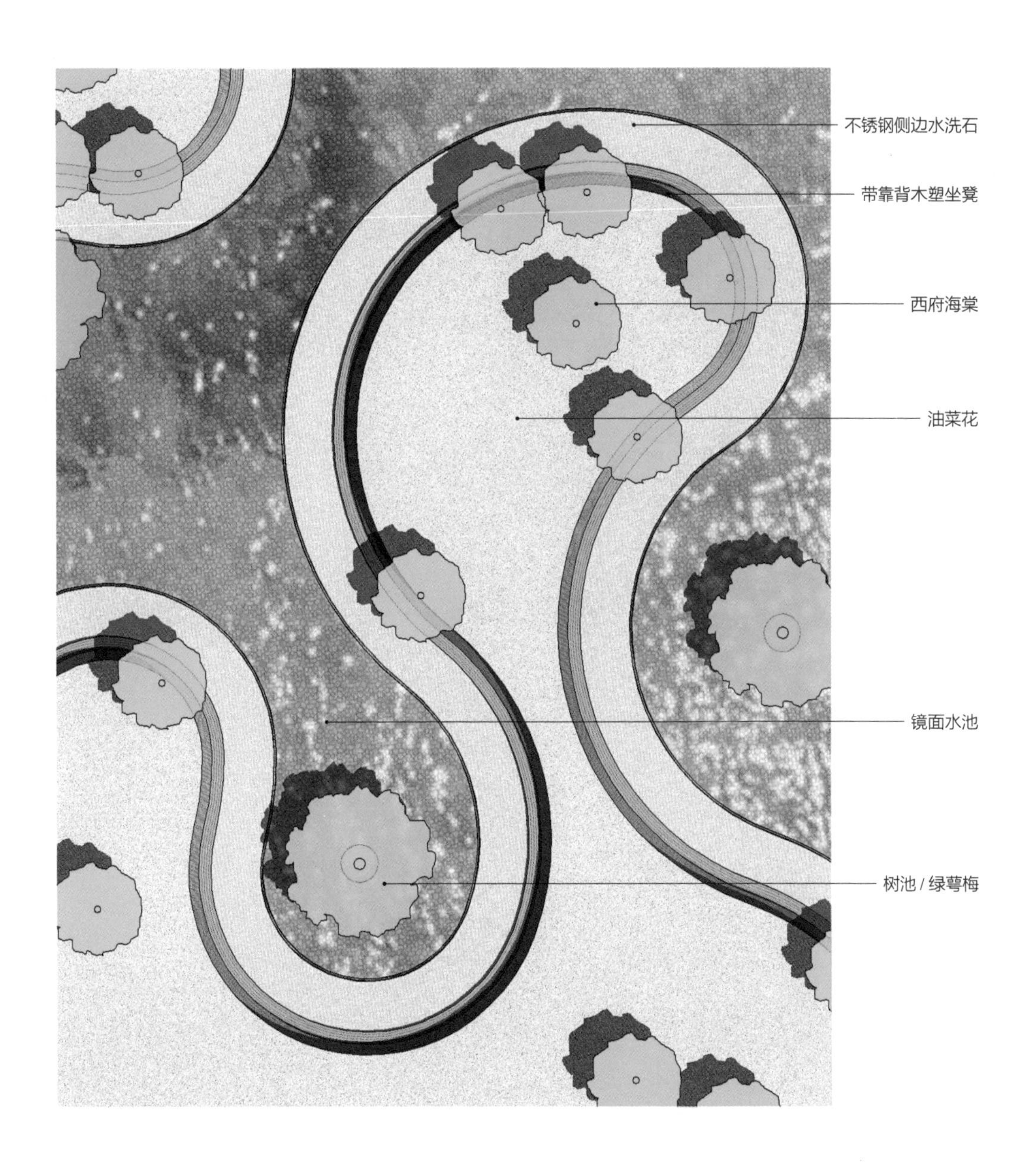
不锈钢侧边水洗石
带靠背木塑坐凳
西府海棠
油菜花
镜面水池
树池 / 绿萼梅

浮冰

浅水面上飘着“浮冰”，晚上在冰面下发出蓝色的光。

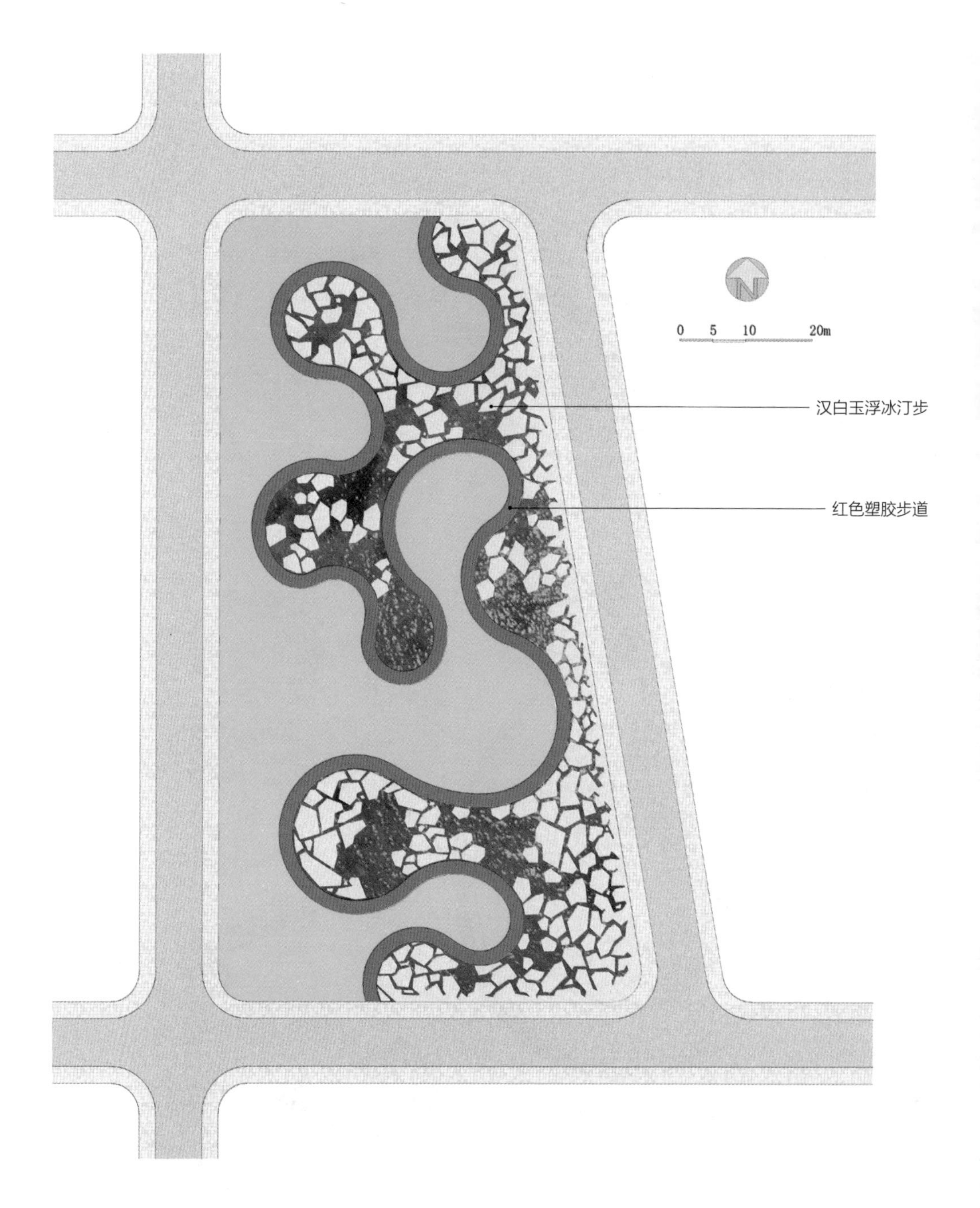
N
0 5 10 20m
汉白玉浮冰汀步
红色塑胶步道

冰峰

冰雪融化，绿意渐生，梅花吐蕊，只是连绵的冰峰未有消尽。

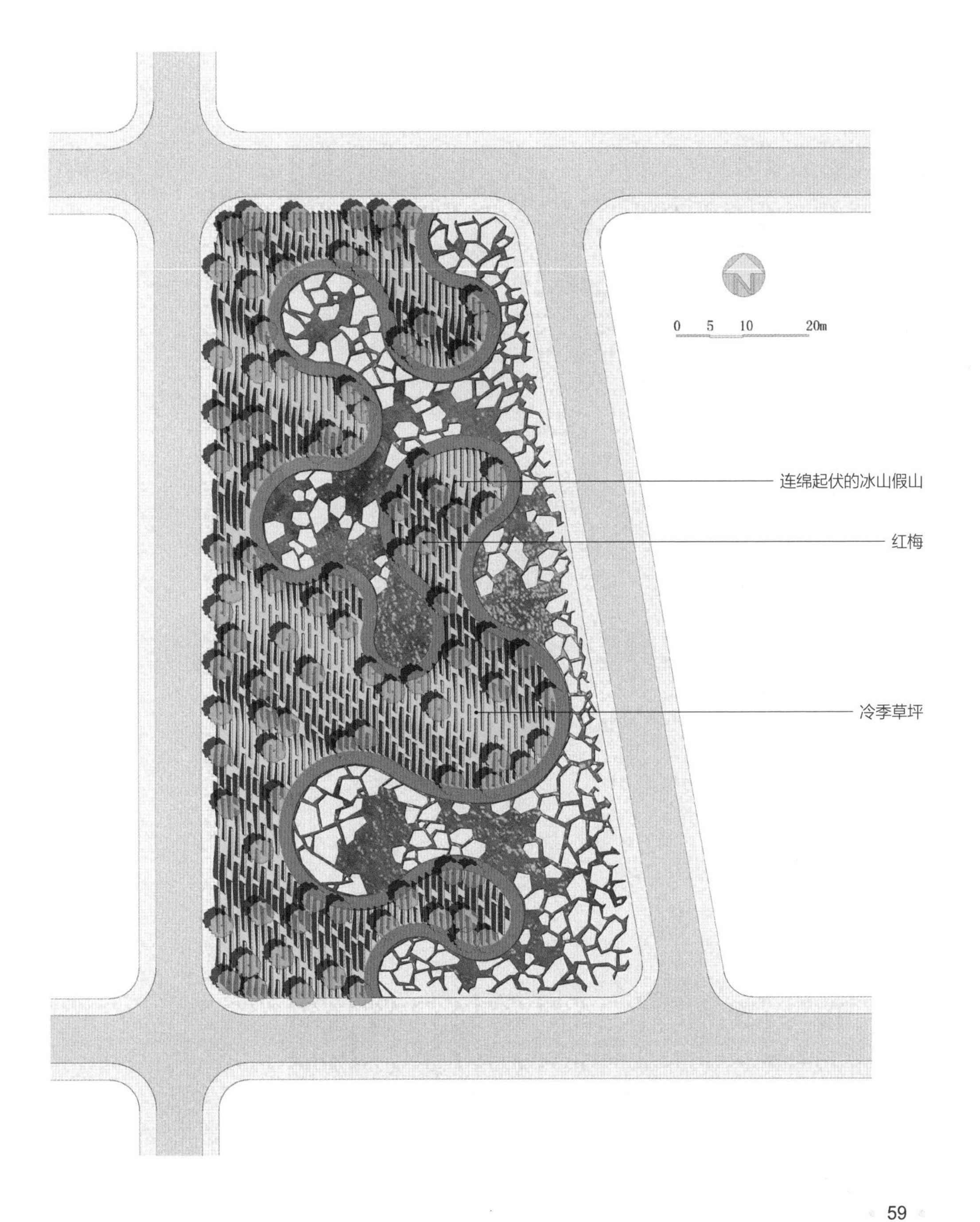

0 5 10 20m
连绵起伏的冰山假山
红梅
冷季草坪

细节

汉白玉浮冰汀步
高低错落片岩

石头曲线

块石垒砌的石墙将空间分成左右，若干个木门框支撑石头形成的门洞又联系着左右空间，这道景墙没有用到诸如水泥、钢筋之类的人工制品，只有掌握传统技艺的老石匠才能垒砌出弧线优美、咬合坚固的自然雕塑艺术作品。

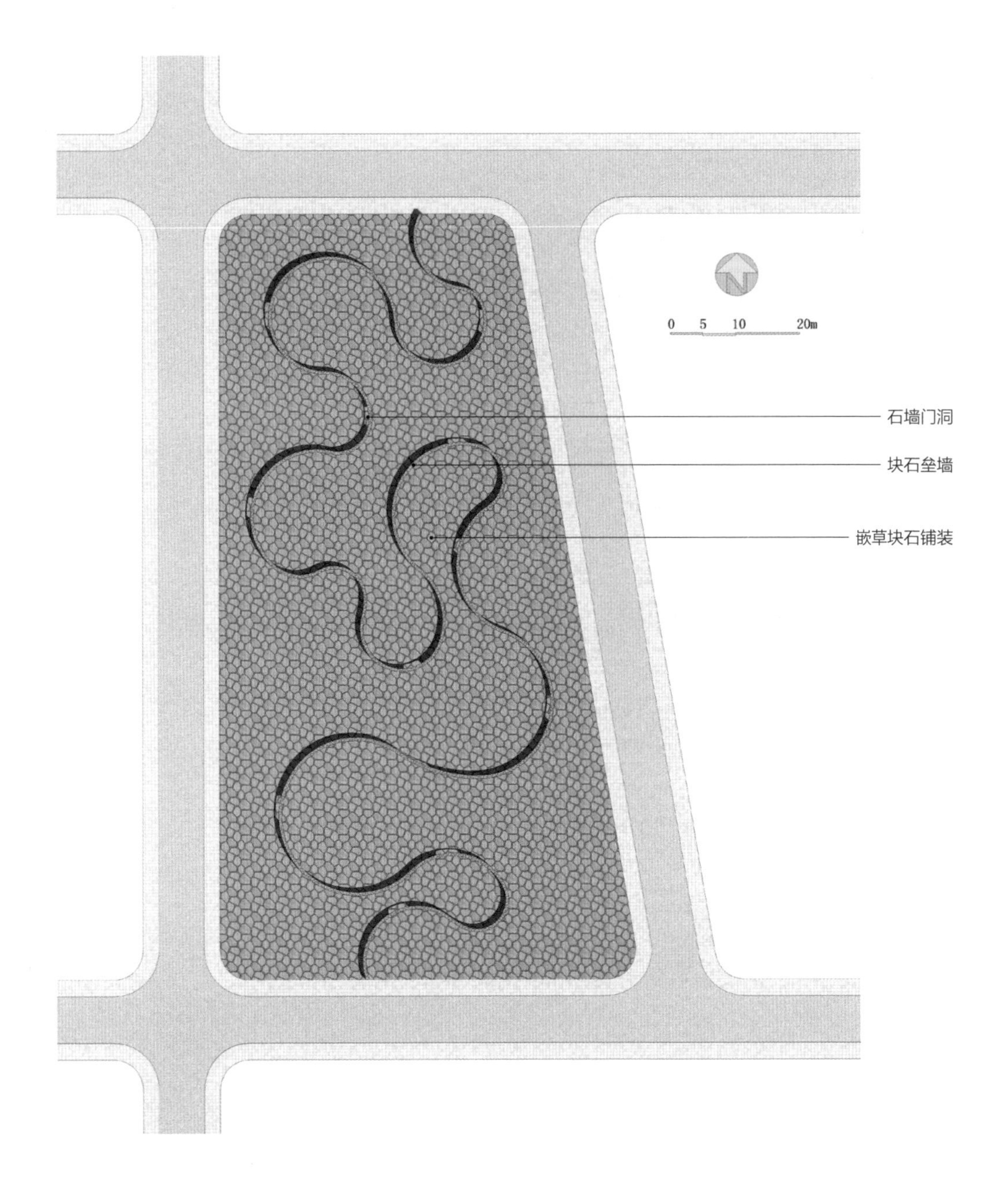
N
0 5 10 20m
石墙门洞
块石垒墙
嵌草块石铺装

苔藓石墙

石匠大师垒砌的景墙石头缝隙中嵌满泥土，景墙顶上的滴灌系统保持着石墙长久的湿润，随着时间的推移，樱花林下的石墙爬满了可人的绿色苔藓和蕨类植物，樱花凋零的时候，花瓣粘在绿墙上，沉重婉转至不可言说。设计师需要赋予自己的作品以生命。

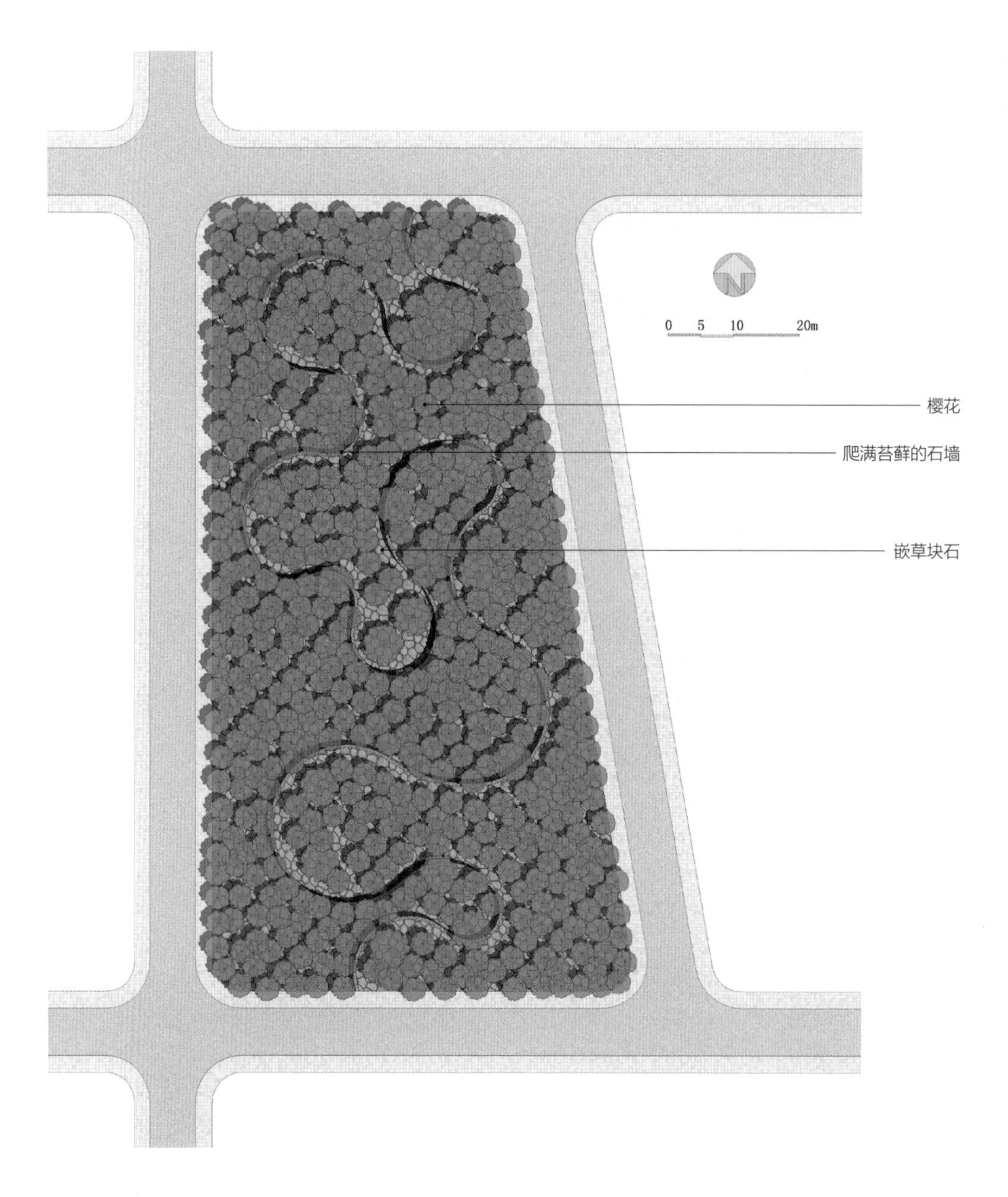
0 5 10 20m
樱花
爬满苔藓的石墙
嵌草块石

青松与红墙

同样的结构也可以从古典朴素转而变成现代清新，青色的松林、红色的景墙，在这无穷的变化中你选择的又会是什么样的结构？

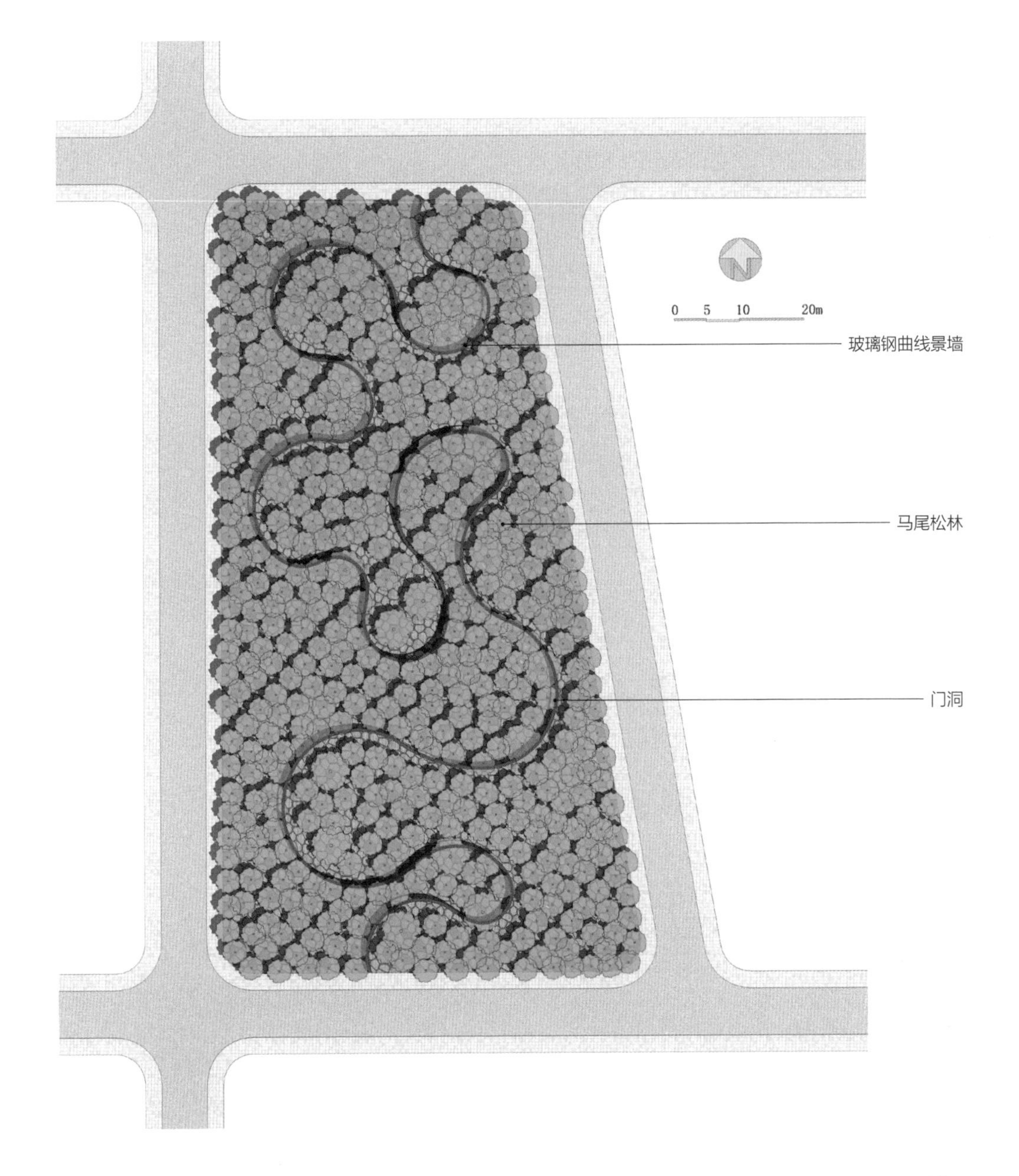
0 5 10 20m
玻璃钢曲线景墙
马尾松林
门洞

水袖坐凳

一条具有透视感的玻璃钢红色水袖坐凳，使空间有了边缘效应。

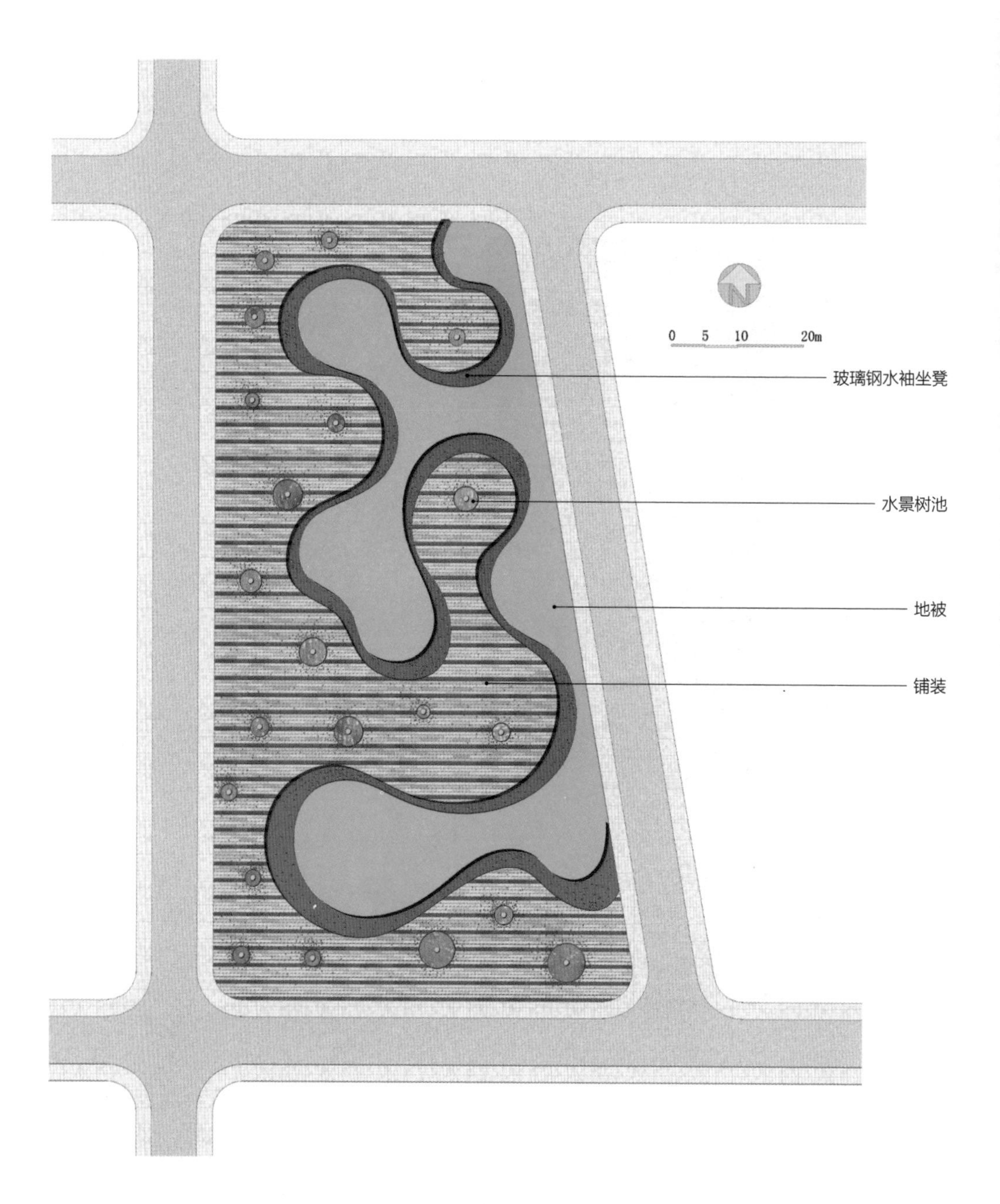
0 5 10 20m
玻璃钢水袖坐凳
水景树池
地被
铺装

竹林樱花

水袖究竟围合的是铺装还是竹林？这就是空间的奥秘，是樱花的空无突出了竹林的实有？还是实有围合了空无？

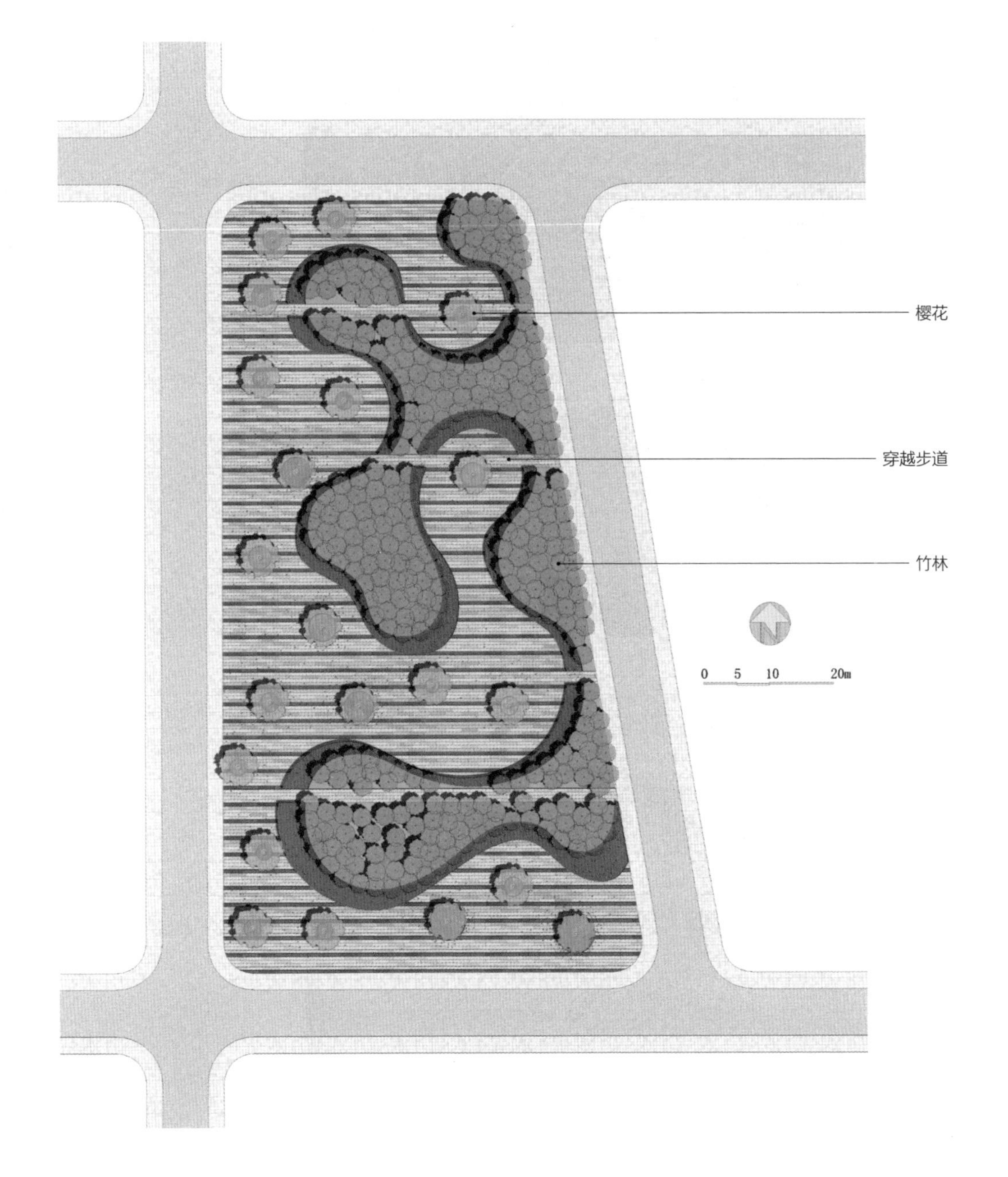
樱花
穿越步道
竹林
N
0 5 10 20m

细节

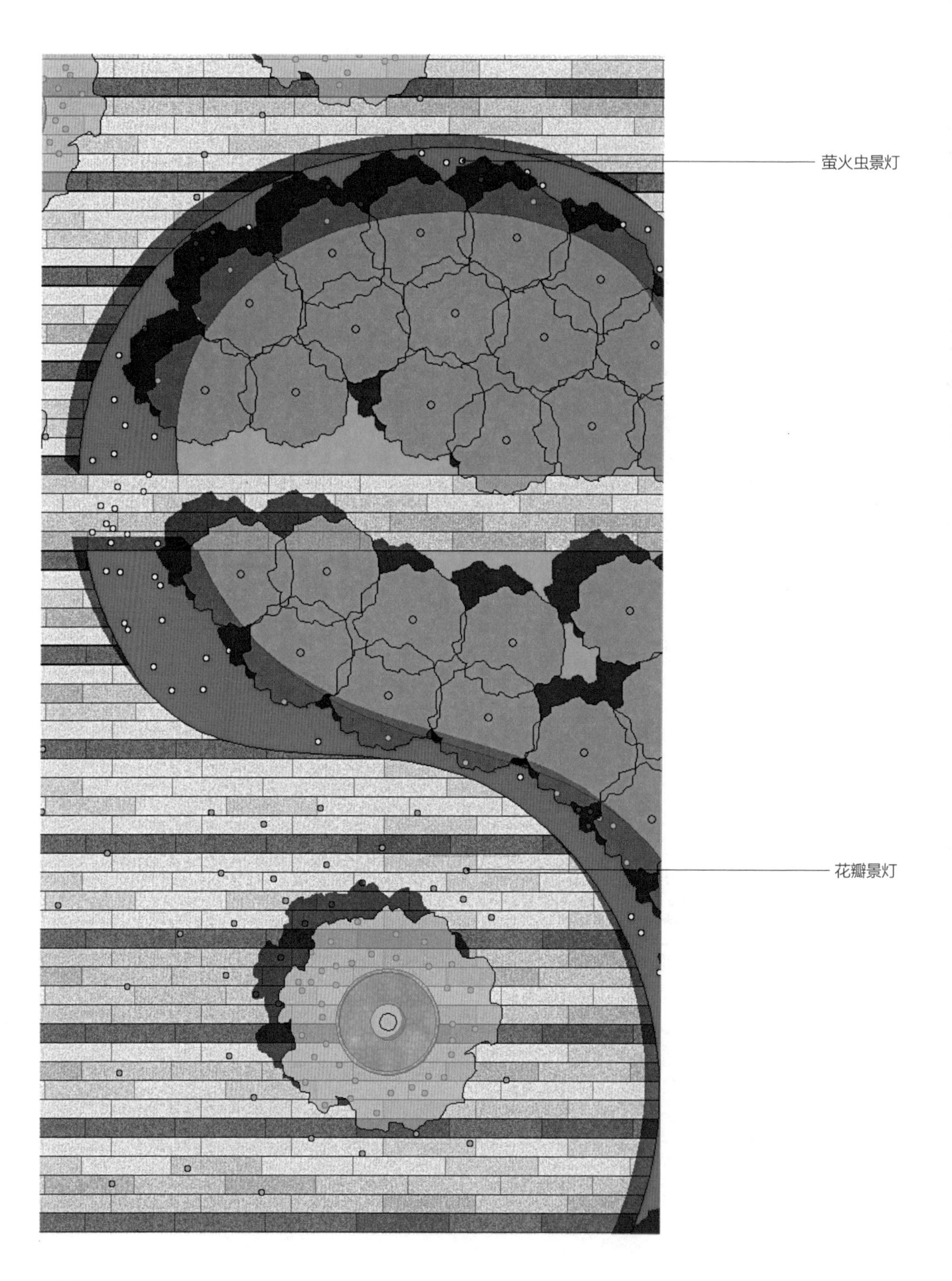
萤火虫景灯
花瓣景灯

豌豆苗

一根豌豆苗上舒展着它的卷须，铺装上、草地上长起了一个个螺旋上升的大地艺术。

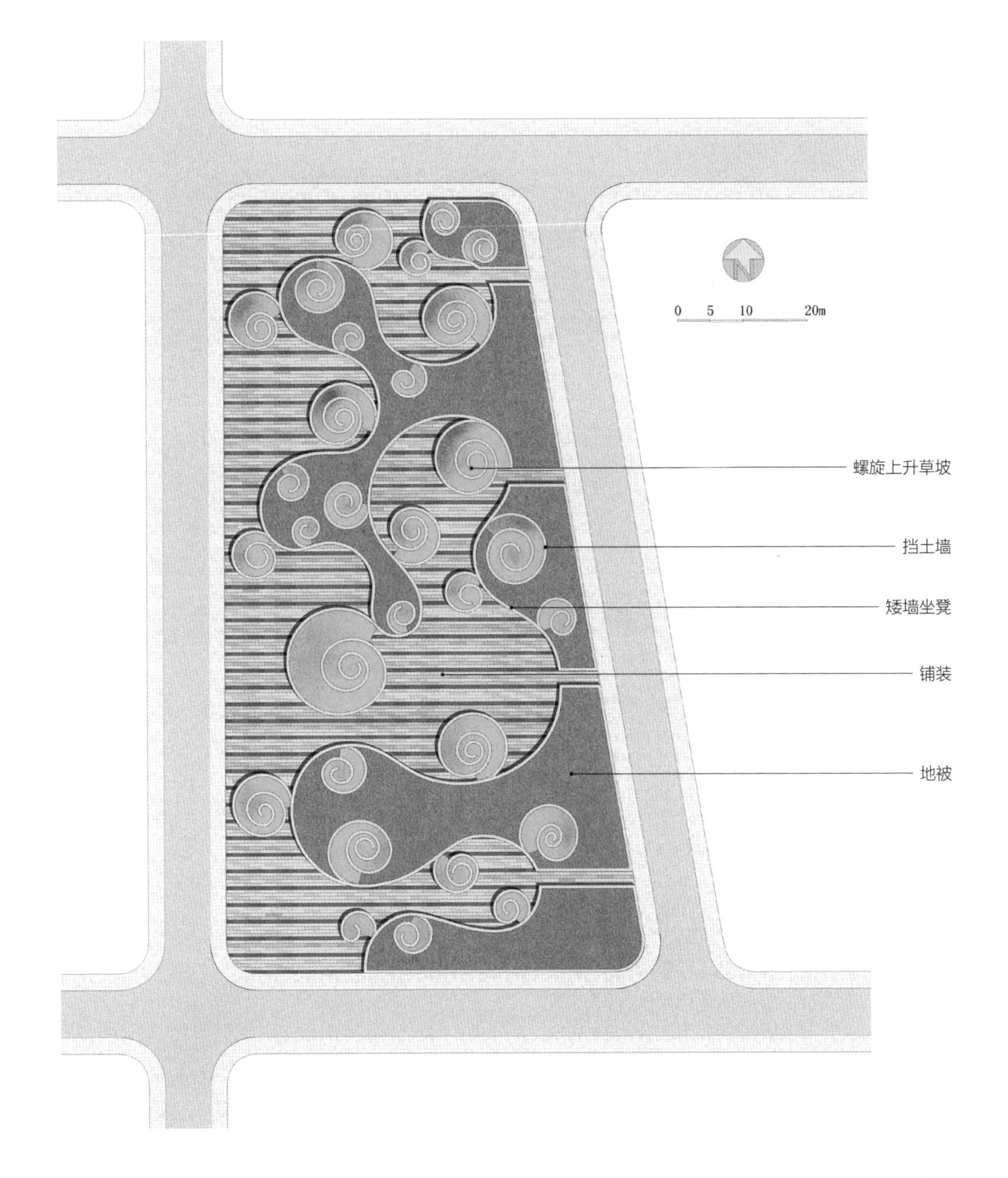
0 5 10 20m
螺旋上升草坡
挡土墙
矮墙坐凳
铺装
地被

地形围合空间

通过地形围合塑胶步道内的葫芦形草坪，曲线坐凳进一步肯定了空间，同时由于其背靠地形，面向草坪，产生了景观“边缘效应”的魅力。

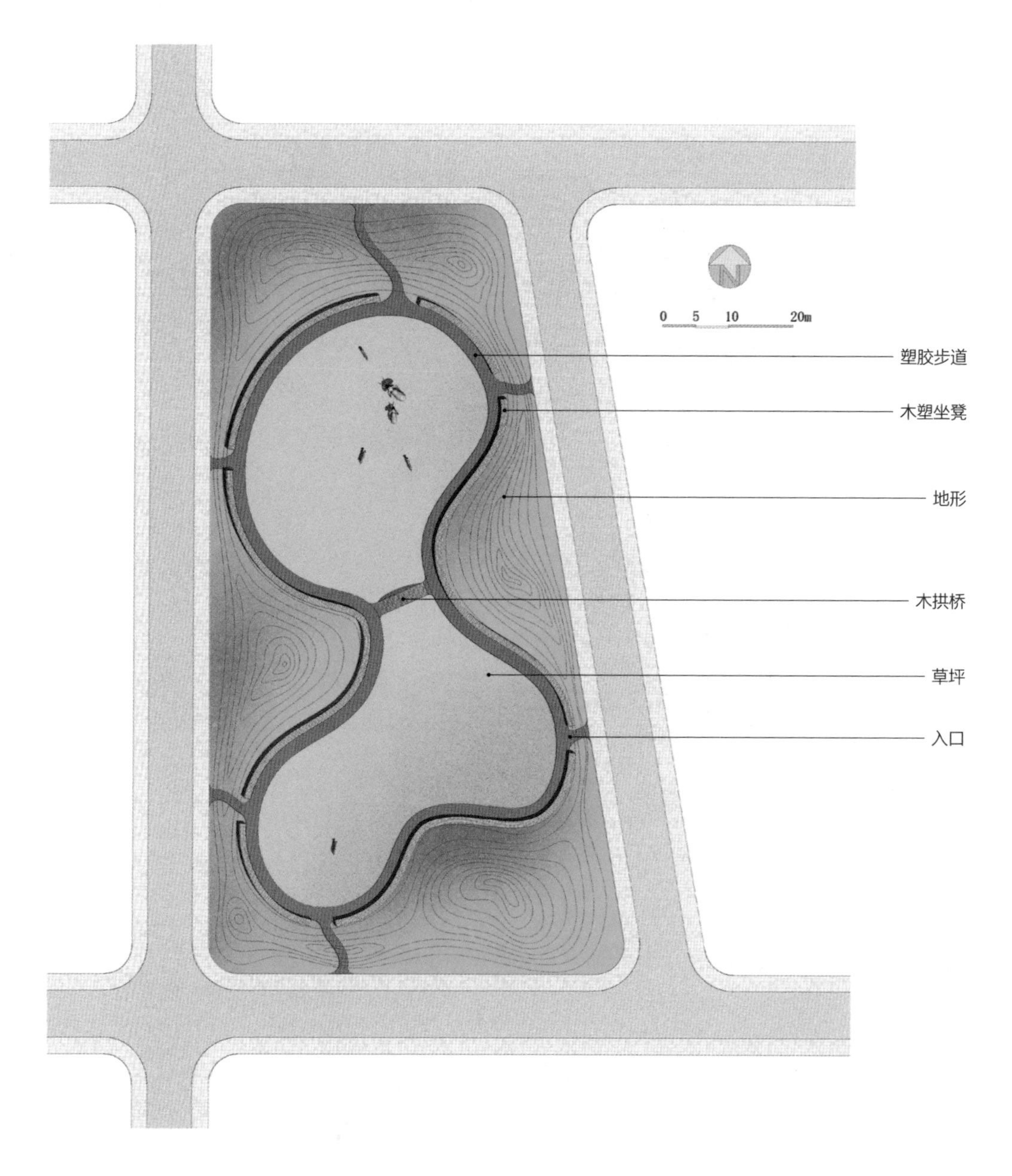
N
0 5 10 20m
塑胶步道
木塑坐凳
地形
木拱桥
草坪
入口

幽默空间

糟糕的景观是冰冷无趣的，反之，优秀的景观是人性幽默的，幽默本身是指某事物所具有的出人意料的，而就表现方式上又是含蓄或令人回味深长的特征。景观的幽默如下图，站在公园外头，很想知道密林之中到底还有什么，穿过地形上的密林，豁然开朗，是一大片白茅，风吹草低，几头狮子正欲围攻大象母子。无论从景观空间上还是意向上都有出人意料的幽默感。

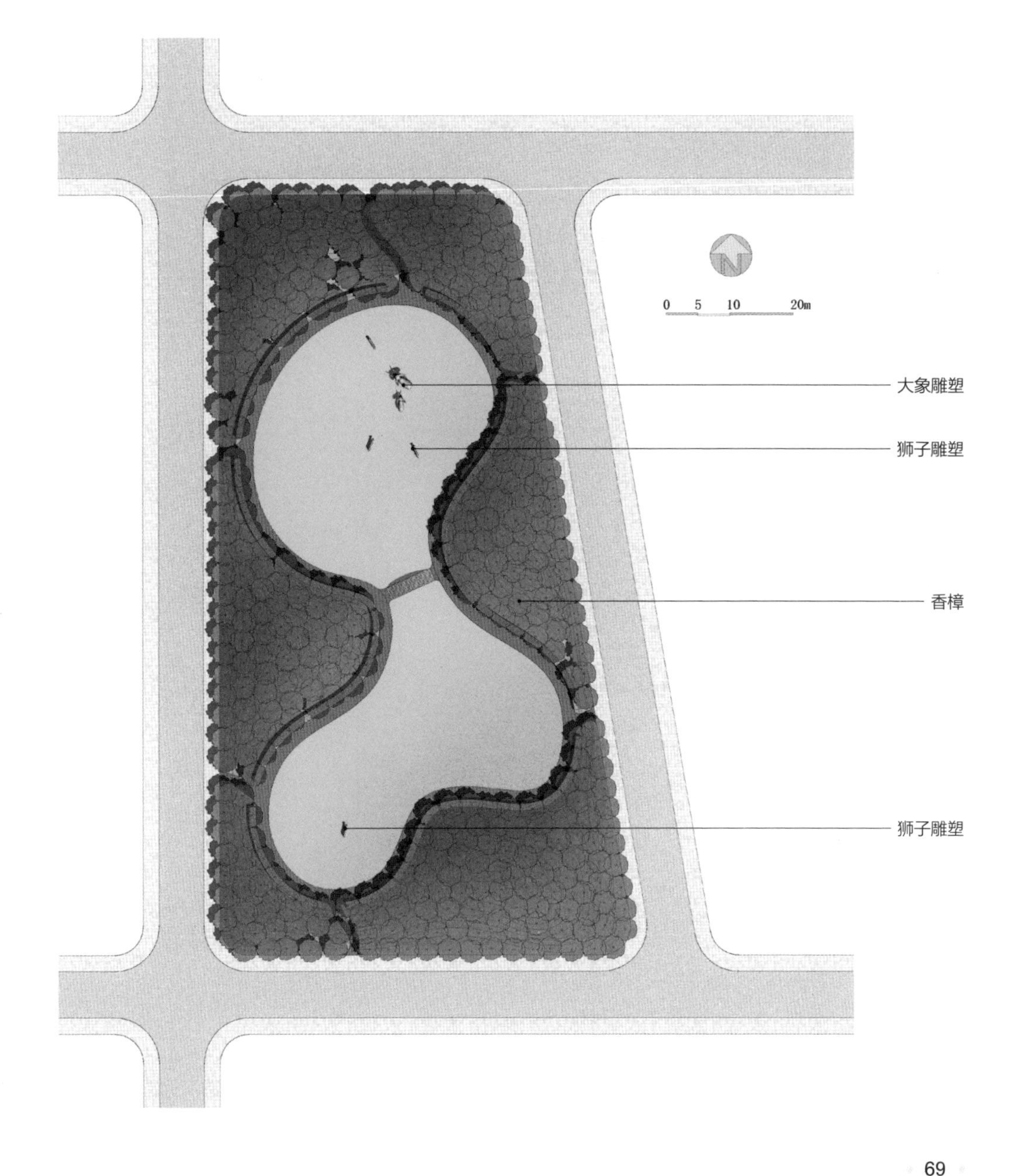
N
0 5 10 20m
大象雕塑
狮子雕塑
香樟
狮子雕塑

细节

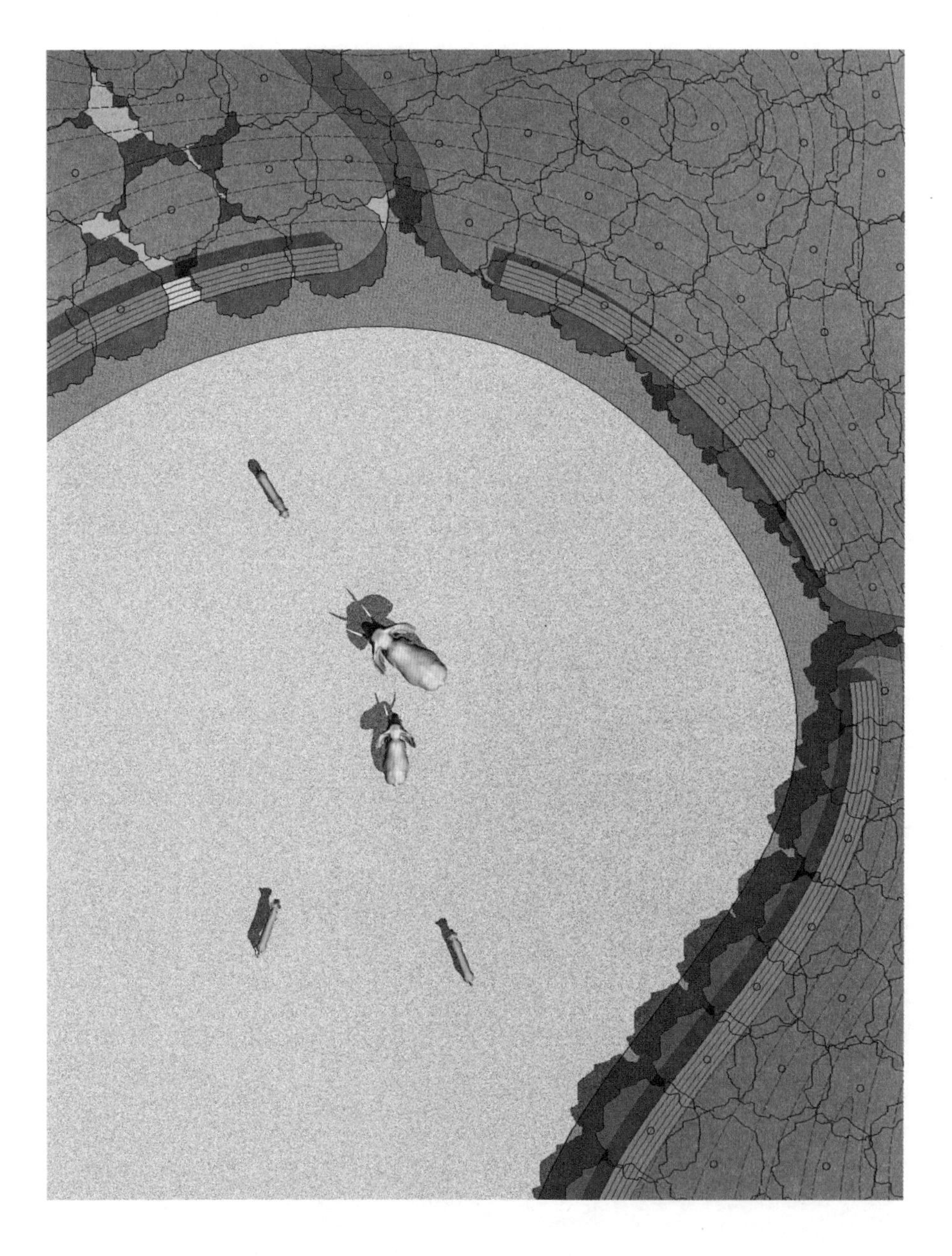

从地形、林缘、步道、坐凳到中间围合形成的草坪都是柔和的曲线。但若没有大象与狮子这非洲大草原上的一幕，会显得多么平淡！

曲线中的曲线

内部曲线草坪空间内，利用毛竹排列出奇妙的弧线相切线形空间。

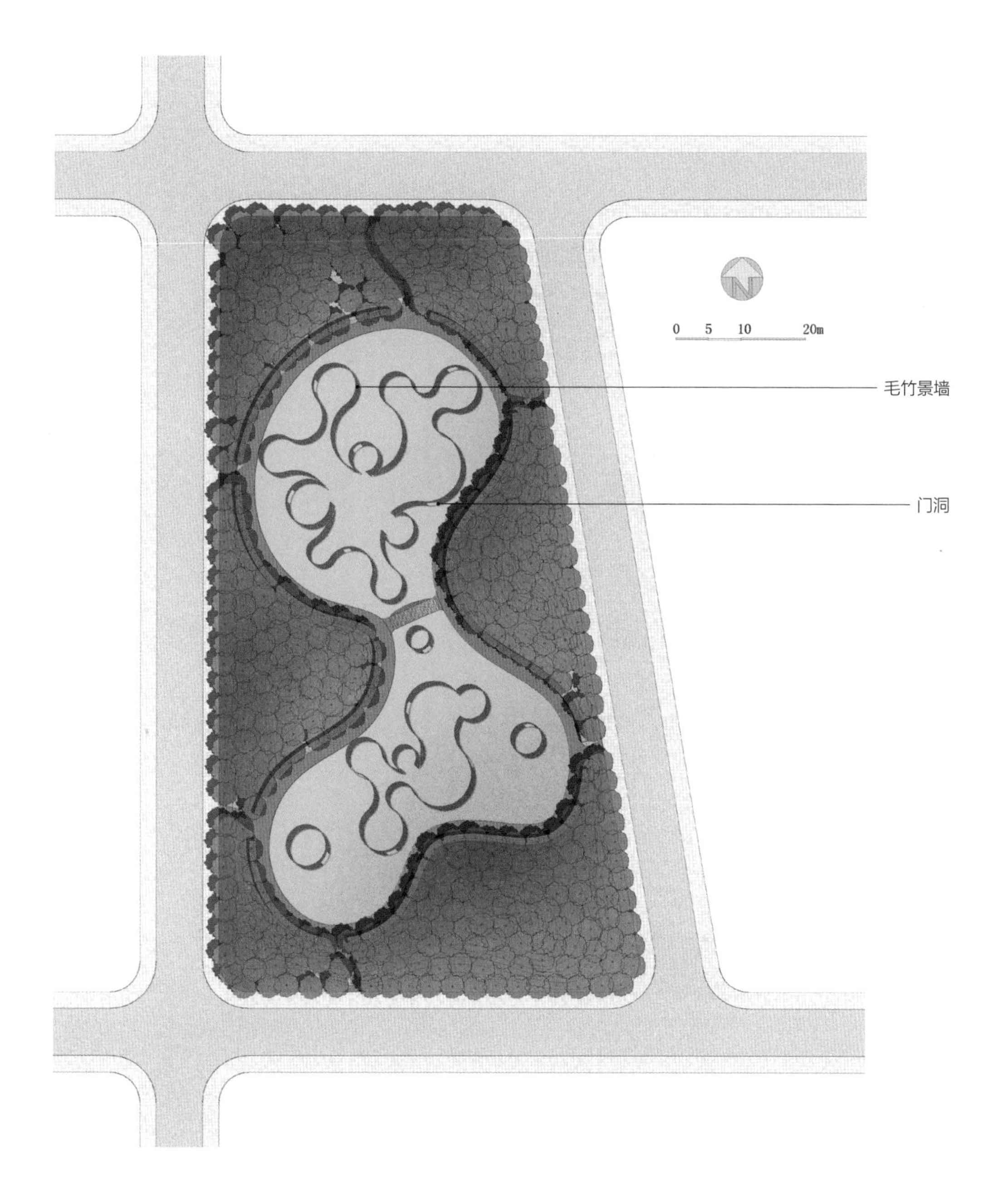
0 5 10 20m
毛竹景墙
门洞

外柔内刚

草坪空间可以转化成各种其他空间，比如水、沙子、石砾或者下图这种铺装变化结合树木。小青瓦竖铺组成的大小圆形，犹如春雨落在水面上的涟漪。

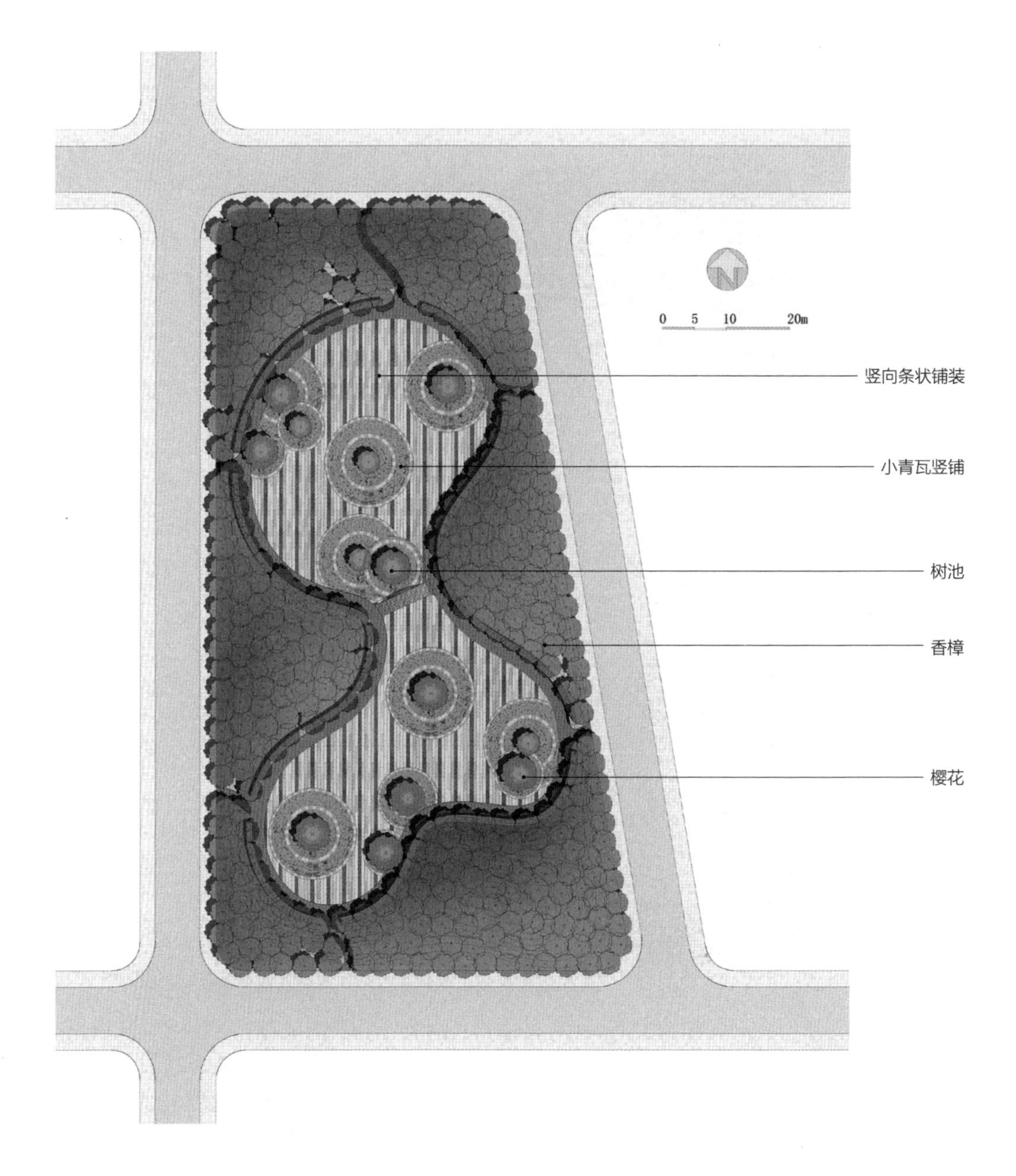
0 5 10 20m
竖向条状铺装
小青瓦竖铺
树池
香樟
樱花

细节

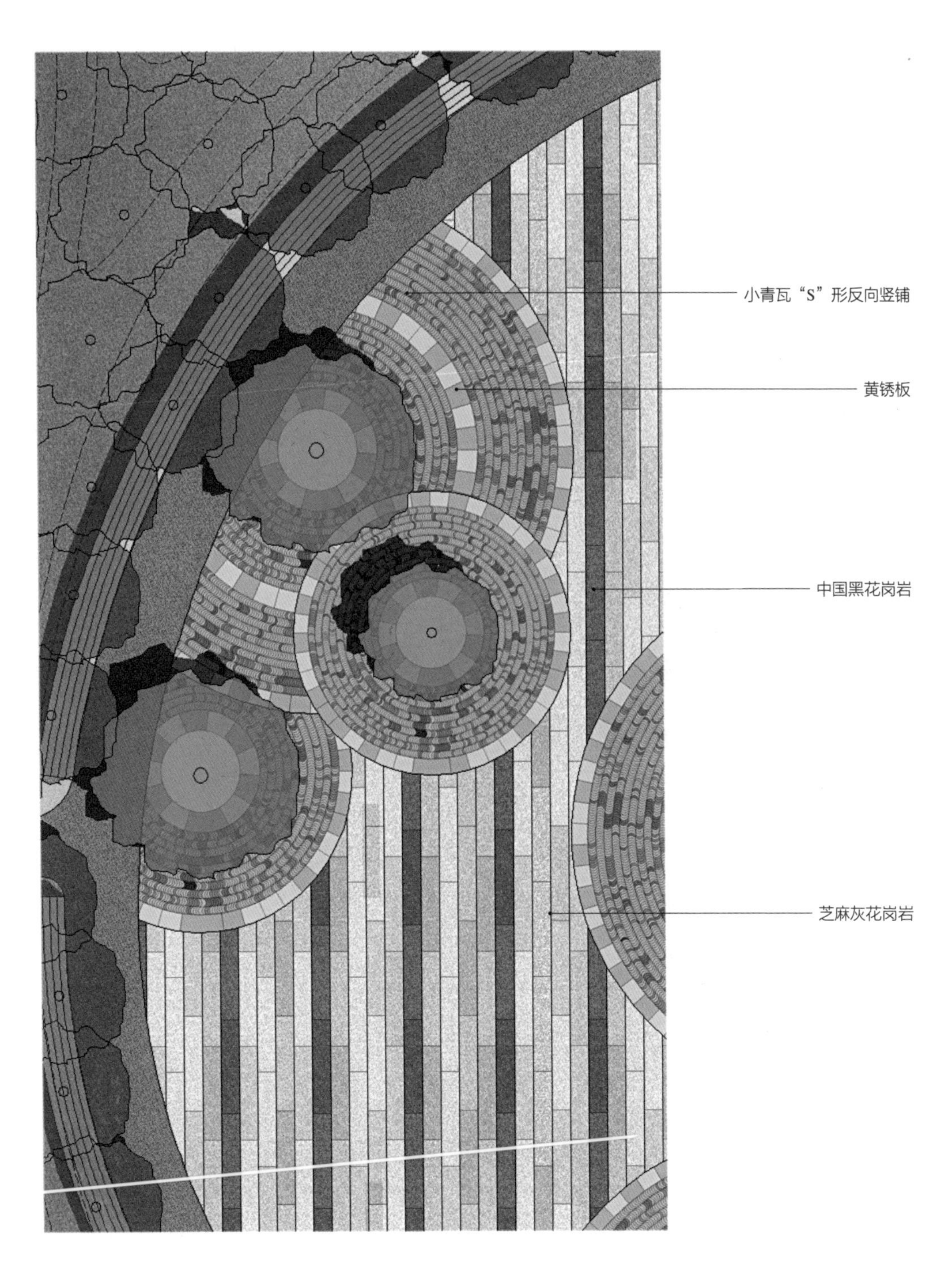
小青瓦"S"形反向竖铺
黄锈板
中国黑花岗岩
芝麻灰花岗岩

外刚内柔

与上页图相反，地形在葫芦曲线中形成，而外部形成林荫铺装空间，弧形钢木结构拱桥穿过鞍部地形。

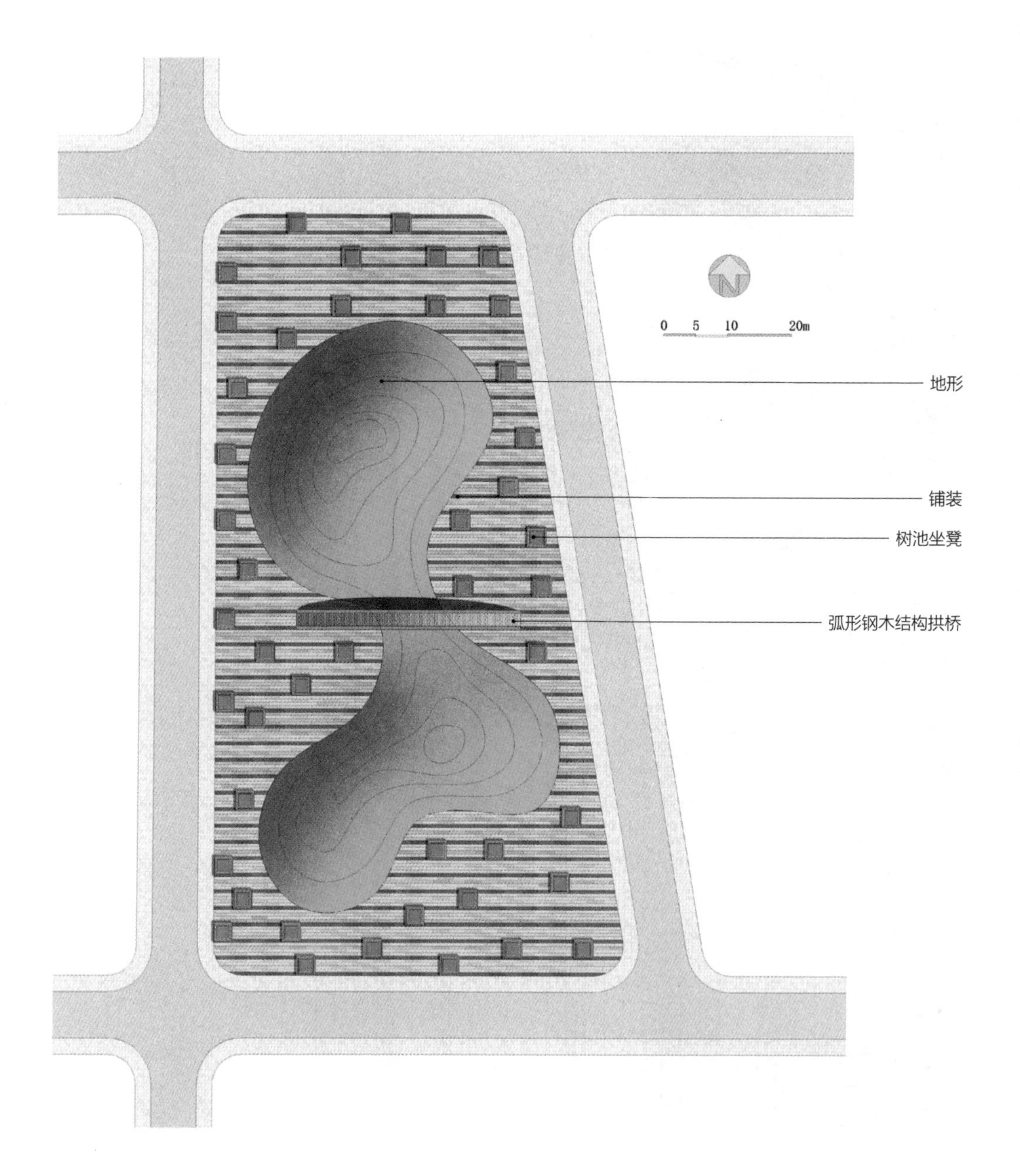
N
0 5 10 20m
地形
铺装
树池坐凳
弧形钢木结构拱桥

紫色岛

同一空间因植物而不同。

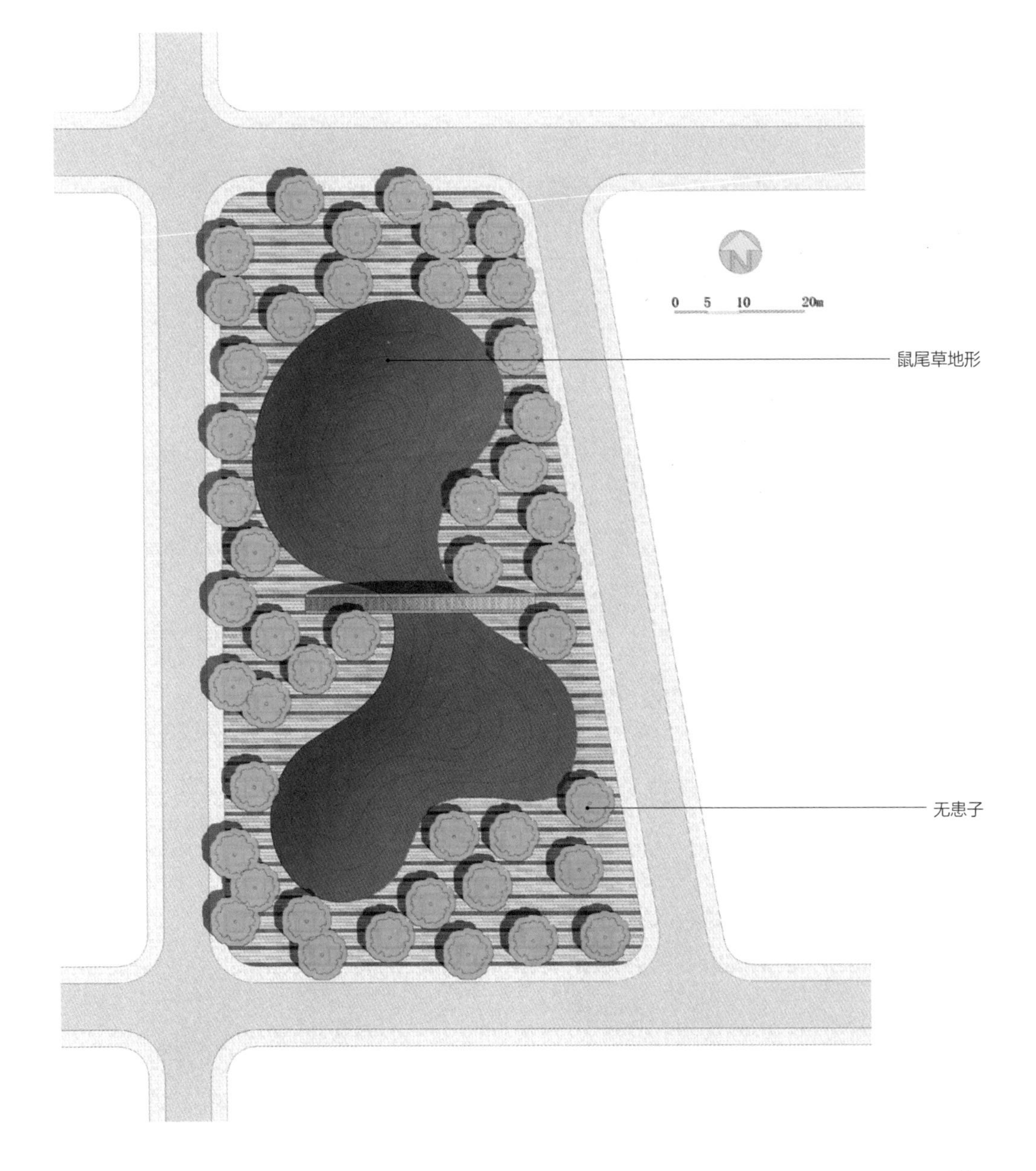
0 5 10 20m
鼠尾草地形
无患子

四条曲线

四条曲线即能形成一个上下错落、桑林围合、杂花满院的有趣景观空间。

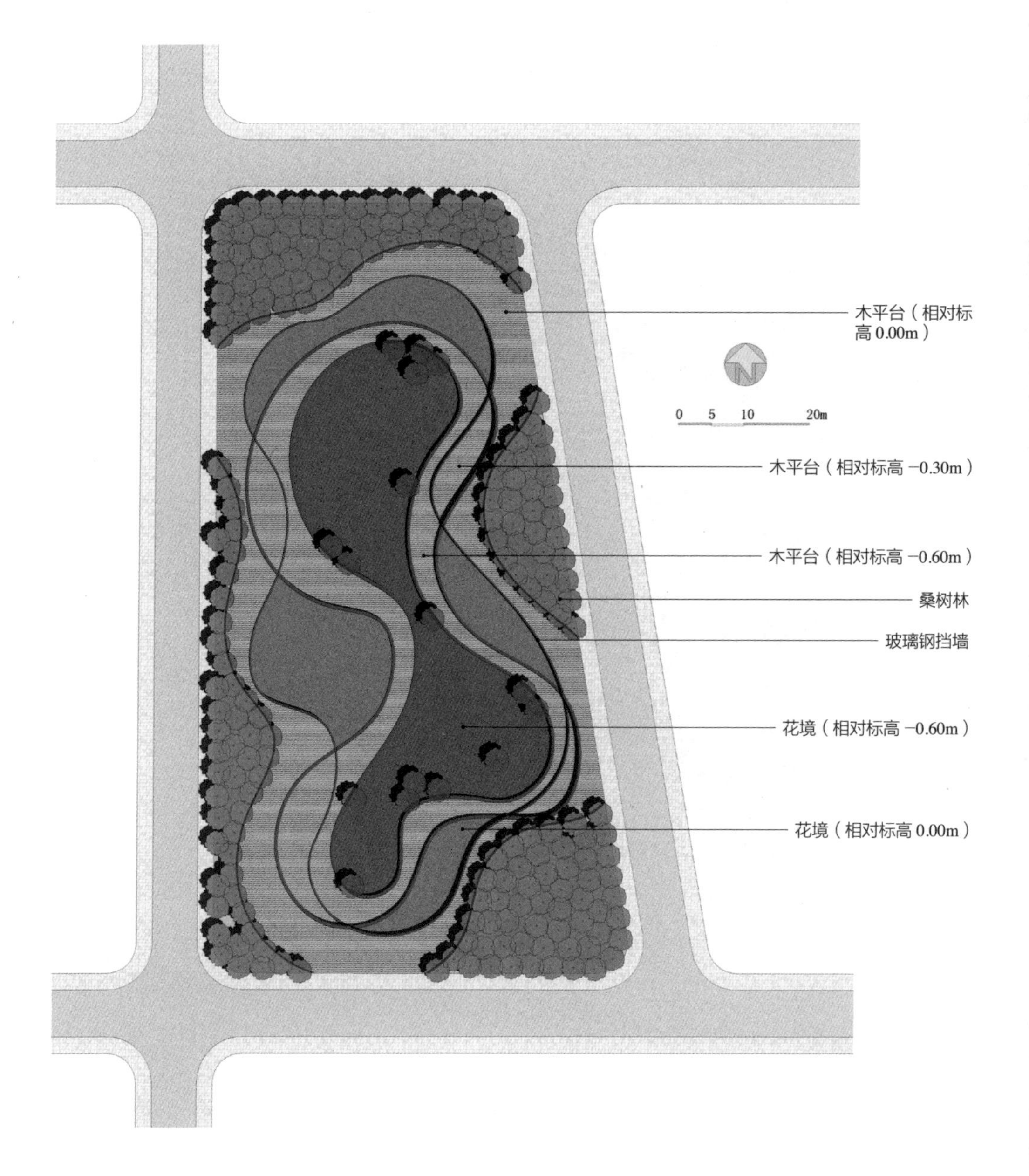
木平台（相对标高 0.00m）
0 5 10 20m
木平台（相对标高 −0.30m）
木平台（相对标高 −0.60m）
桑树林
玻璃钢挡墙
花境（相对标高 −0.60m）
花境（相对标高 0.00m）

交叉直线

即使是两条交叉直线步道的加入，也改变不了场地景观的曲线空间主体，但曲线中直线的加入会使景观产生有趣的化学反应，更加生动。

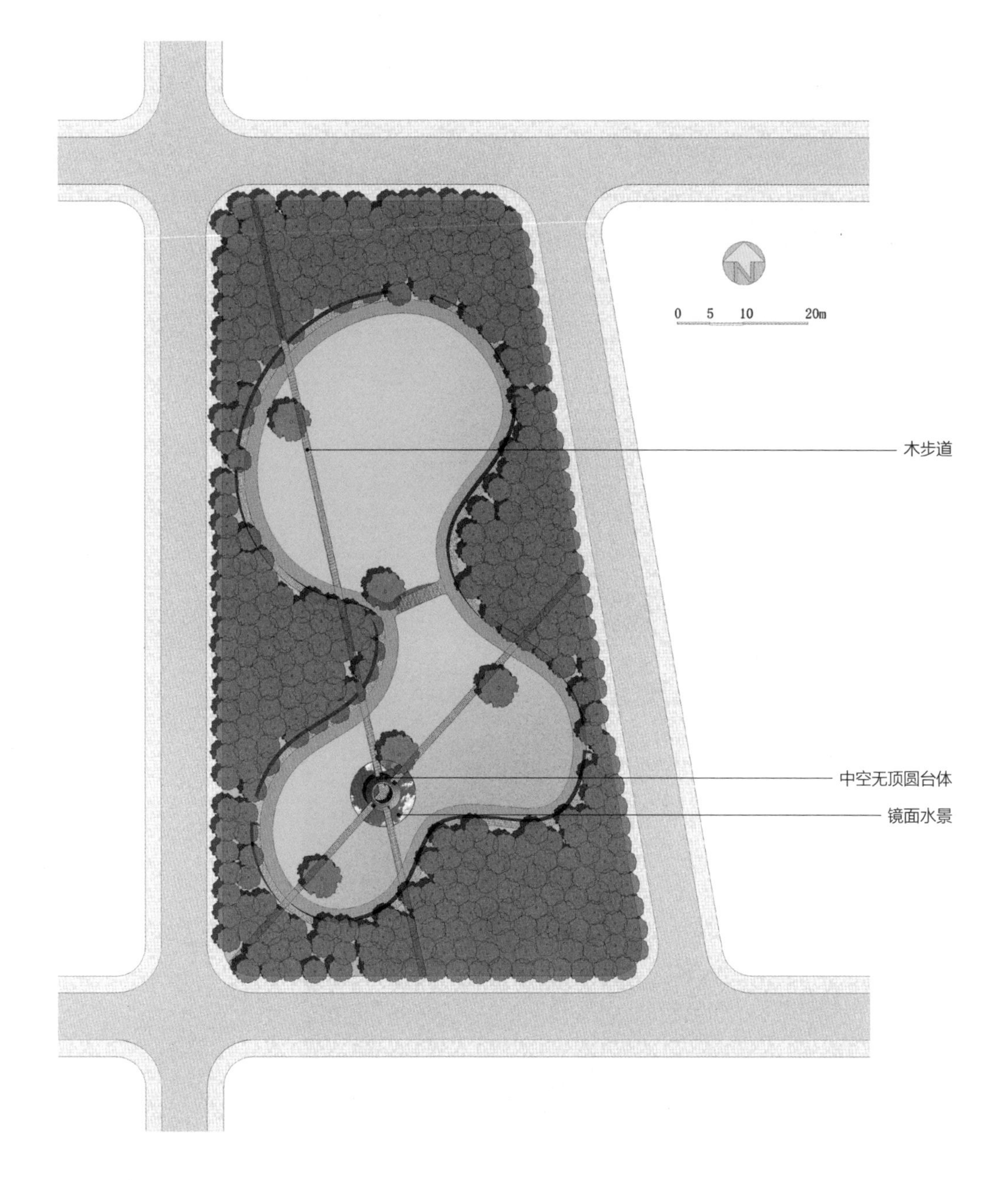
N
0 5 10 20m
木步道
中空无顶圆台体
镜面水景

细节

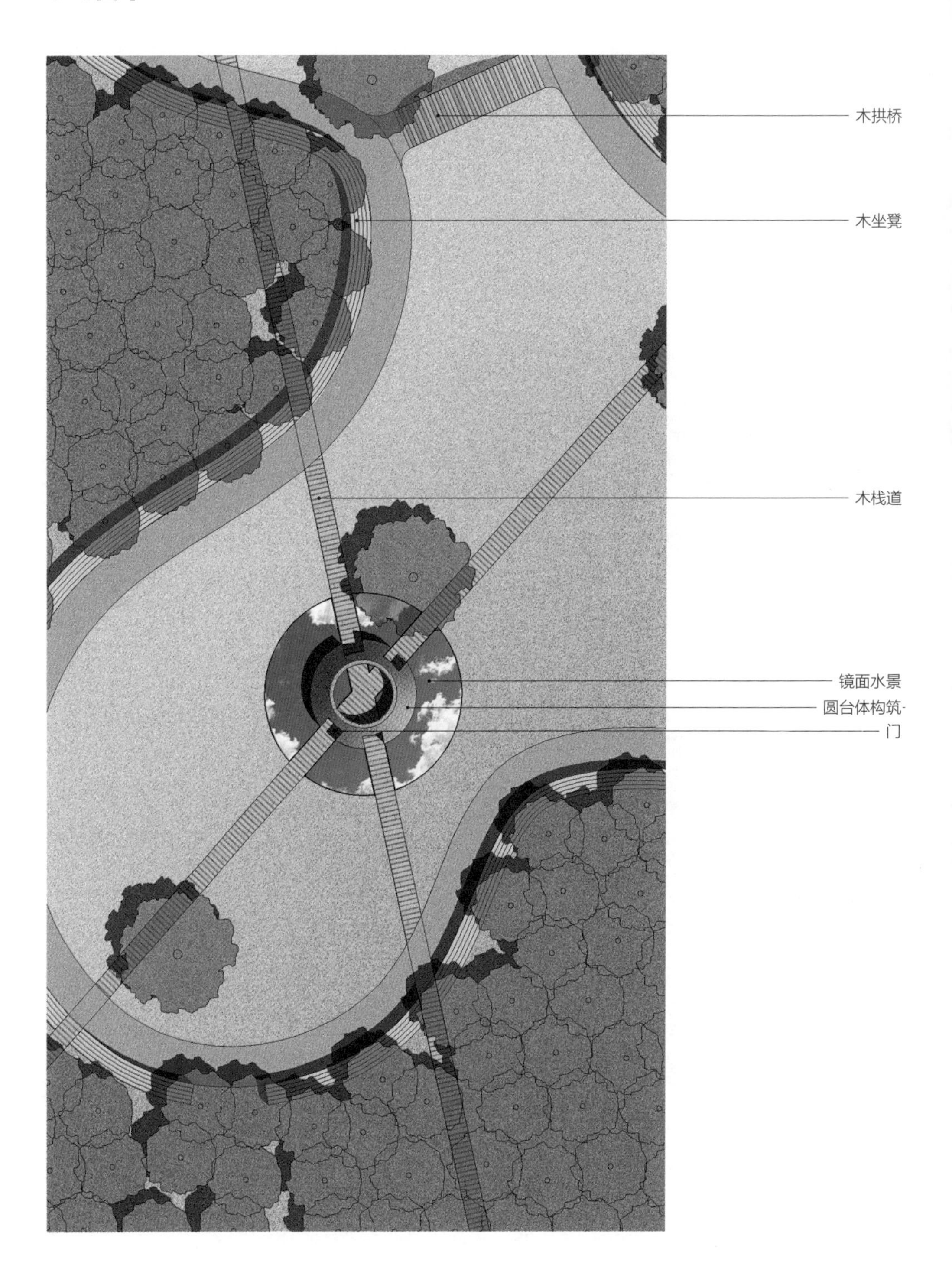
木拱桥
木坐凳
木栈道
镜面水景
圆台体构筑
门

第4章 曲线肌理

繁星点点的夜晚／为你的调色盘涂上灰与蓝／你在那夏日向外远眺／用你那双能洞悉我灵魂的双眼／山丘上的阴影／描绘出树木与水仙的轮廓／捕捉微风与冬日的冷冽／以色彩呈现在雪白的画布上／如今我才明白你想对我说的是什么／为你自己的清醒承受了多少的痛苦／你多么努力地想让它们得到解脱／但是人们却拒绝理会／那时他们不知道该如何倾听／或许他们现在会愿意听／繁星点点的夜晚／火红的花朵明艳耀眼／卷云在紫色的薄霭里飘浮／映照在文森特湛蓝的瞳孔中／色彩变化万千／清晨里琥珀色的田野／满布风霜的脸孔刻画着痛苦／在艺术家充满爱的画笔下得到了抚慰／如今我才明白你想对我说的是什么／你为自己的清醒承受了多少的痛苦／你多么努力的想让它们得到解脱／但是人们却拒绝理会／那时他们不知道该如何倾听／或许他们现在会愿意听／因为他们当时无法爱你／可是你的爱却依然真实／而当你眼中见不到任何的希望／在那个繁星点点的夜晚／你像许多绝望的恋人般结束了自己的生命／我多么希望能有机会告诉你，文森特／这个世界根本配不上／像你如此美好的一个人

——唐·麦克莱恩《Vincent》

一块宝石

人们需要通过眼、耳、鼻、舌、身、意来感知和体验景观，这其中景观的铺装、植被、水景肌理最能被人所感知，因此，景观肌理在设计过程中尤为重要，可以将其理解为宏观、中观、微观肌理。下图的宏观肌理是阵列铺装上的曲线蜿蜒开来，其中镶嵌了一个三角形；中观肌理是青灰系铺装，绿色和蓝色；微观肌理是花岗岩结合小青砖，绿色的树是悠长的水杉，蓝宝石外头包裹了一层木质平台，水景需要用不锈钢条勾勒及盛住宝石里的水，溢出至外层不锈钢条的碎石槽中，略高于木平台。

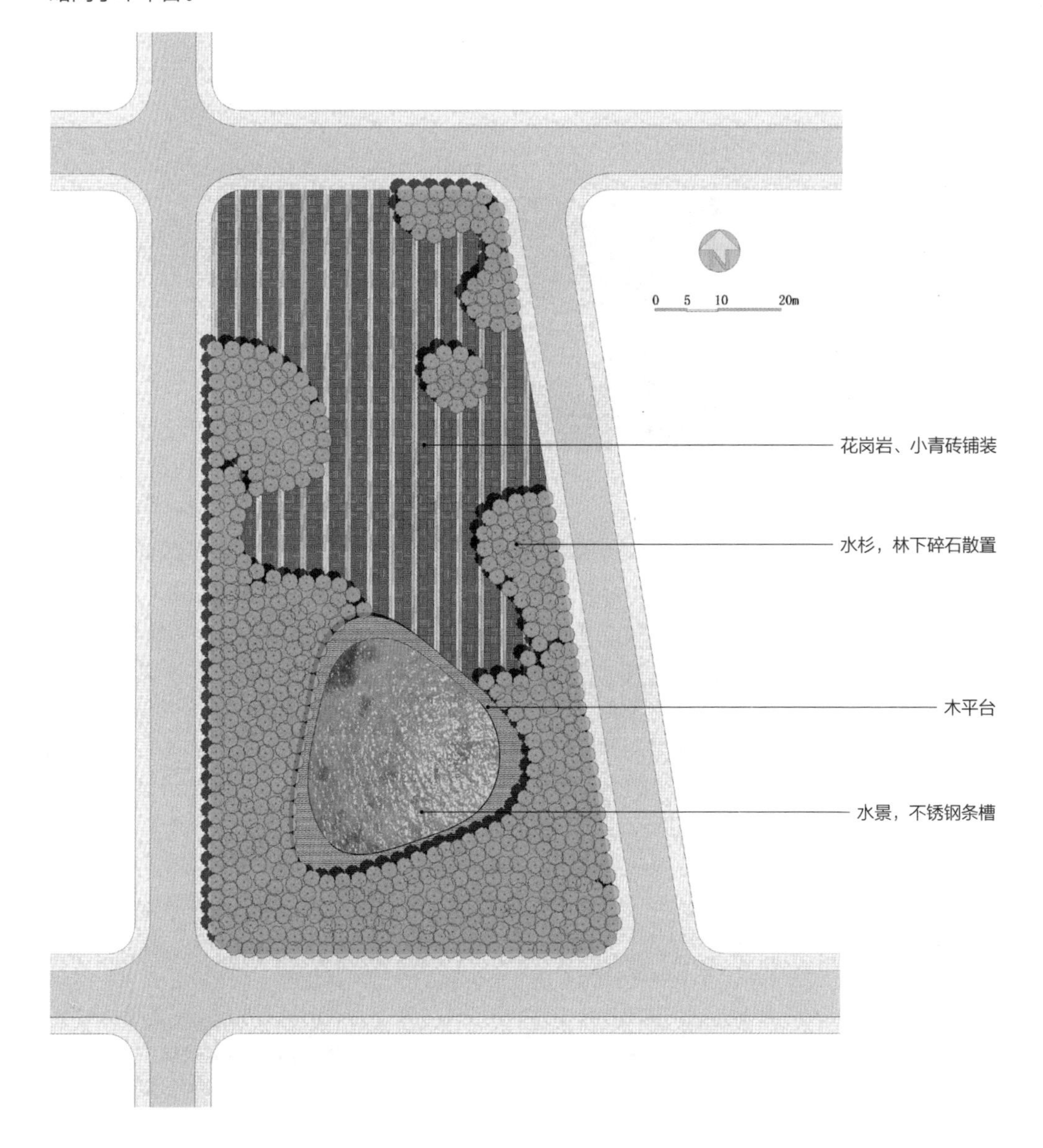
0 5 10 20m
花岗岩、小青砖铺装
水杉，林下碎石散置
木平台
水景，不锈钢条槽

肌理细节

铺装、树、木平台、略高出的水面，4 种简约的肌理营造隽永的空间。

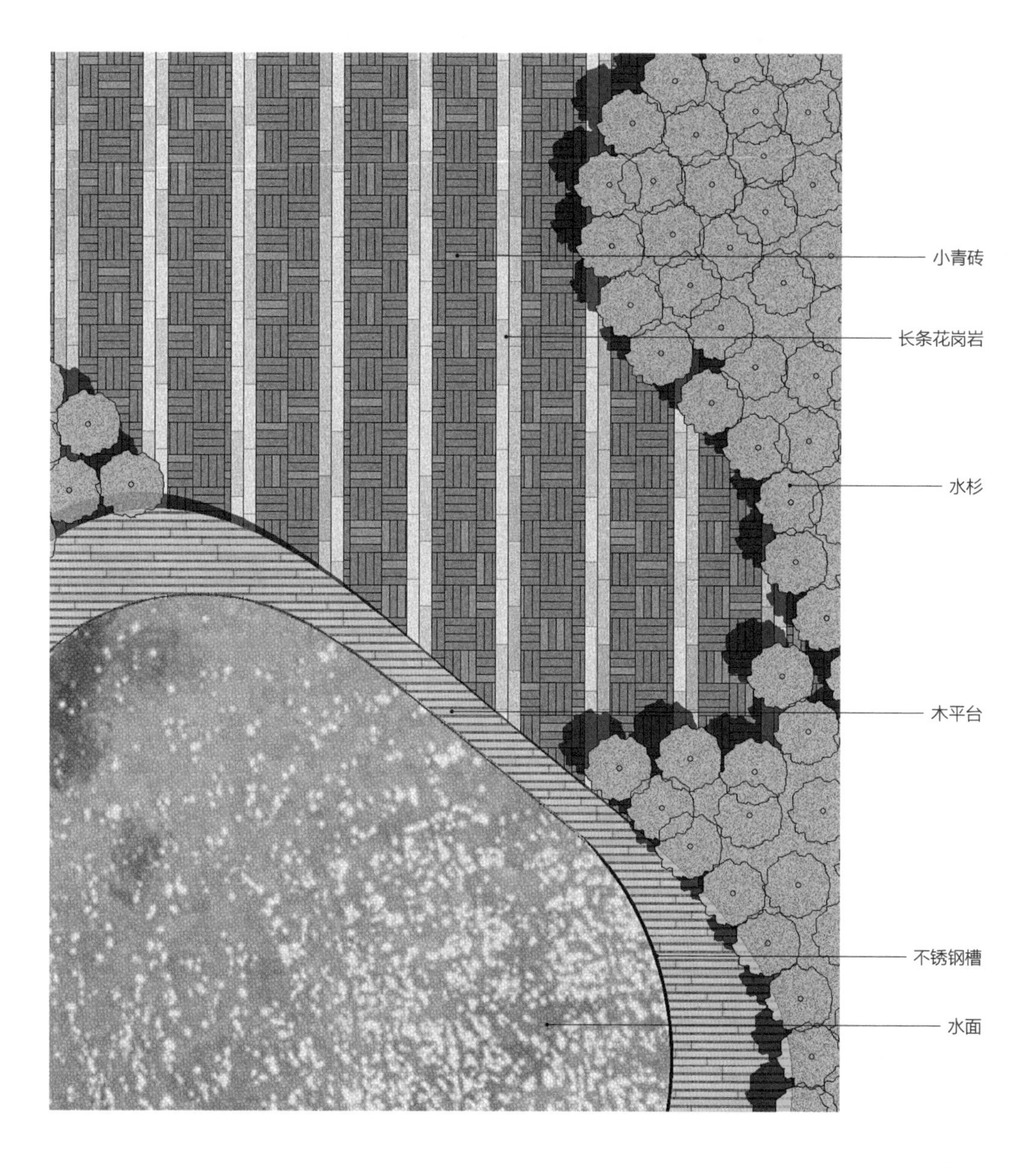
小青砖
长条花岗岩
水杉
木平台
不锈钢槽
水面

一片树叶

树叶中的网状脉序，具有明显的主脉，主脉分出侧脉，侧脉一再分枝，形成细脉，最小的细脉互相连接形成网状。这就如曼德勃罗特集，他是人类有史以来做出的最奇异、最瑰丽的几何图形，曾被称为“上帝的指纹”。分形（Fractal）一词，是曼德勃罗创造出来的，其原意是不规则、支离破碎的意思，所以分形几何学是一门以非规则几何形态为研究对象的几何学。按照分形几何学的观点，一切复杂对象虽然看似杂乱无章，但它们具有相似性，简单地说，就是把复杂对象的某个局部进行放大，其形态和复杂程度与整体相似。自然界中比如河流、树木、人体血管的分支莫不如此，在城市规划中分形学也占据着极为重要的地位，通过城市干道划分片区、街道、社区、楼道最后到住户！景观规划设计亦是如此，下图按照叶脉的分形得到大、中、小 3 种级别的游步道，通过步道的分割设计出地被种植空间。

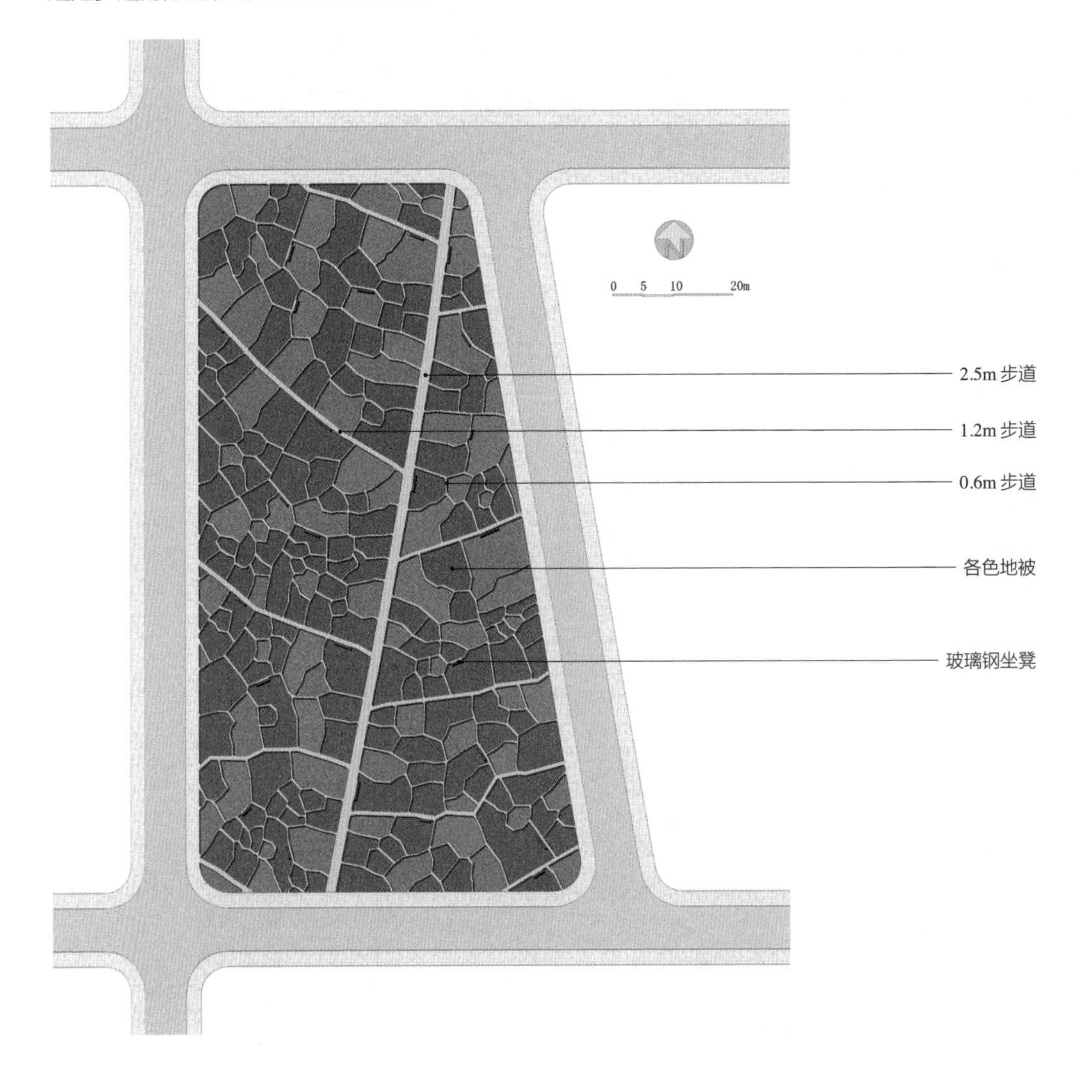
0 5 10 20m
2.5m 步道
1.2m 步道
0.6m 步道
各色地被
玻璃钢坐凳

分形学

分形几何学作为当今世界十分活跃的新理论、新学科，它的出现，使人们重新审视这个世界：世界是非线性的，分形无处不在。分形几何学不仅让人们感悟到科学与艺术的融合，数学与艺术审美的统一，而且还有其深刻的科学方法论意义。有趣的分形学在景观设计中极有价值。

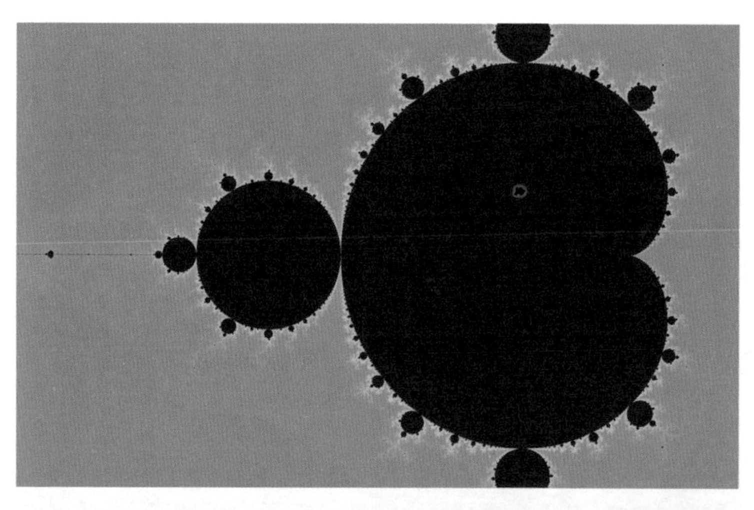

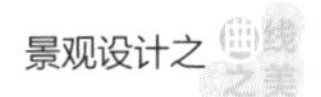

裂缝之花

一切肌理都源于分形，以圆形水景为中心，裂缝像树枝一样向外生长的同时不断分叉，晚上的光带犹如地裂，漂浮着深浅不同的混凝土铺装和地被花境。

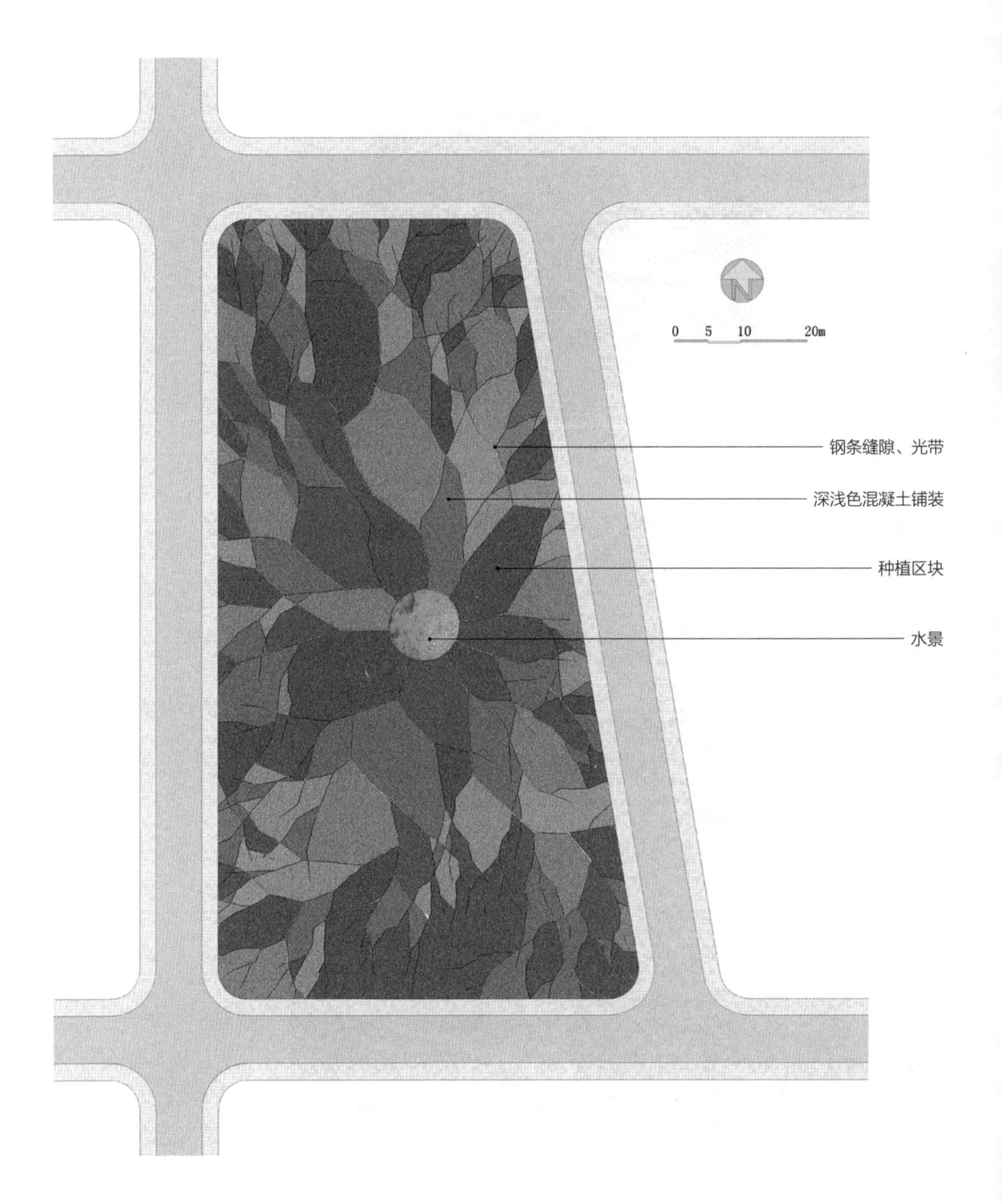
N
0 5 10 20m
钢条缝隙、光带
深浅色混凝土铺装
种植区块
水景

分形上的树

分形学不仅仅是平面几何的分形，而是多维分形，乔木空间产生了三维分形。

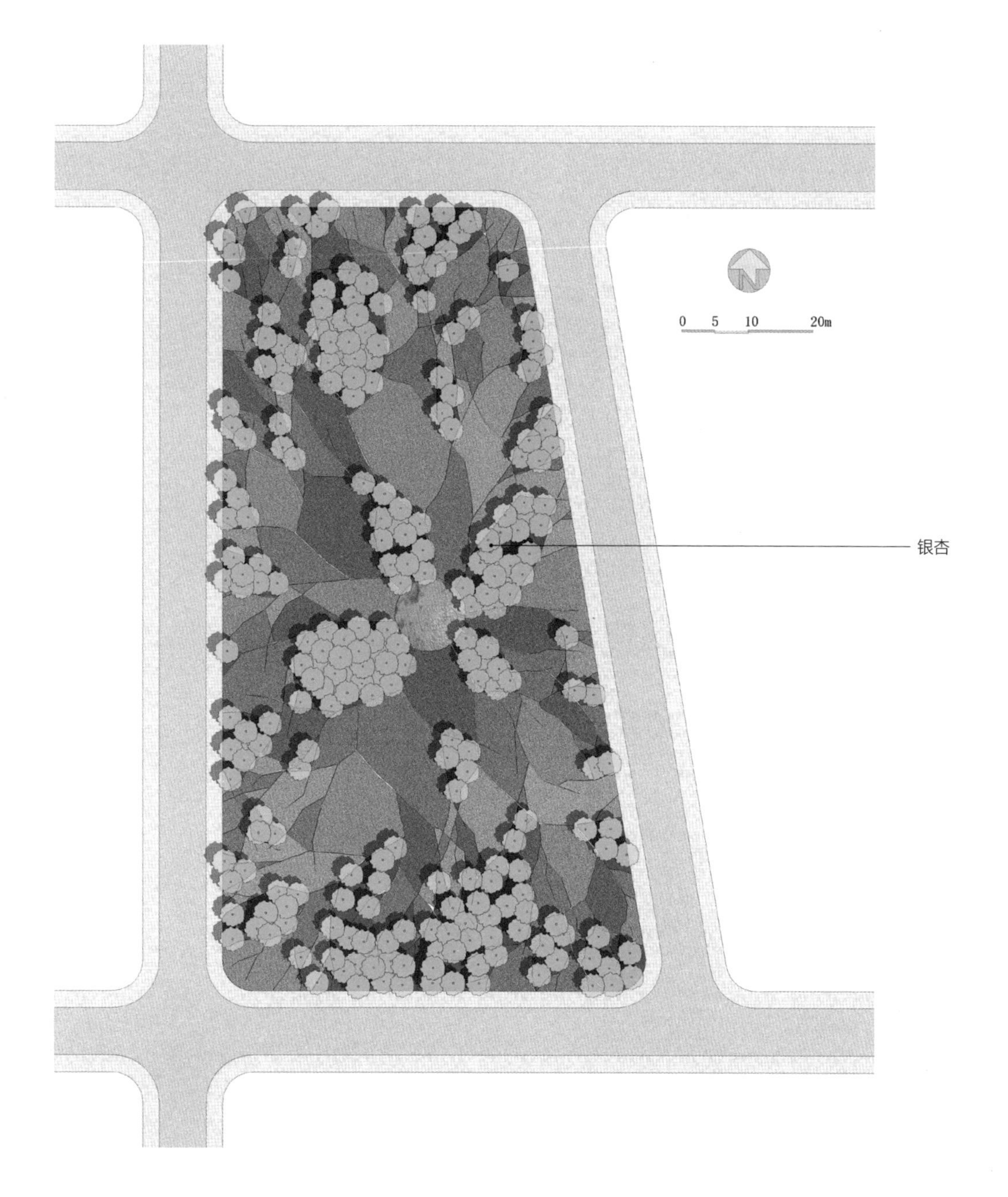
0 5 10 20m
银杏

冰裂

在樱花围合的空隙中，一个是绿色草带，一个是覆盖钢化玻璃的光带。

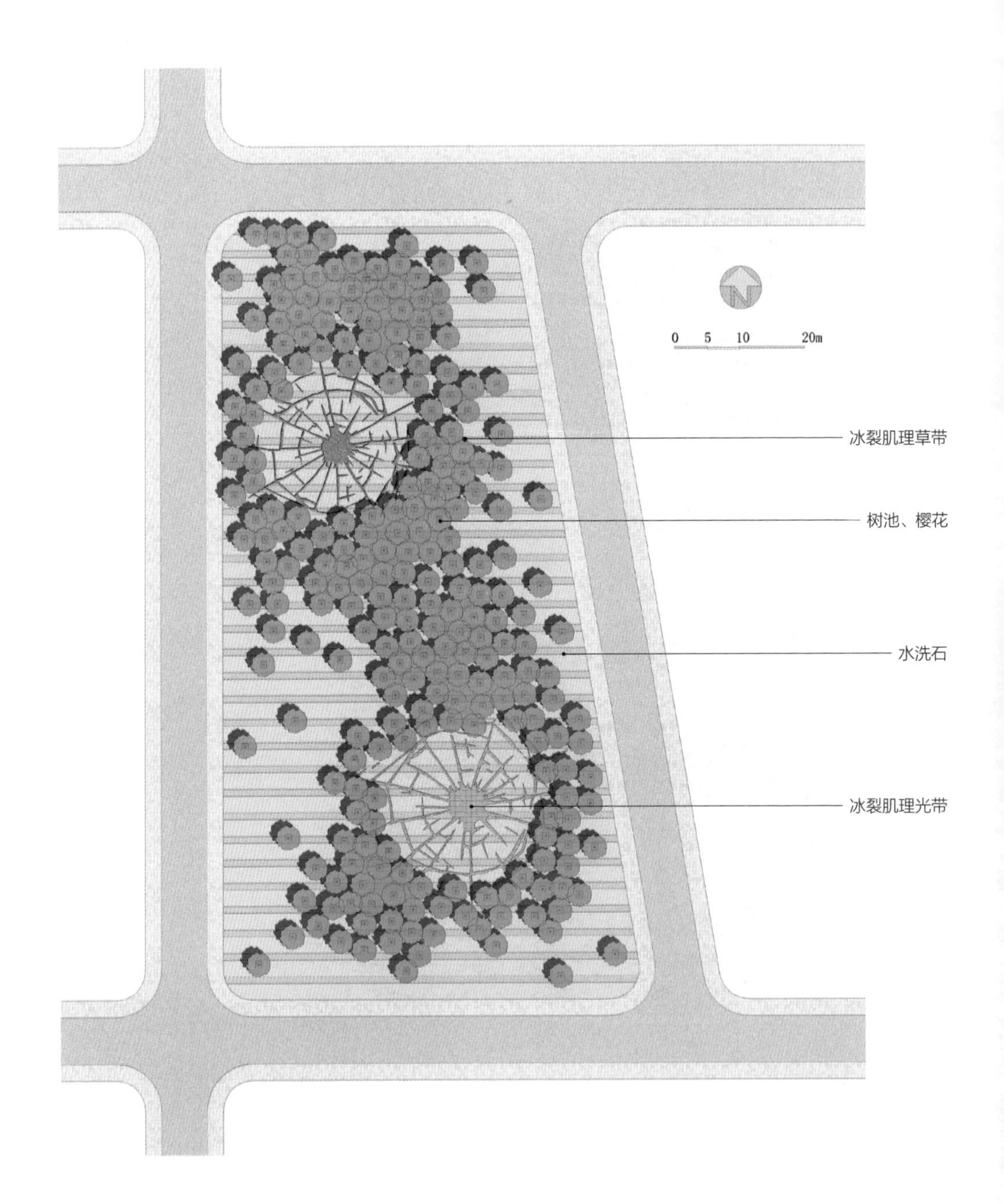
0 5 10 20m
冰裂肌理草带
树池、樱花
水洗石
冰裂肌理光带

细节

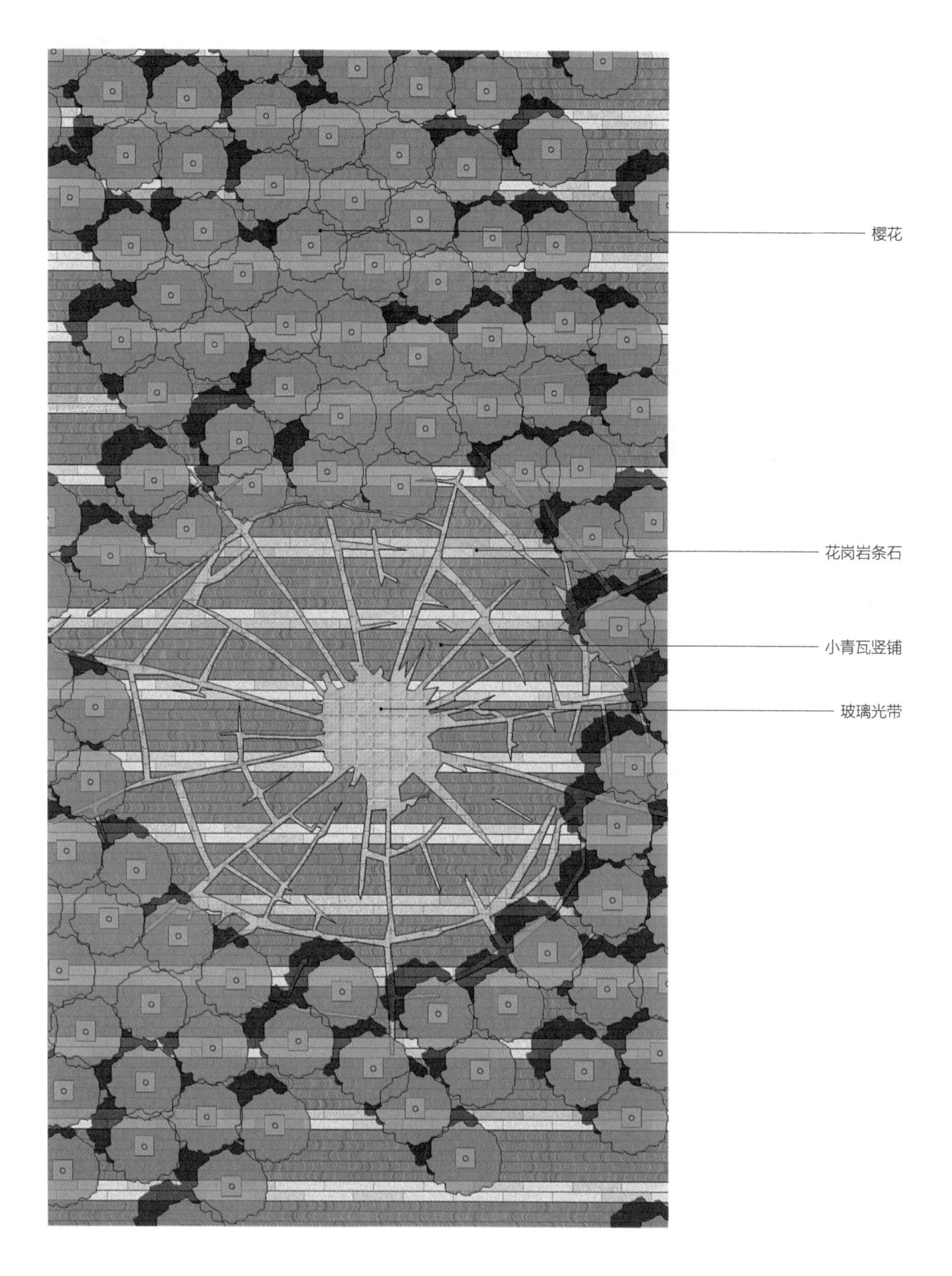
樱花
花岗岩条石
小青瓦竖铺
玻璃光带

七色花

传统云形纹图案内种植七色花卉，形成七色祥云，铺装内的冰裂草带上升起金箍棒雕塑，下小上大，略微倾斜，增强透视，具有卡通般的童话效果。

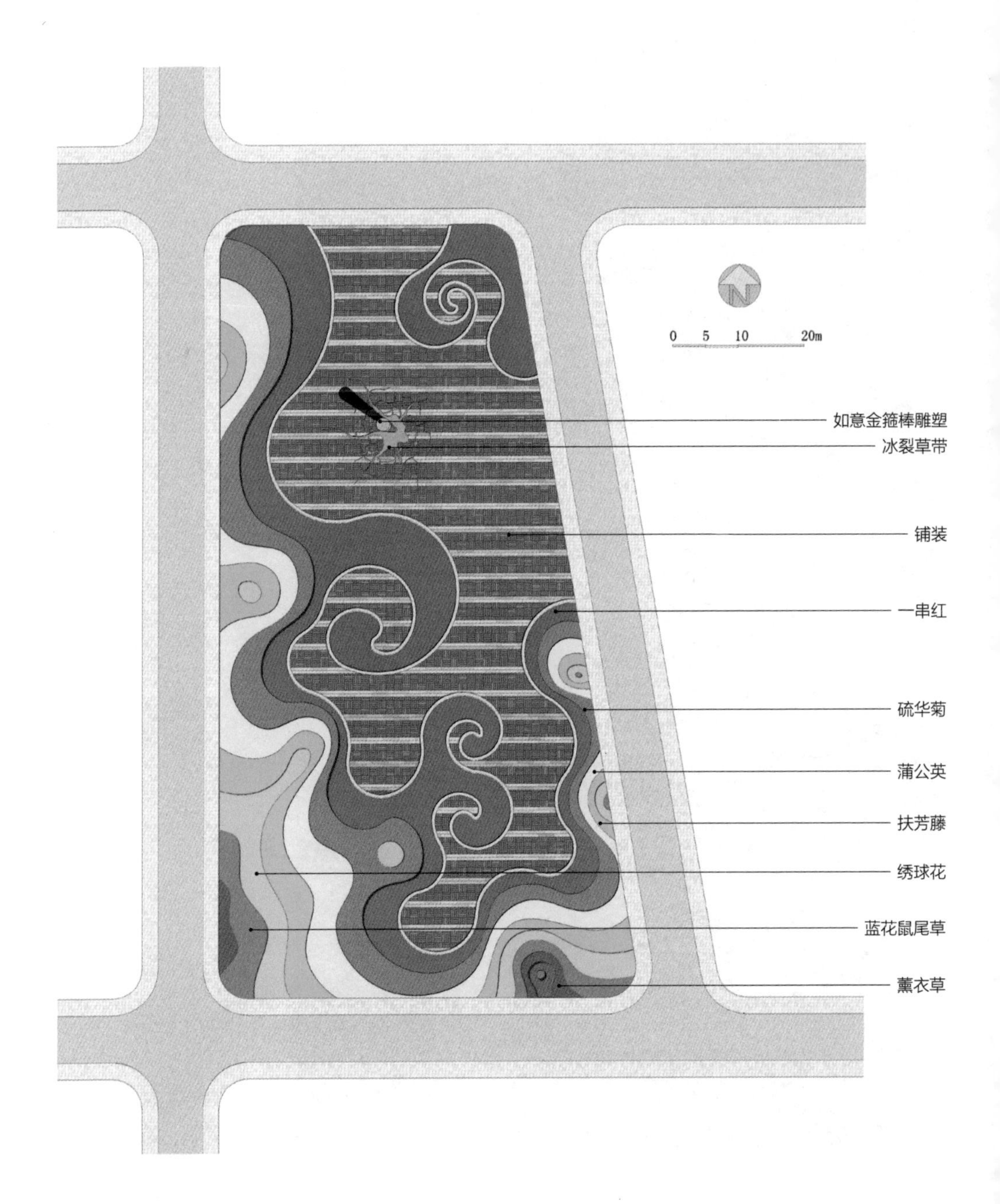
N
0 5 10 20m
如意金箍棒雕塑
冰裂草带
铺装
一串红
硫华菊
蒲公英
扶芳藤
绣球花
蓝花鼠尾草
薰衣草

蟠桃园

祥云上面盛开桃花，挂满蟠桃，而桃树围合出了郁闭与开敞的浪花状空间。

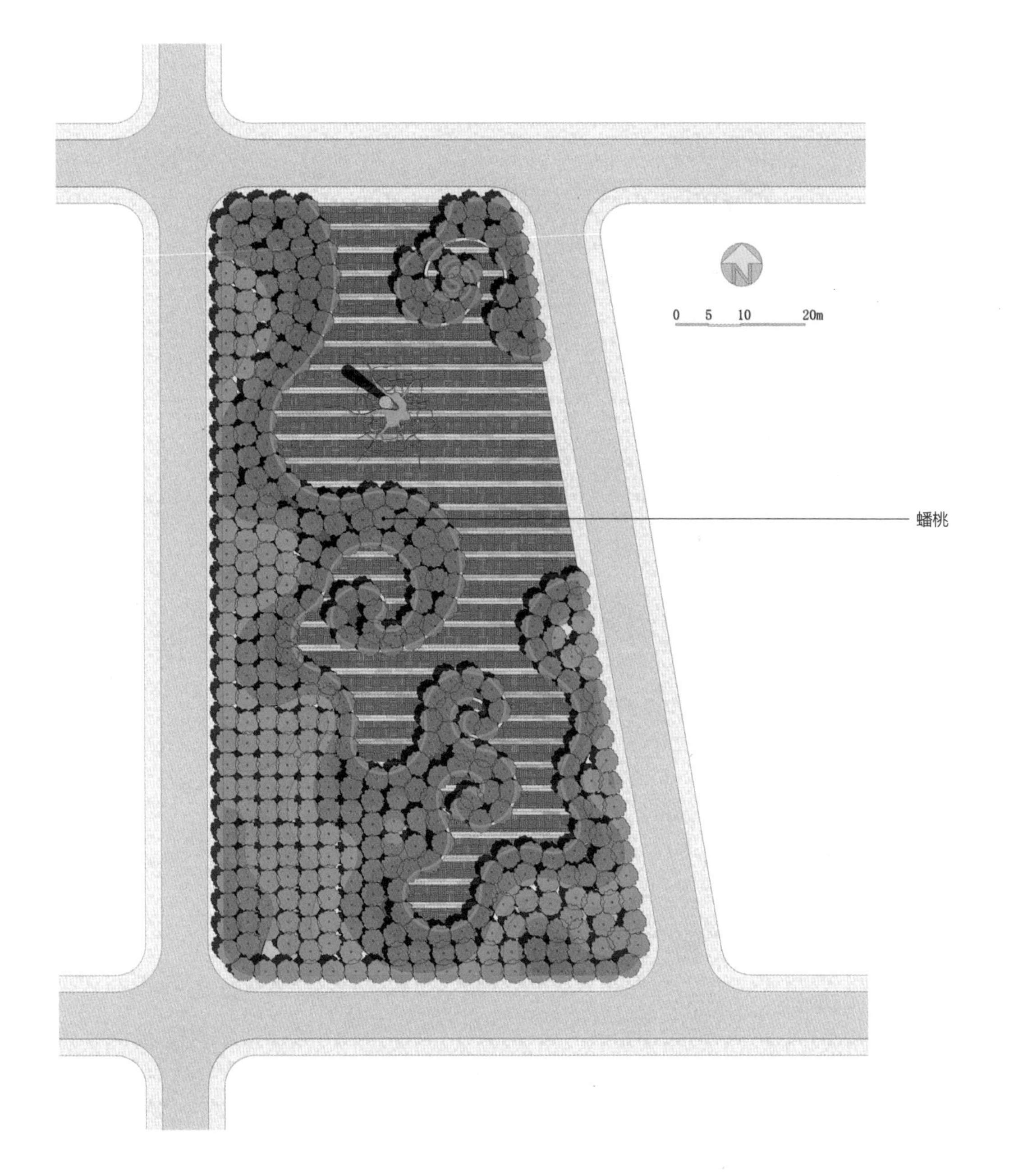
N
0 5 10 20m
蟠桃

丝绸

柔和的线条犹如丝绸般柔和，镶嵌着绿色的“岛屿”。

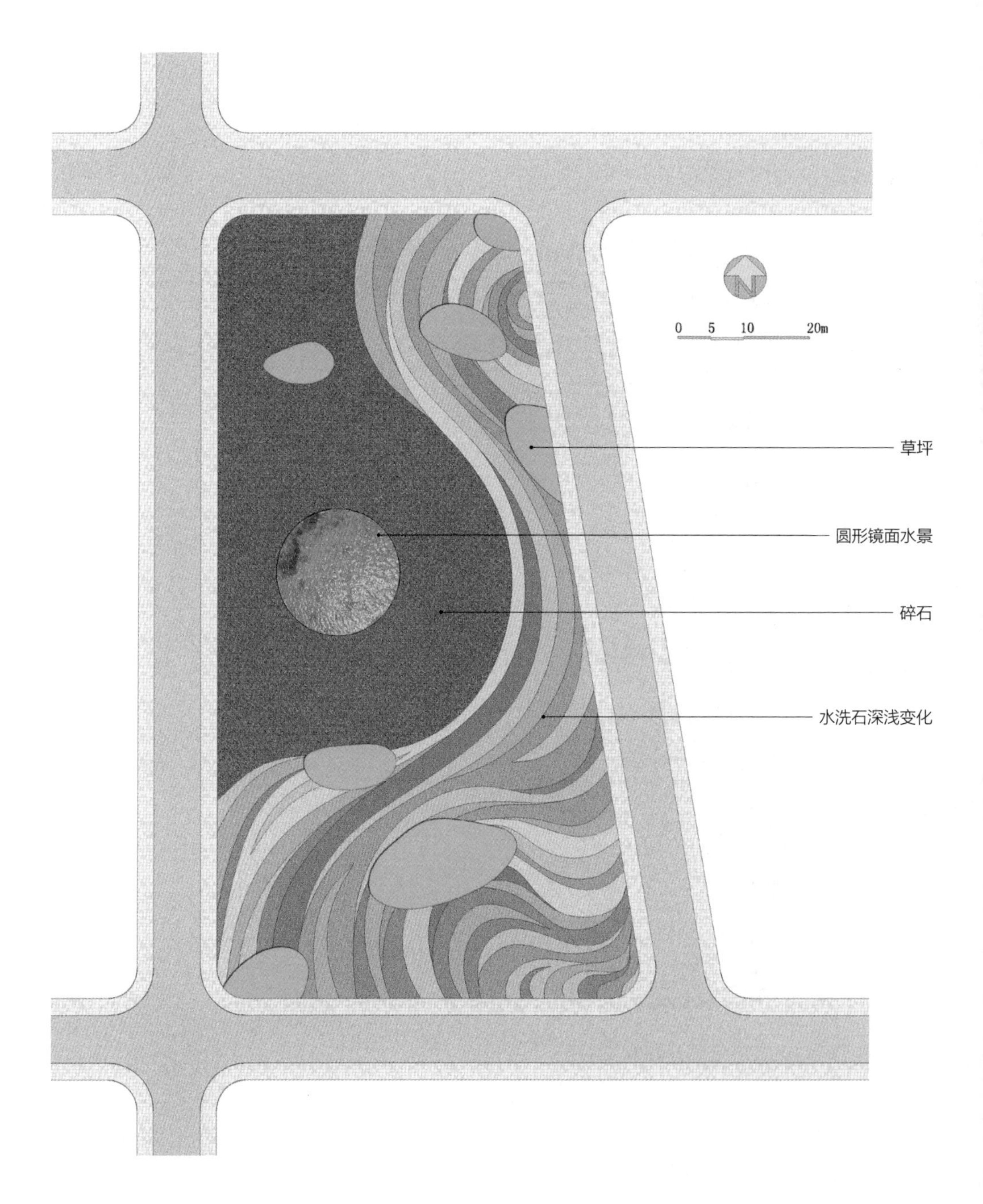
0 5 10 20m
草坪
圆形镜面水景
碎石
水洗石深浅变化

丝绸上的树

没有树就没意思了。

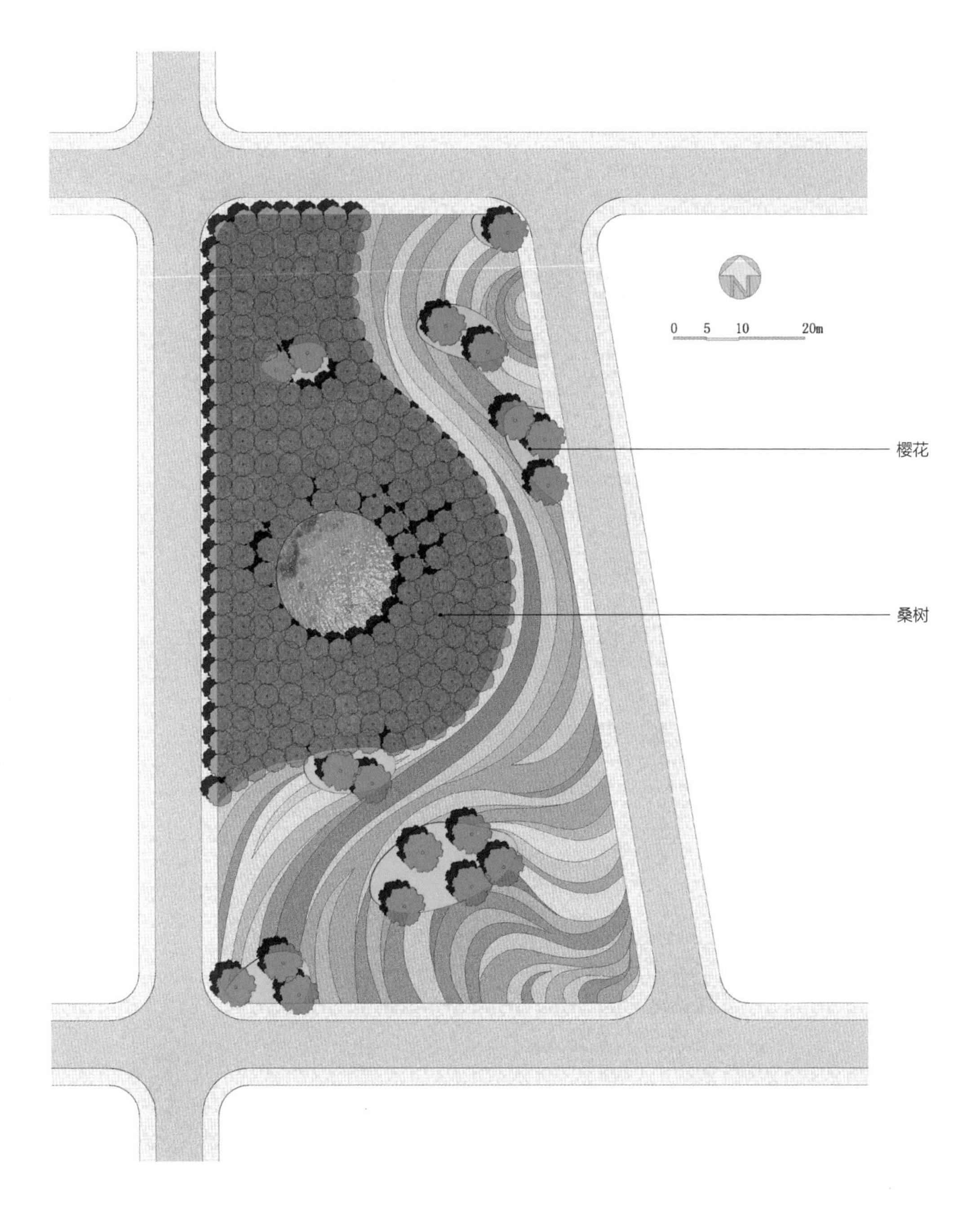
0 5 10 20m
樱花
桑树

燃烧的陨石

仿佛一颗陨石在天空中燃烧、坠落，用大地艺术的形式表现火焰，混凝土造型，红色油漆，肌理可以是调和，当然也可以是对比。

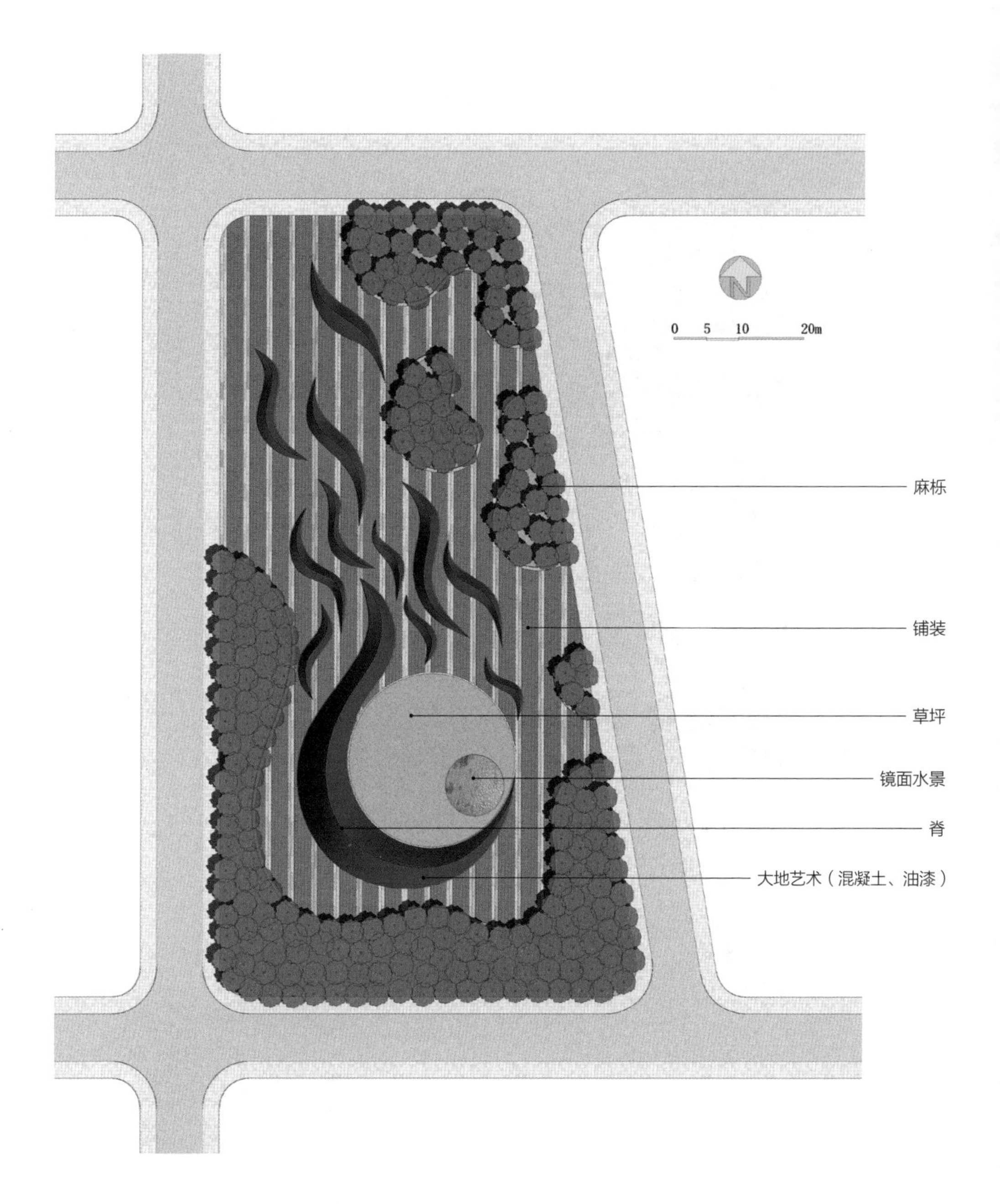
N
0 5 10 20m
麻栎
铺装
草坪
镜面水景
脊
大地艺术（混凝土、油漆）

吴冠中画意

以吴冠中的描写江南春色的抽象画的笔意应用在景观设计中，步道犹如柳丝乱舞，分割成形态各异的地被种植空间，缀以垂柳和三道马头景墙，传统与现代，画意与景观融合在一起。

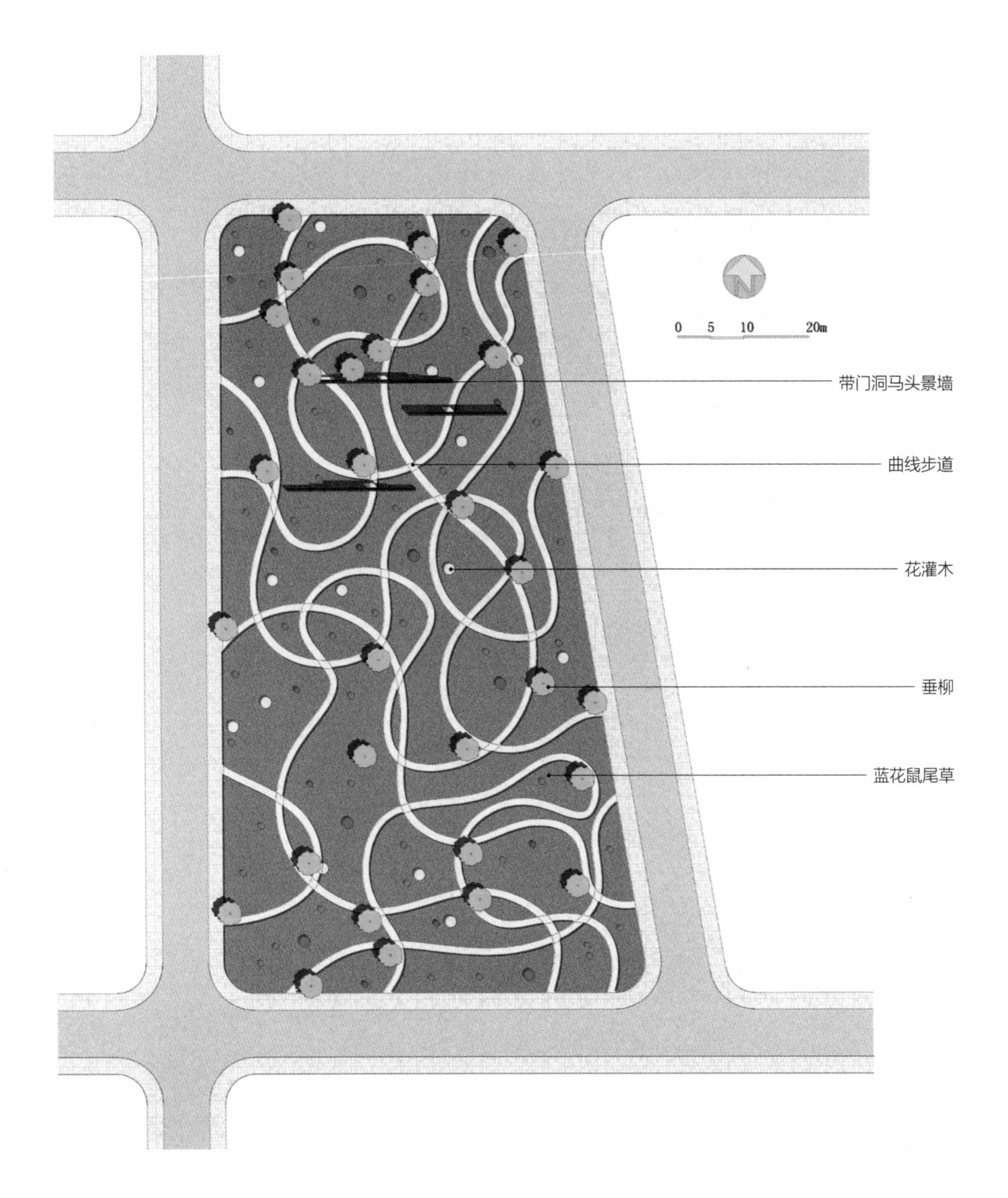

N
0 5 10 20m
带门洞马头景墙
曲线步道
花灌木
垂柳
蓝花鼠尾草

波浪中的樱花

波浪形的肌理曲线中，一半是地被，一半是铺装，樱花树下可以相对而坐。

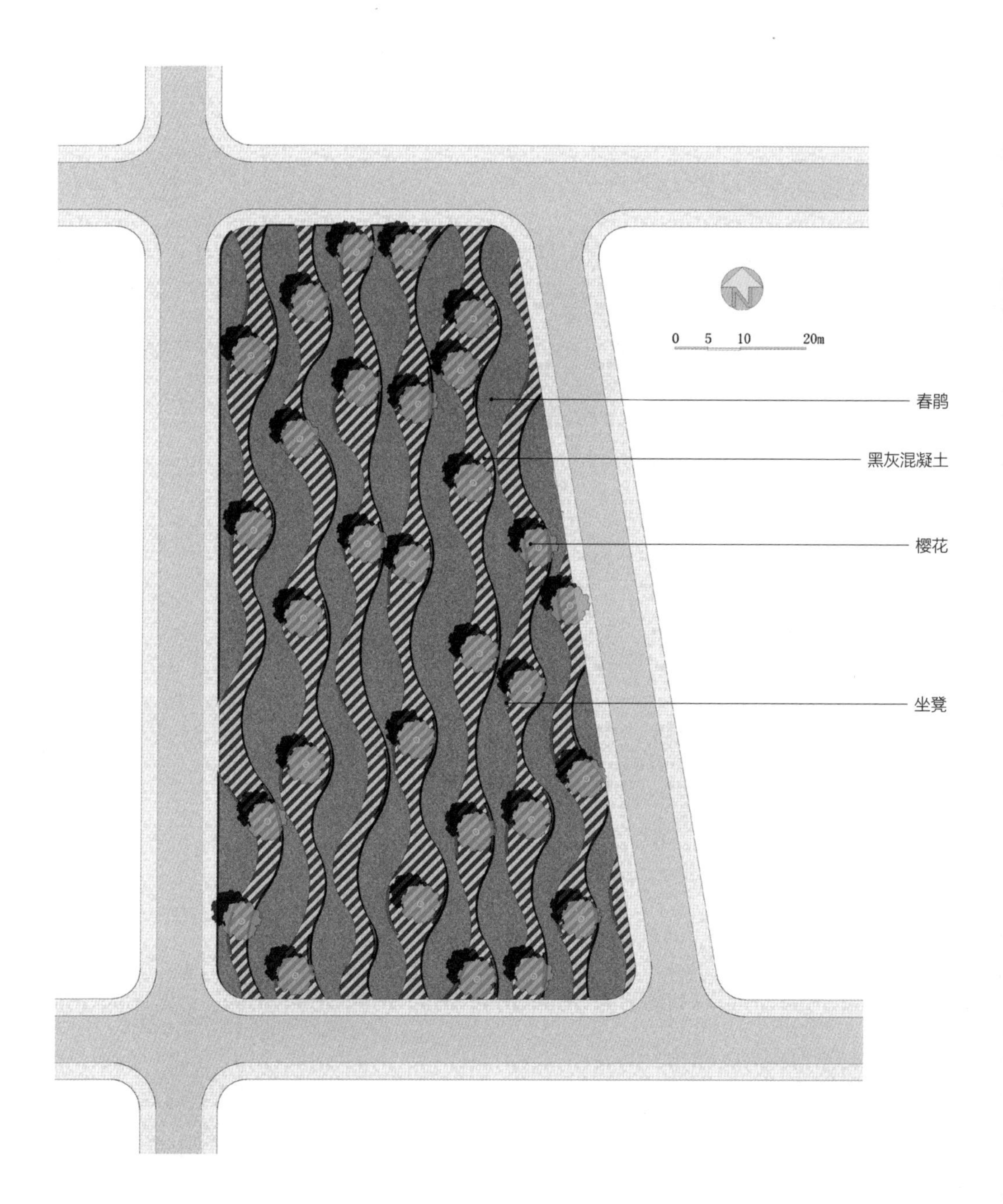
N
0 5 10 20m
春鹃
黑灰混凝土
樱花
坐凳

错觉

黑白两种色彩就能制造出波浪效果，通过对比形成曲线和视线错觉之异。

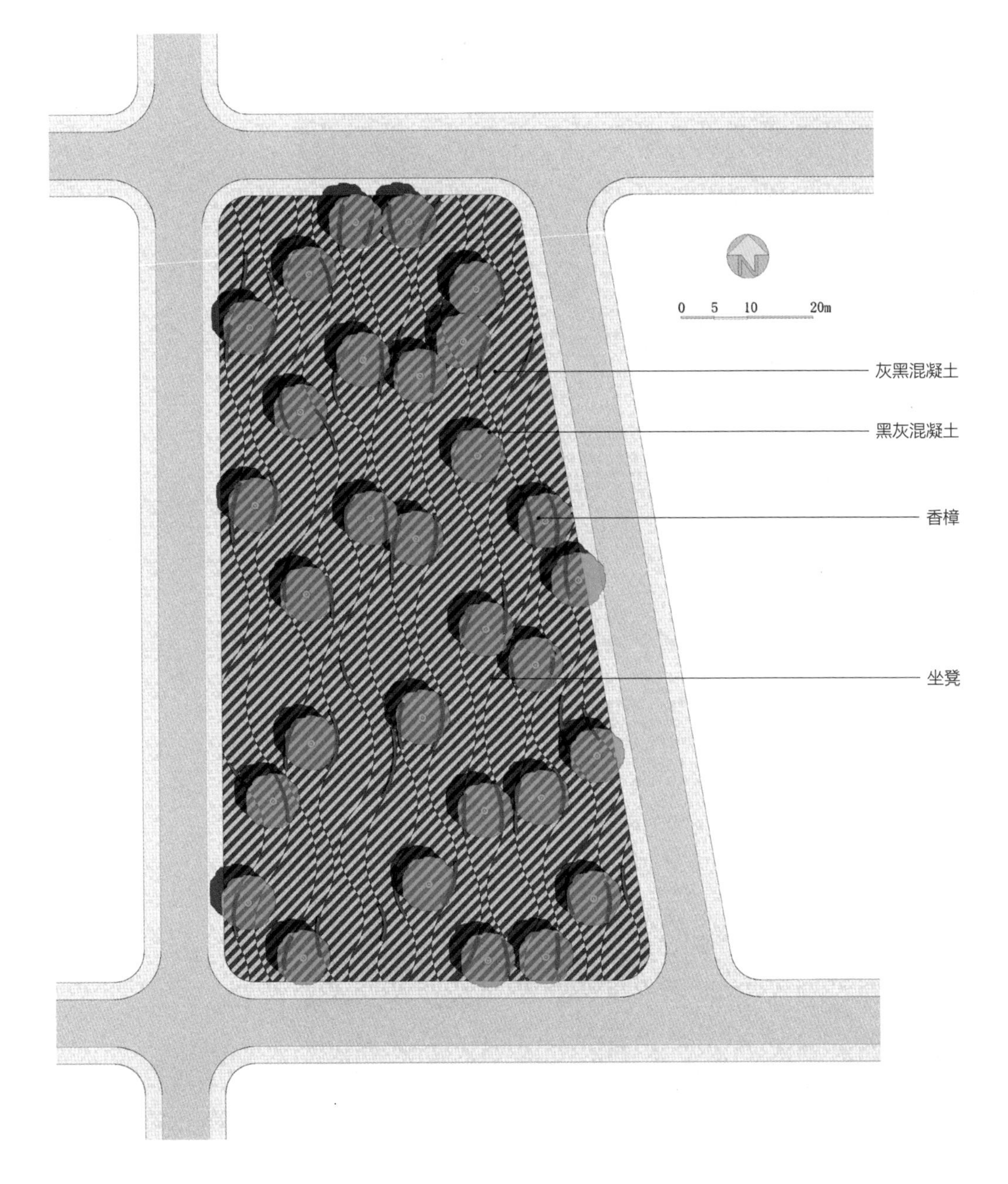
0 5 10 20m
灰黑混凝土
黑灰混凝土
香樟
坐凳

细节

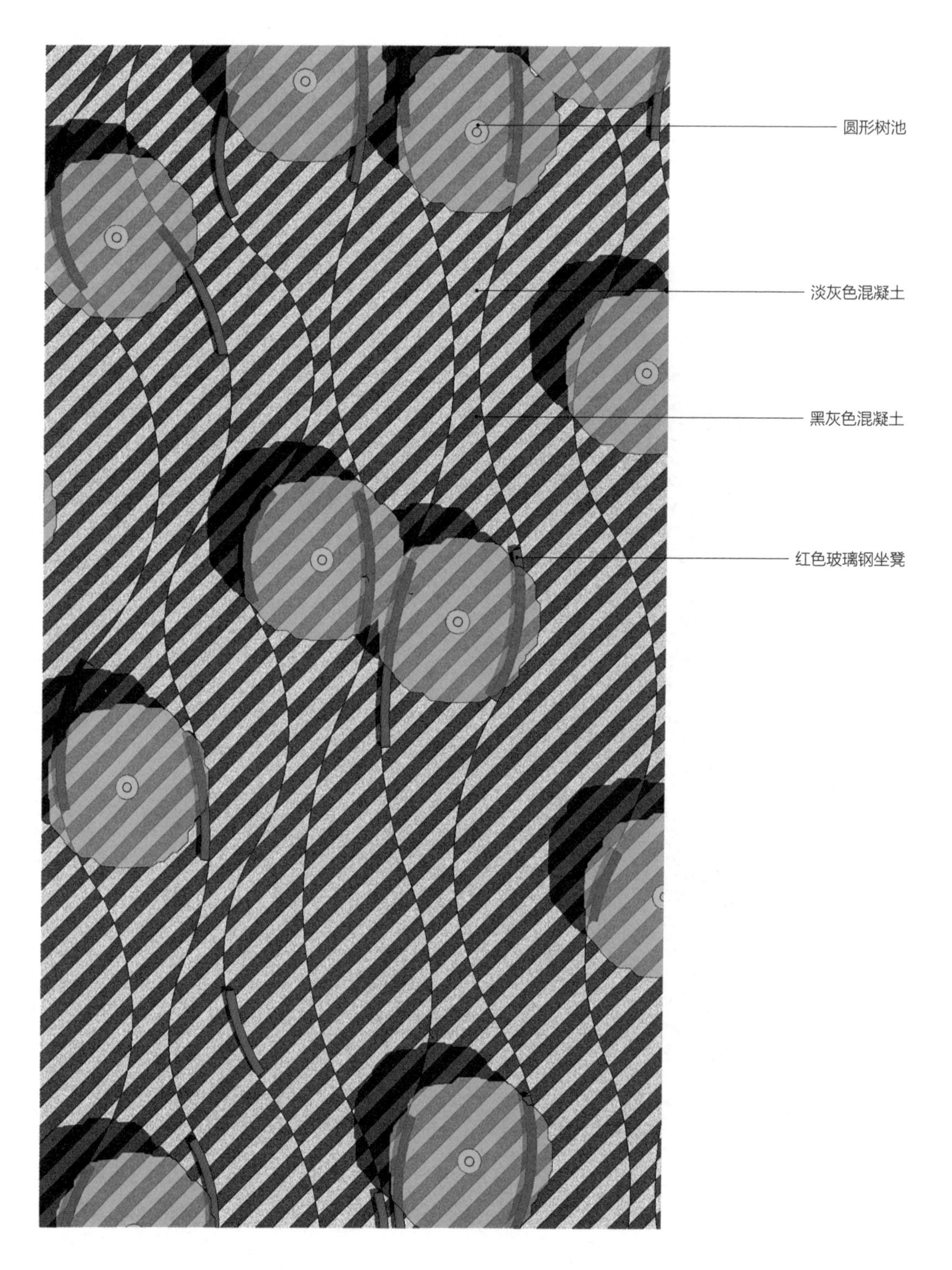
圆形树池
淡灰色混凝土
黑灰色混凝土
红色玻璃钢坐凳

流光

绿色部分曲线向外侧偏移后，种植空间就形成了断续的海带状，同时提供了东西向的穿越。白茅长絮的时候，樱桃也红了，流光飞舞。

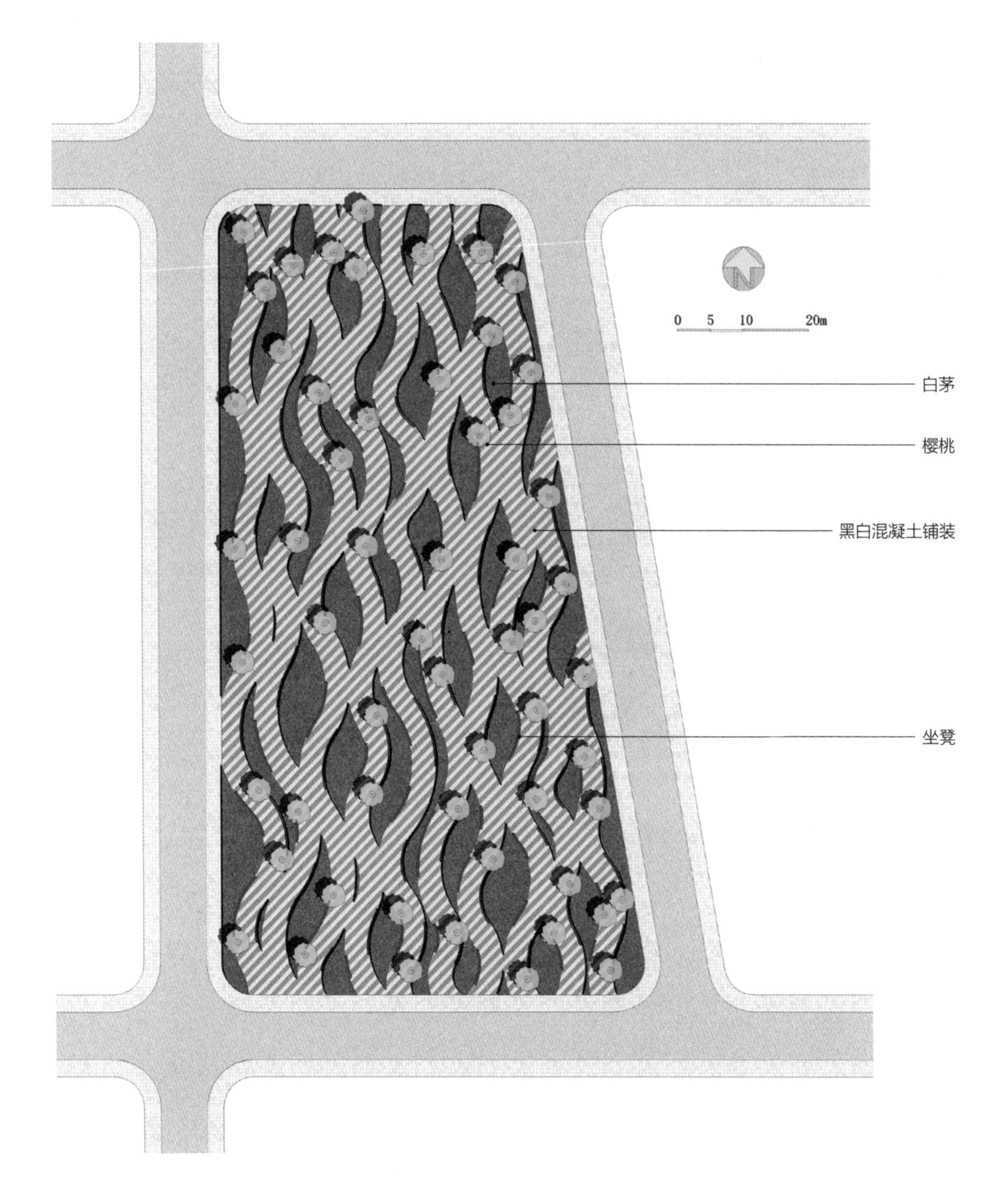
N
0 5 10 20m
白茅
樱桃
黑白混凝土铺装
坐凳

星空

梵高最著名的作品之一《星空》，他使用了一种奔放的，或者是像火焰般的笔触，色彩主要是蓝和紫罗兰色，同时有规律地跳动着星星发光的黄色。前景中深绿和棕色的白杨树，意味着包围了这个世界的茫茫之夜。梵高的笔触肌理是粗糙而不是细腻，短促而弯曲，厚重而鲜明，他用这粗糙的肌理却无与伦比地精准表达了宇宙时空，同时天空背景深远浩渺，具有东方情调的曲线之美。在此，用景观的方式向梵高和他的《星空》致敬。起伏的绿色地形是山峦与村庄，前景种植了白杨树林，白石屑与雾喷表现了空中之云或流动的光，大地艺术的蓝色马赛克贴面地形表达了深沉的夜空，爆发的星星闪烁其中。

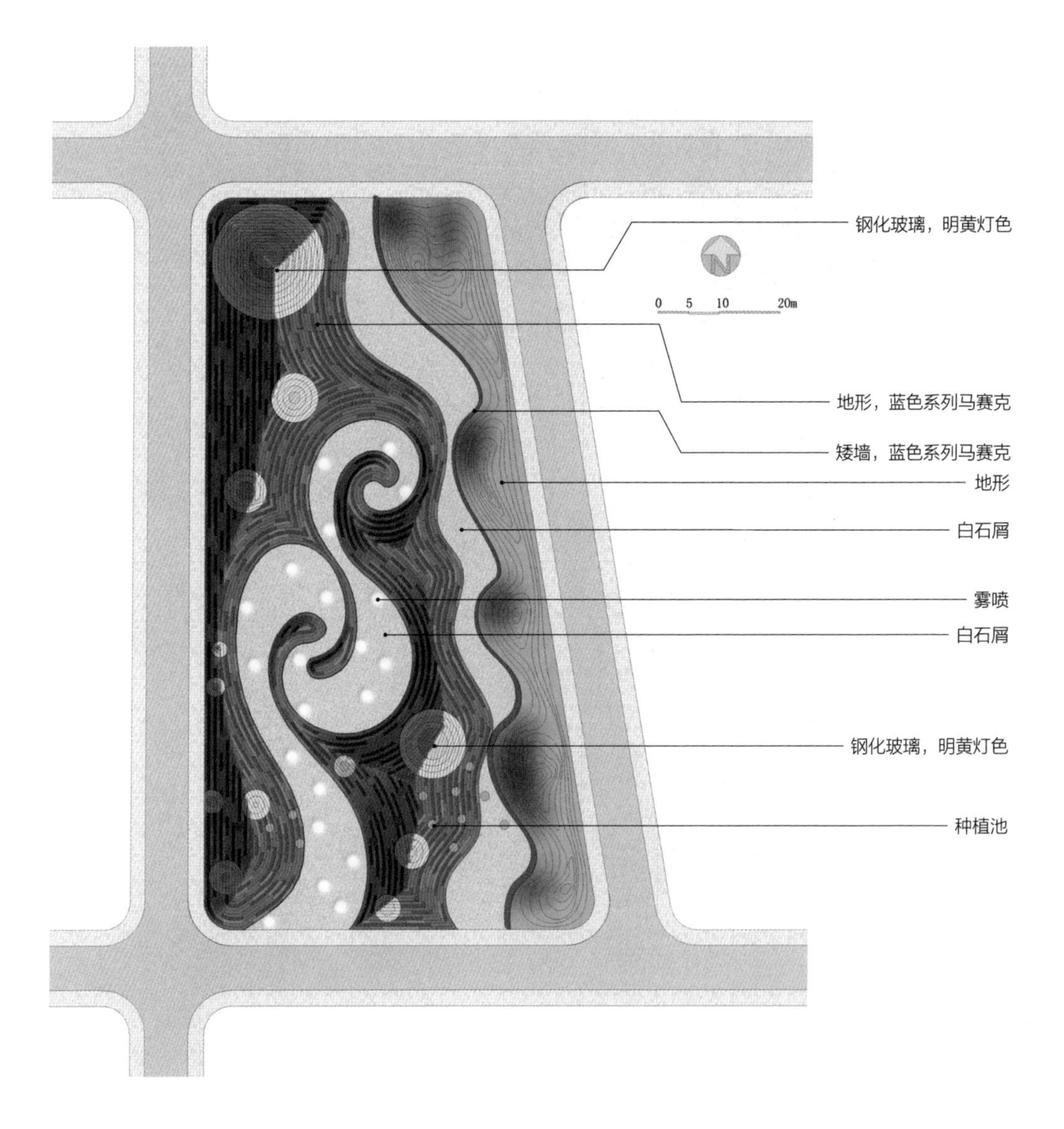
钢化玻璃，明黄灯色
N
0 5 10 20m
地形，蓝色系列马赛克
矮墙，蓝色系列马赛克
地形
白石屑
雾喷
白石屑
钢化玻璃，明黄灯色
种植池

星空下的萤火虫

小时候家乡的桑树林里漫天飞舞“害虫”——萤火虫，我想象它们能回来。

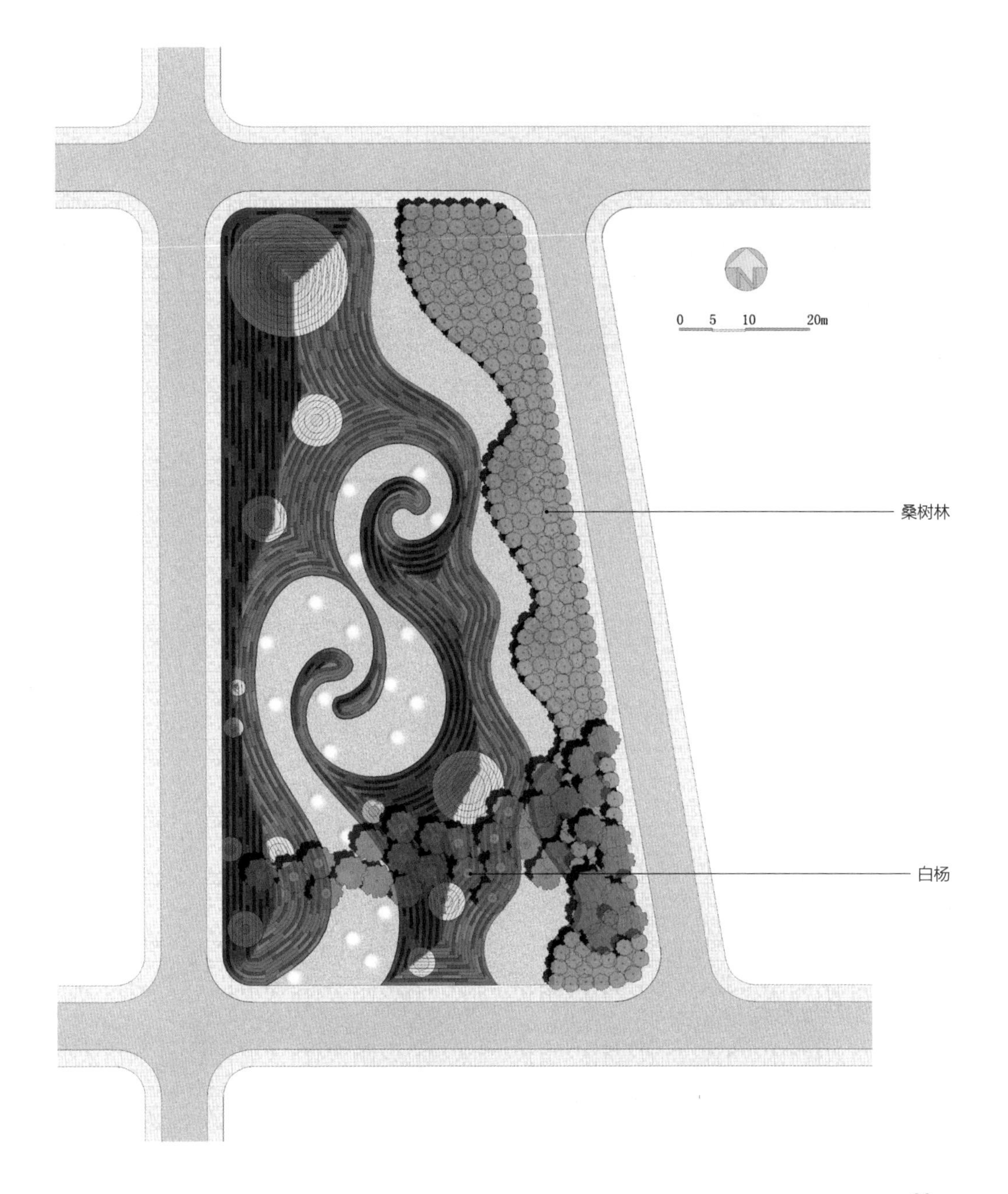

0 5 10 20m
桑树林
白杨

细节

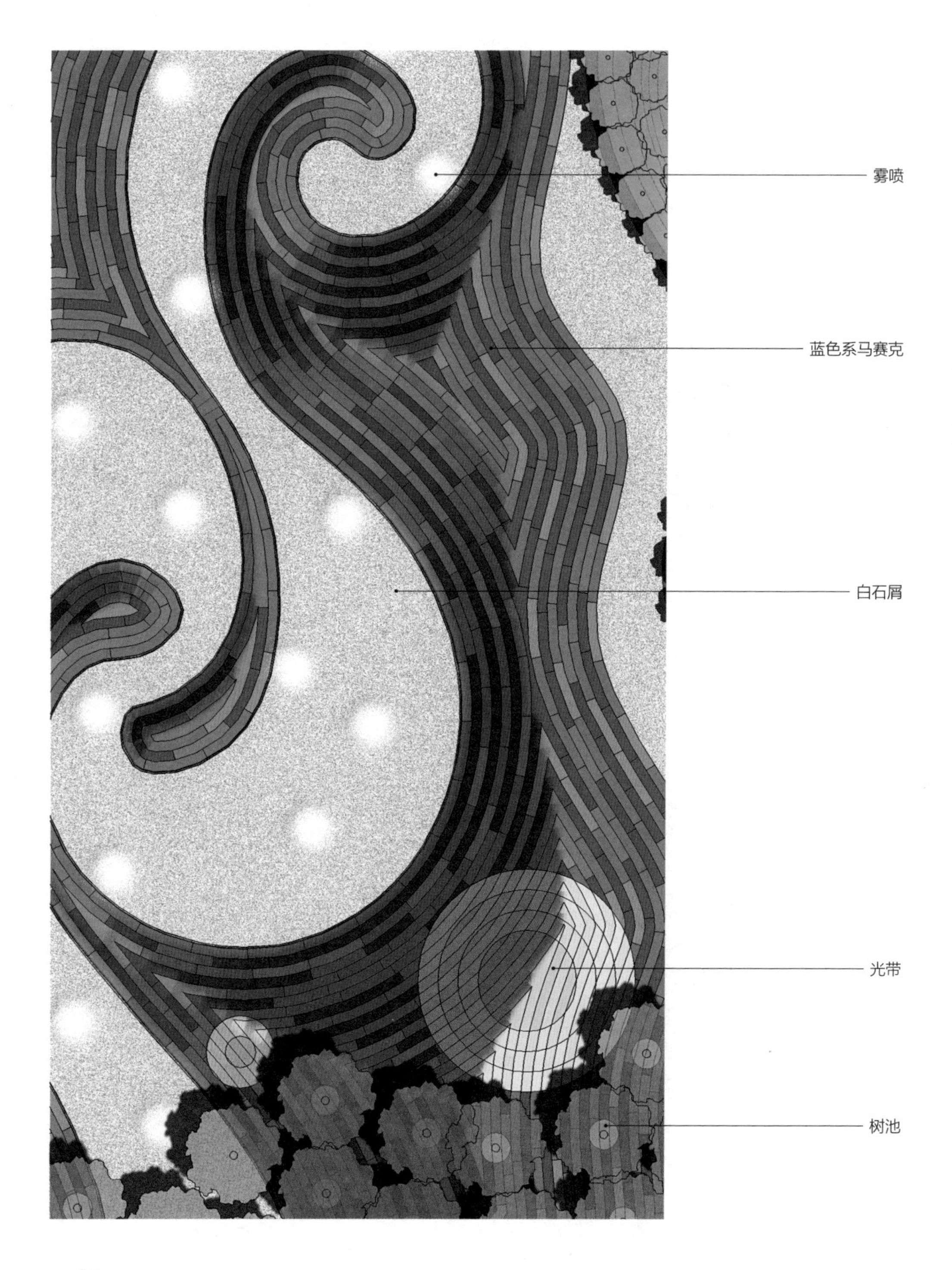
雾喷
蓝色系马赛克
白石屑
光带
树池

第 5 章

分形景观

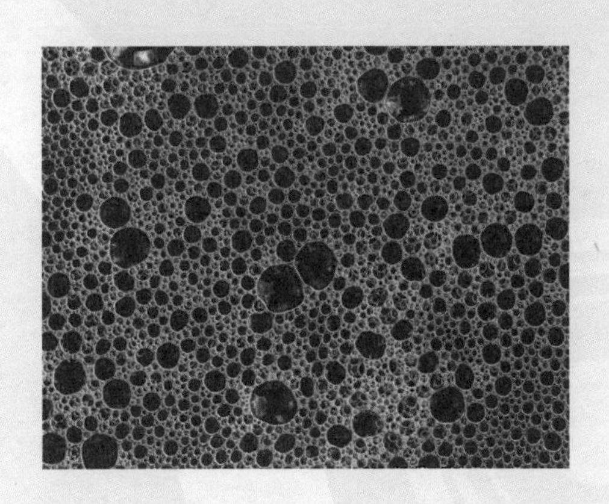

漂浮在洗衣盆上的肥皂泡沫看上去像月球表面的陨石坑，又如细胞组织，甚至宇宙的三维结构也是泡沫状，每个放大的局部与整体如此相似！这就是奇妙的分形，简单而复杂。本章将以扭曲的泡沫来分解景观设计，即使是以曲线河道为基础的也同样可以通过泡沫变形分形创造景观。其中包括：1. 道路分形（整体空间分形）；2. 水系分形；3. 地形分形；4. 节点微观分形；5. 乔木分形；6. 地被分形。

大型场地

本章将以该大型场地来分解景观分形设计步骤，其中并不涉及现实性的场地问题，我们仅是通过曲线的逐级分形从宏观、中观、微观分解空间和联系空间又统一空间。分形曲线景观不仅展示了数学之美，也揭示了世界的本质—— 一沙一世界。

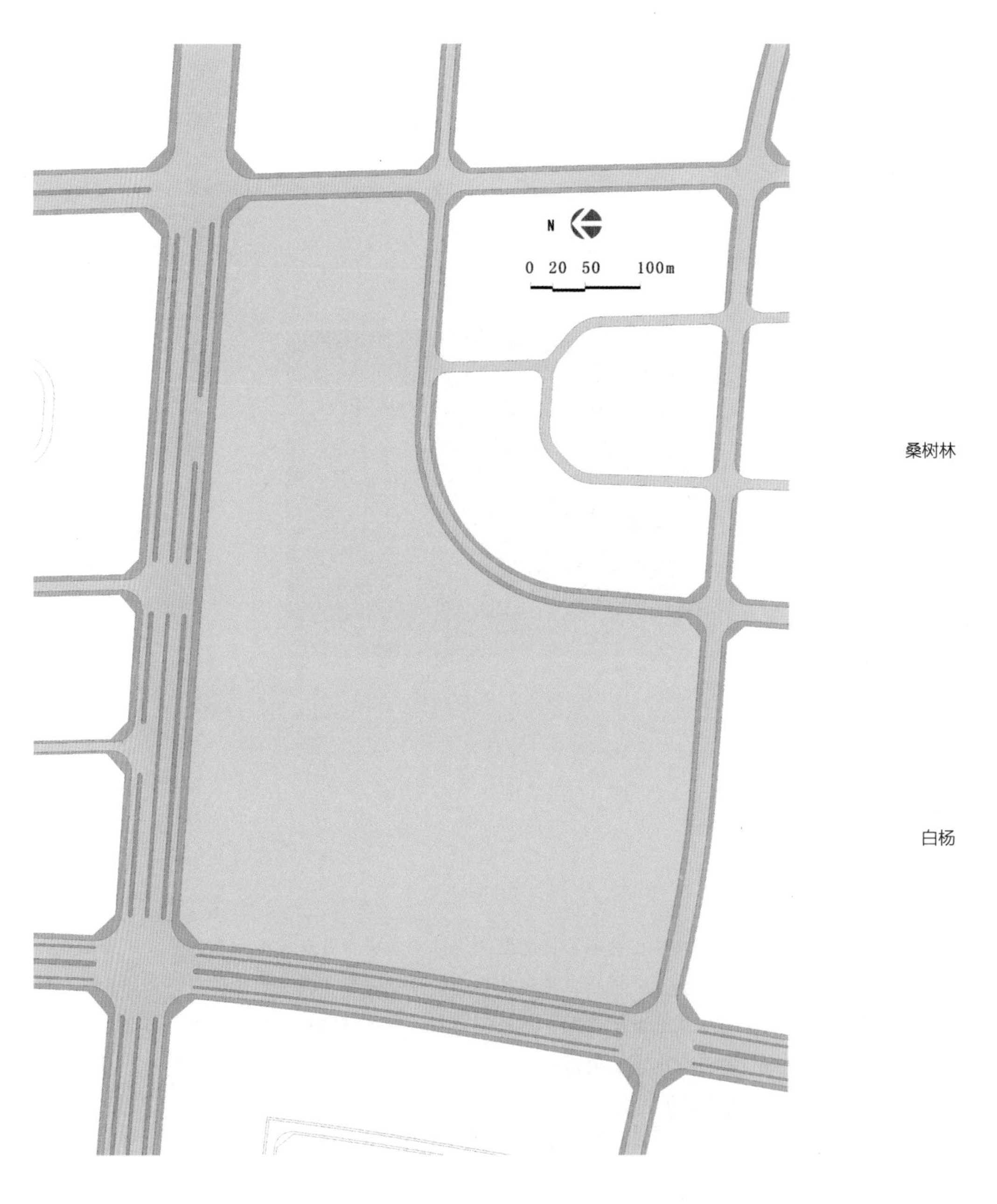
N
0 20 50 100m
桑树林
白杨

场地内外

老子《道德经》第二章中写道“故有无相生，难易相成，长短相形，高下相倾，音声相和，前后相随，恒也。”讲的就是事物永恒不变的对立统一，就如力的作用是相互的，如果没有摩擦就不产生动力，景观设计的主体是在设计空间，空间的内与外也是相对的，没有恒定的内外，但有恒常的内外。一根封闭的曲线相对于场地来说，它自然分割里空间，限定了内外。

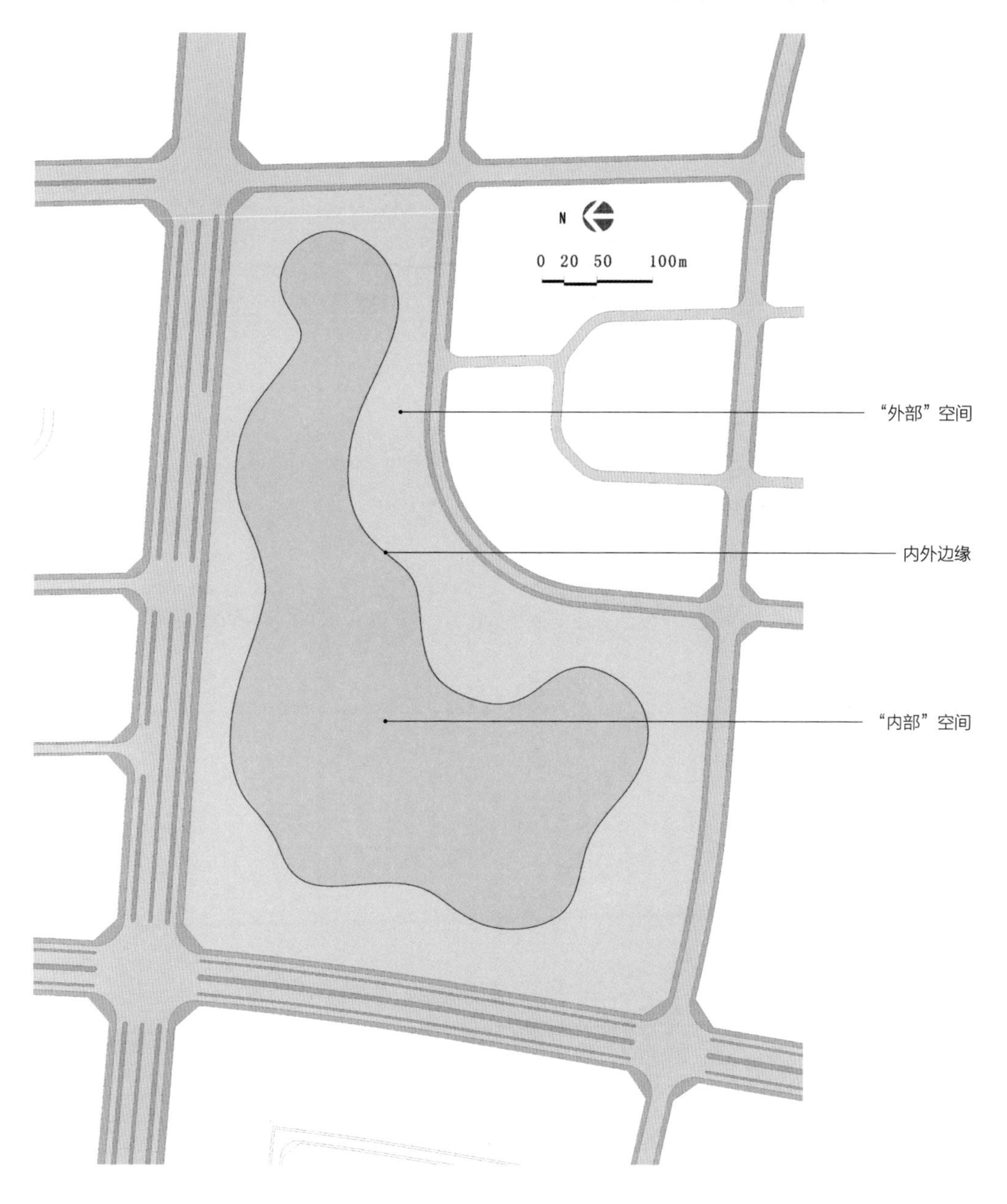
N
0 20 50 100m
“外部”空间
内外边缘
“内部”空间

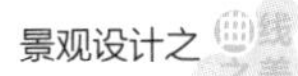

中观分形

在宏观分形曲线内部继续分形至中观曲线。

N
0 20 50 100m
中观分形曲线

中观分形

无论曲线分形到哪个级别，所有曲线都是相互依存的，同一根线条可以同属于上下分形层，也可以同属于同层之间，这种融合与依存的关系可以称作“线条的共生”。

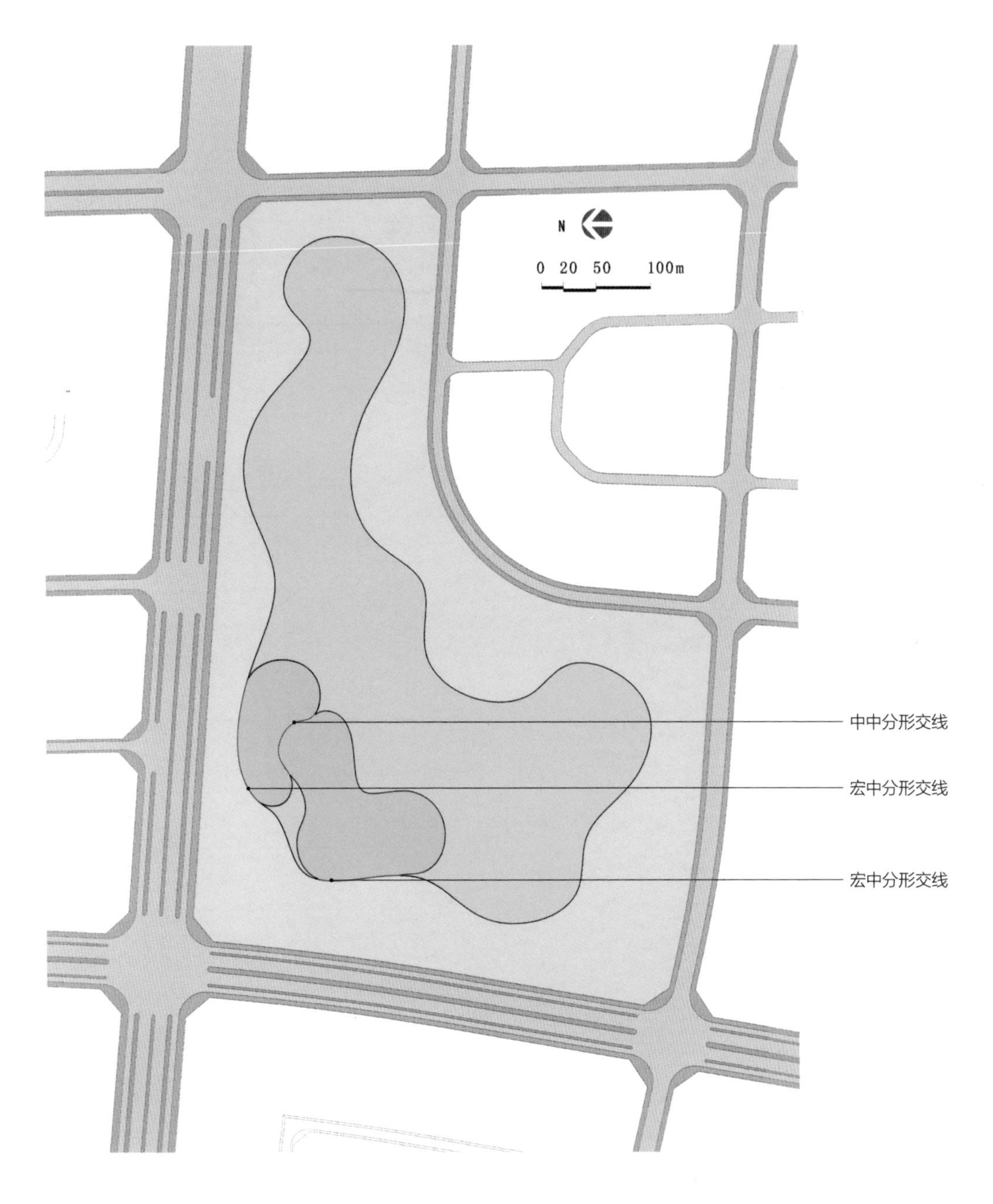
N
0 20 50 100m
中中分形交线
宏中分形交线
宏中分形交线

咬合

中观层次的分形，首先是完全紧密地依从于宏观分形曲线，其次是各个中观分形的相互咬合，就如互相挤压的肥皂泡，产生出各种如蚕豆、腰果、葫芦、流云等曲线形态。

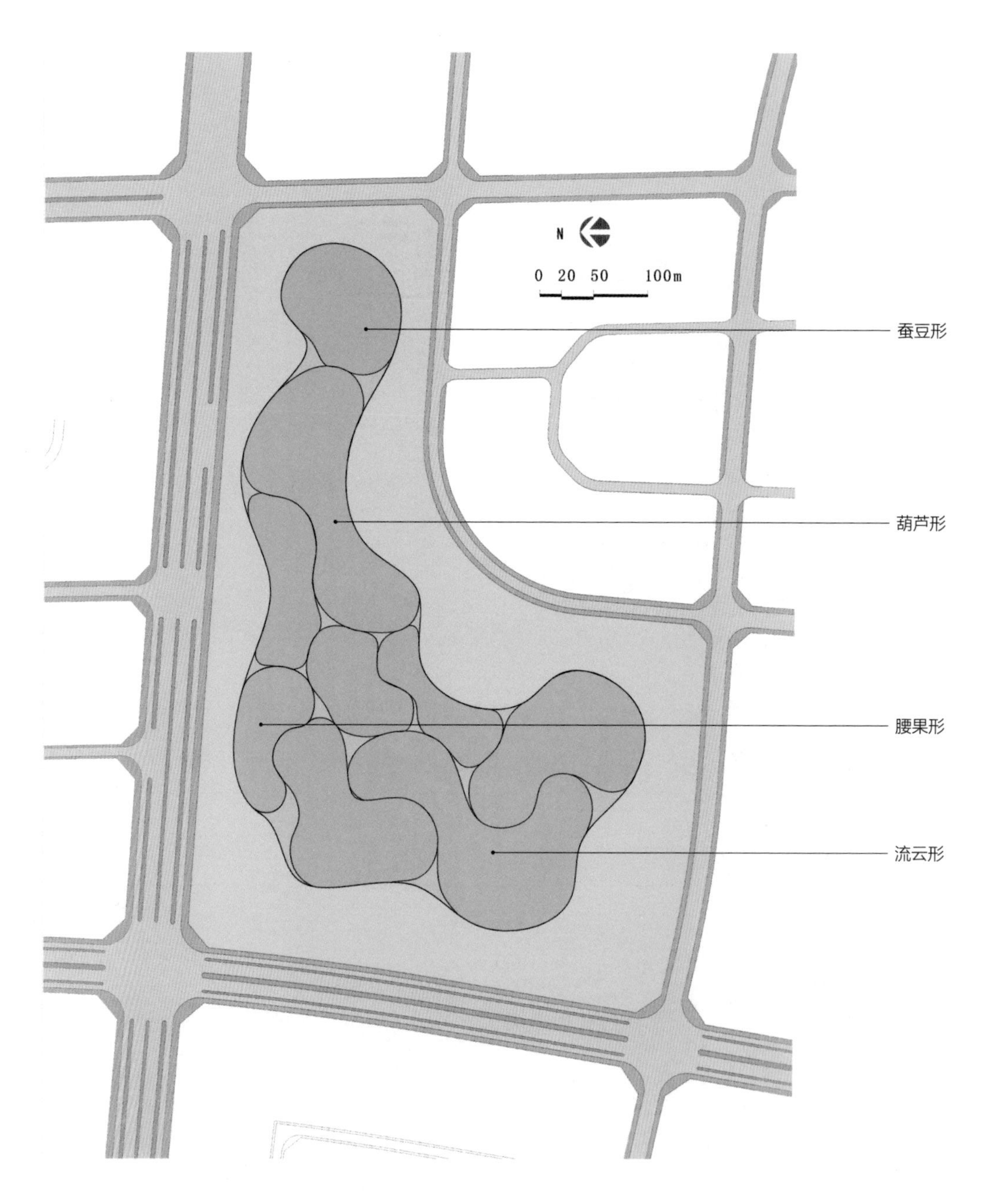
N
0 20 50 100m
蚕豆形
葫芦形
腰果形
流云形

形成道路

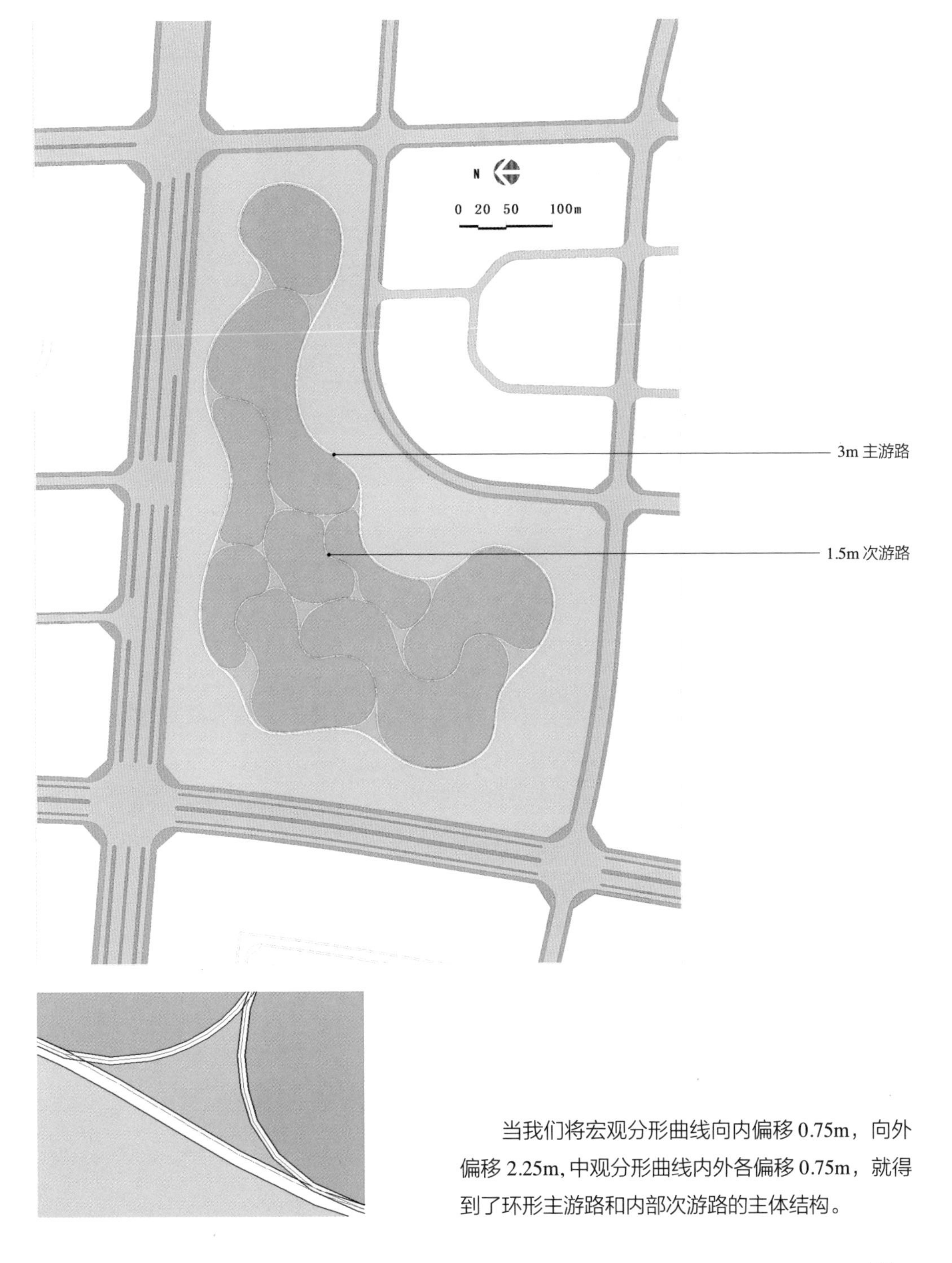
N
0 20 50 100m
3m 主游路
1.5m 次游路

当我们将宏观分形曲线向内偏移 0.75m，向外偏移 2.25m，中观分形曲线内外各偏移 0.75m，就得到了环形主游路和内部次游路的主体结构。

空间的缝隙

中观分形中完全柔和的曲线形是不足以分解内部空间的，就如同一碗黄豆之中还可以撒入一把沙子，一碗沙子还可以注入一杯水的空间道理雷同，这也是分形设计的奇妙之处。需要做的是将这些三角形空间缝隙尖角柔和成弧度。

N
0 20 50 100m
空间缝隙

必要入口

内部基本结构完善以后，需要和外部空间取得联系，但外部空间对于城市道路而言则还是内部空间，所以首先要做的是找到那些毋庸置疑需要设置入口的地方，比如人们过了斑马线就能分流进入公园的道路交叉口。

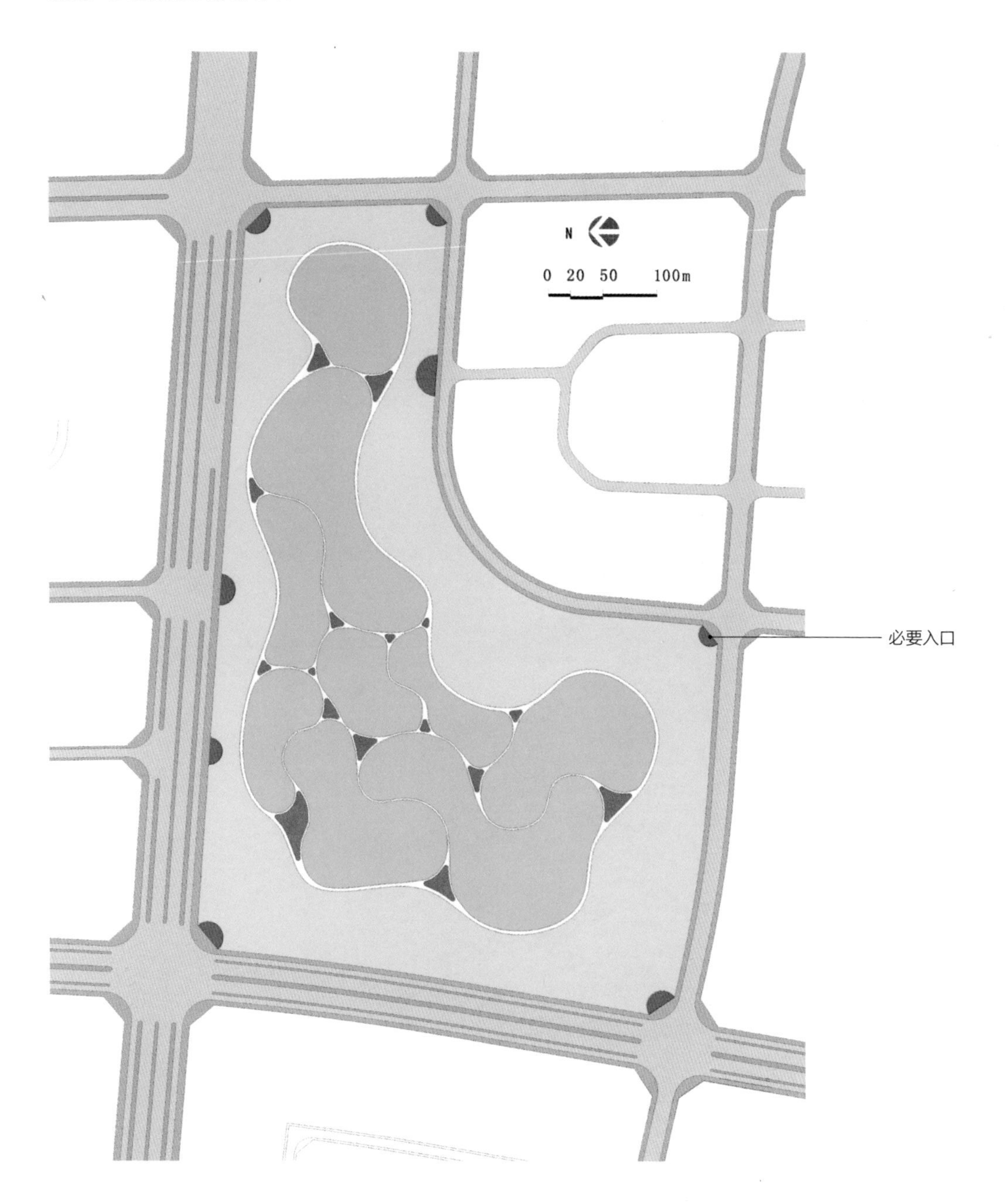
N
0 20 50 100m
必要入口

主要入口

必要入口由于往往位于城市道路交叉口，受到区域限制，不适宜做尺度较大的集散主入口，同时从公园外围道路边界和人流出入的均衡性考虑，主要集散入口一般须设置在边界道路中央左右。

N
0 20 50 100m
主要入口

入口形式

现实的公园入口设计需要紧密结合场地现状、地域文化脉络及当地材料，若不是考虑防灾要求，不管集散需求如何，也须尽可能地满足受众对林荫的需求。对于普通设计师而言，需要经常进行这样的小景训练，这不仅是对自身空间思维能力的提高，也是设计素材的累积，并不是每一个设计作品都要惊世骇俗，往往，形式追随功能，只要是能解决场地问题的设计都是优秀的设计，也没有人敢说他这样的设计是他开天辟地的独创，每一个设计师的作品，都建立在前人的经验之上，就如牛顿谦虚地认为“如果说我比别人看得更远些，那是因为我站在了巨人的肩上”。

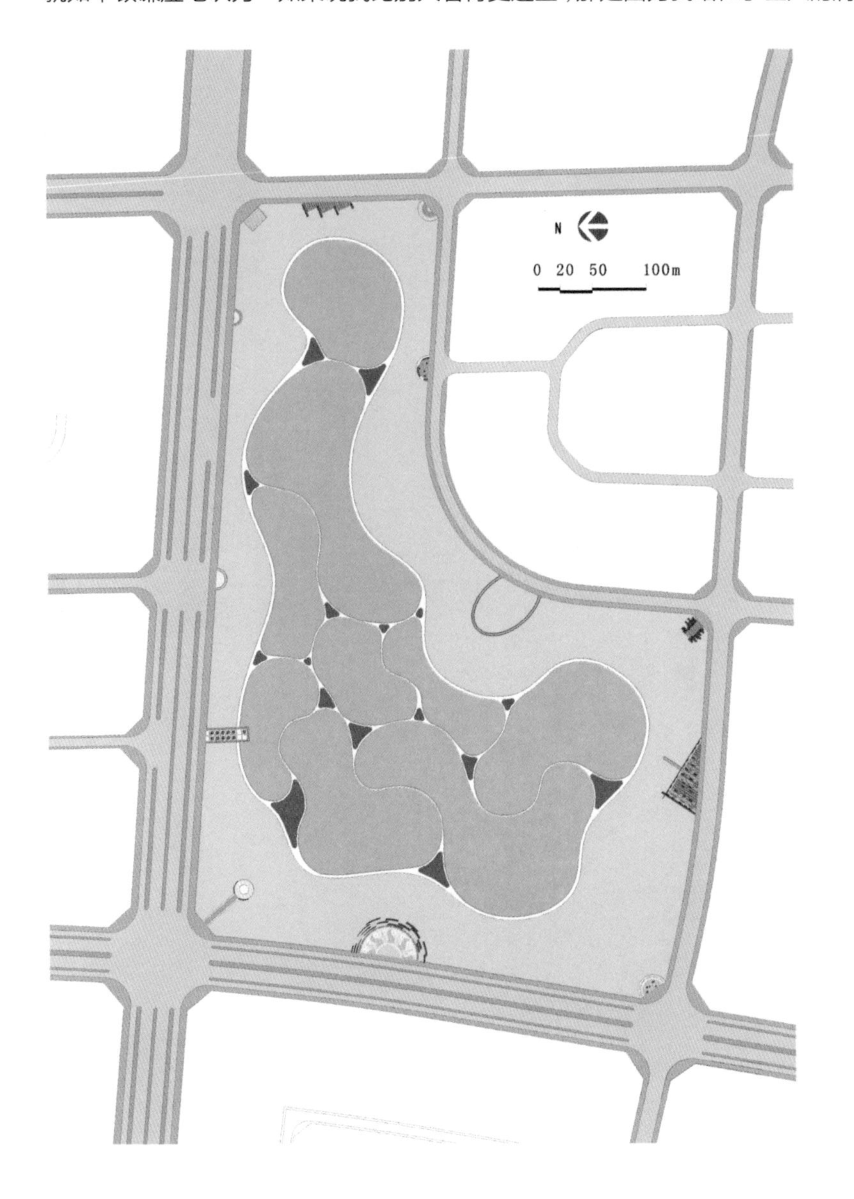
N
0 20 50 100m

内外联系

用同样的柔和曲线的分形原理，将各个入口和主环线游路取得联系，如此，整个公园的入口道路骨架基本成型。

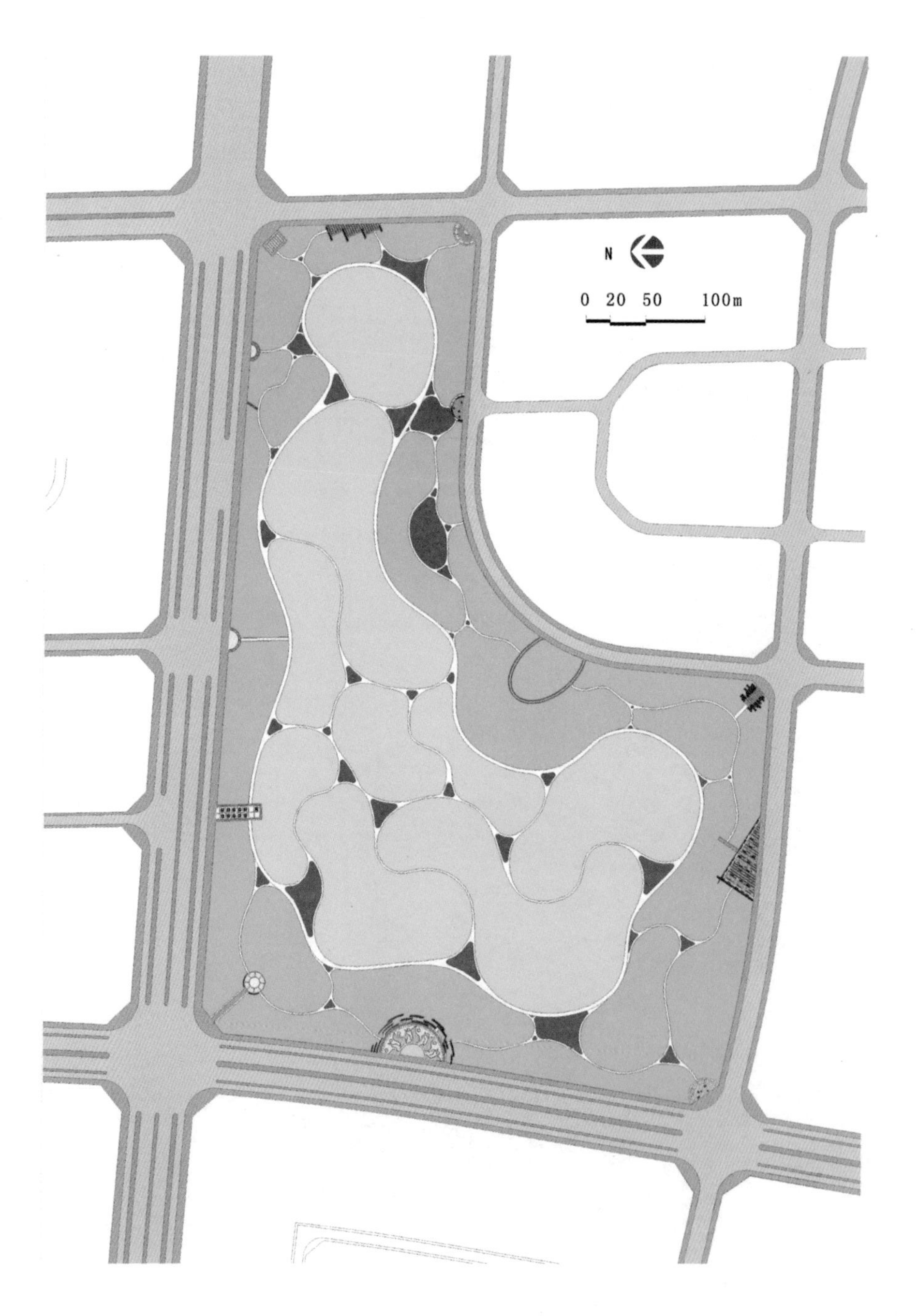
N
0 20 50 100m

停车位

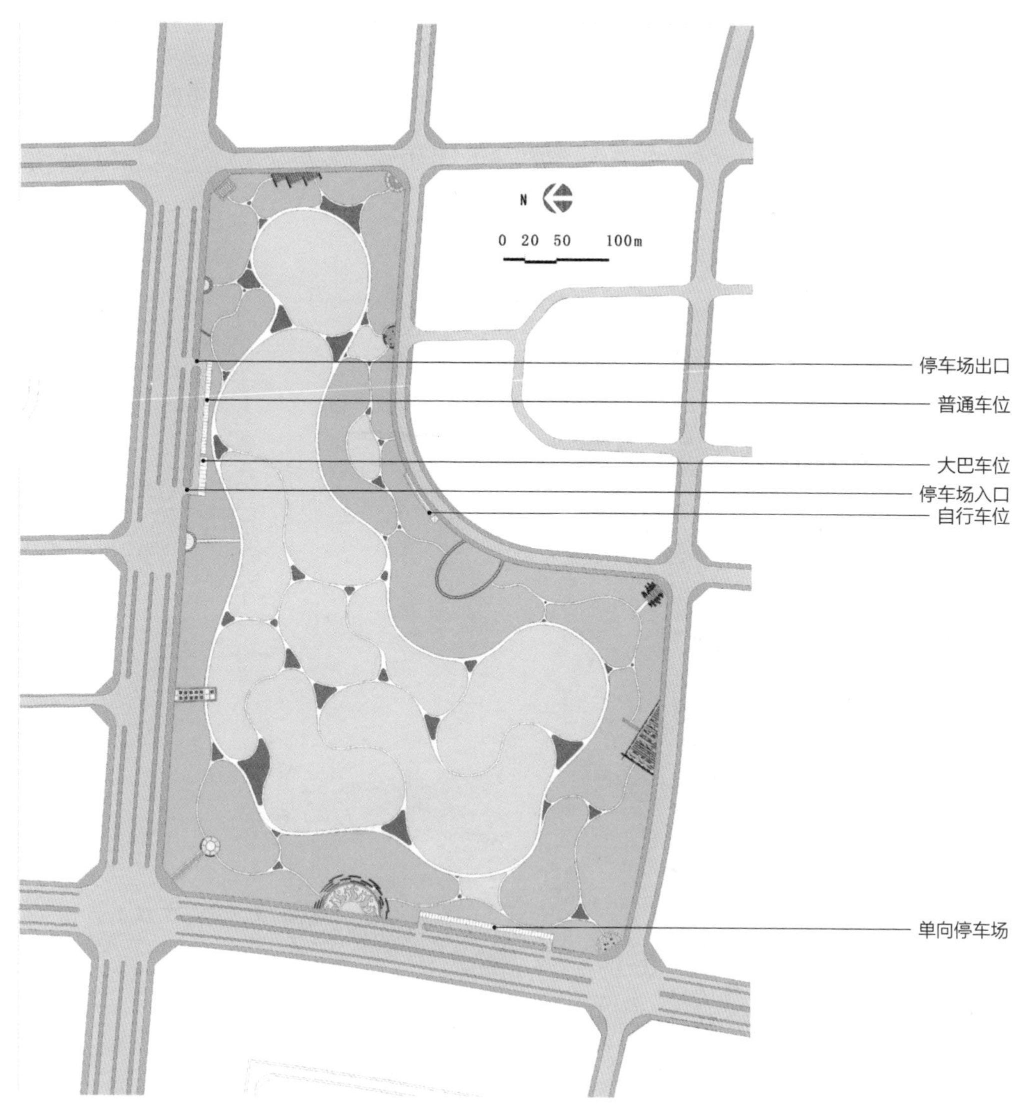
N
0 20 50 100m
停车场出口
普通车位
大巴车位
停车场入口
自行车位
单向停车场

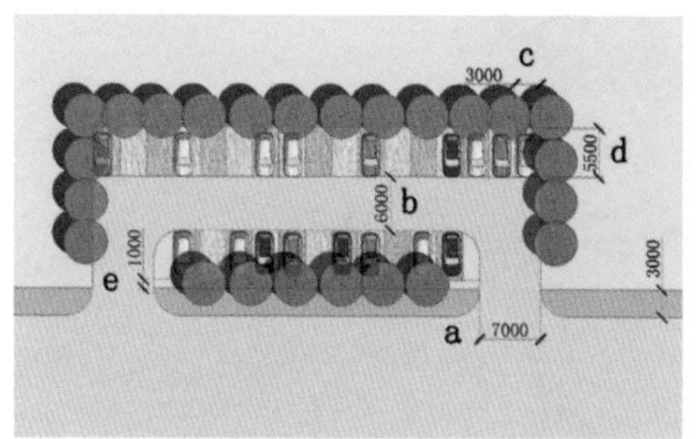
c
3000
d
5500
b
6000
e
1000
3000
a
7000

整体道路形成以后需要考虑汽车及自行车等车位需求，一般而言，垂直普通车位，出入口 a 宽度不小于 7m，车道 b 不小于 6m，普通单车位长 d 不小于 5.5m，宽 c 不小于 3m，紧邻路侧绿化带宽 e 不小于 1m。自行车位临路侧道路不小于 1.75m，单车位长宽为 2m × 0.6m。

水系——平行分形

一般而言，水系都是在现状存在水域或者外围紧邻有河道、湖泊的条件下才能营造大面积水域水景。但本章前述已有表达，我们是摆脱实际情况，就分形设计来演绎景观空间设计，相对于道路的纵向层层分形，水系的产生和道路分形空间是平行关系，分形设计是多维度的，或者说是叠加式的。

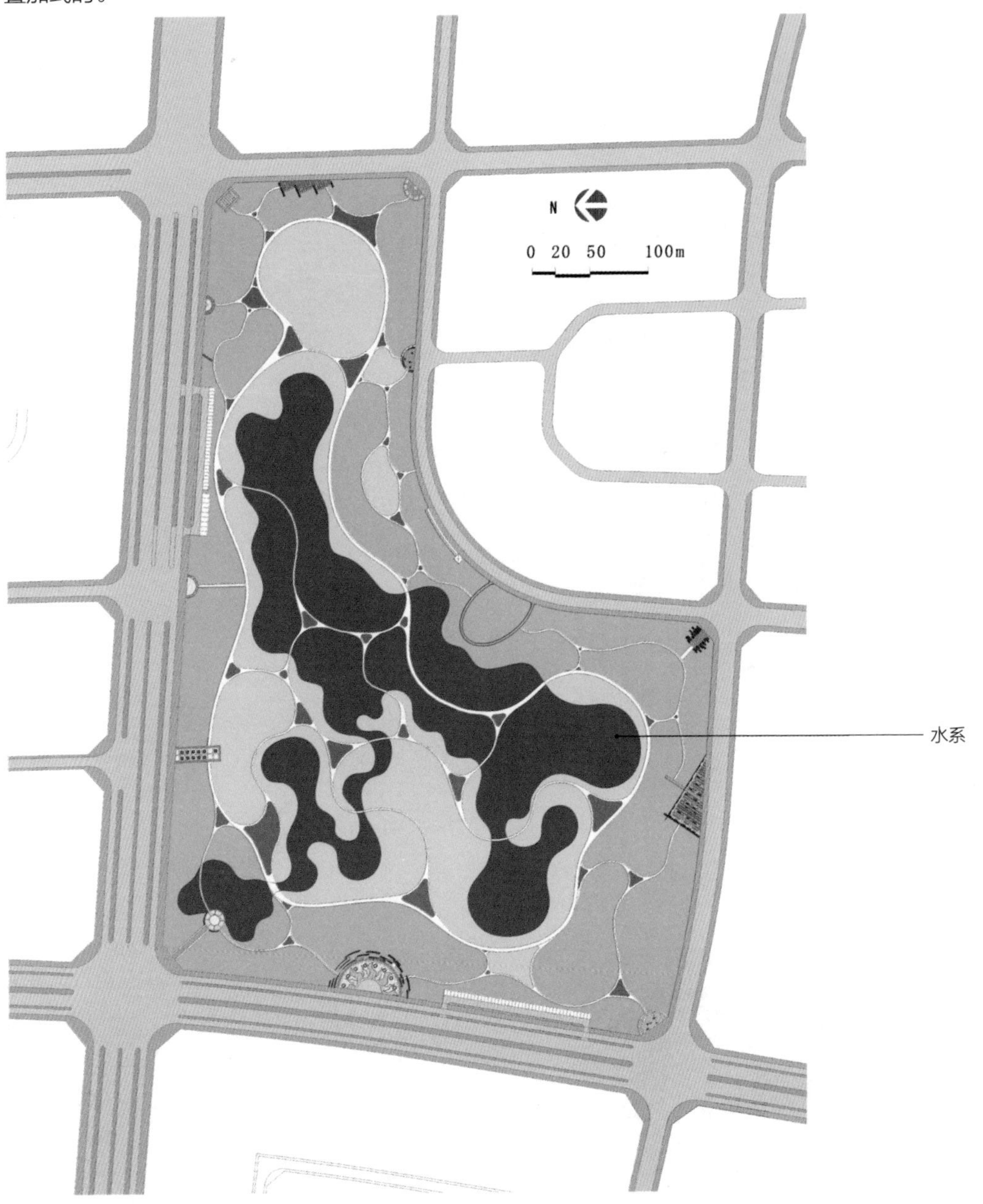
N
0 20 50 100m
水系

水系减法

横跨水系的桥梁或栈道从生态节约性原则上言，需要服从两个原则：1. 水系逢路必窄，使桥梁的跨度不至于过大。2. 栈道尽可能架设于水浅之处，而不是深入水面中心。基于这两大原则，我们需要对水面进行减法设计，增加下图中红色区域岛屿，对于绿色陆地，则是加法。

N
0 20 50 100m
大岛屿

微观分形——小岛

世界的本质是永无停滞的分形，除了两个大岛屿以外，还需要增加若干相对于大岛屿而言的小岛。这些小岛属于水系分形也同样属于绿地分形，是水系与绿地两个平行分形的交集。

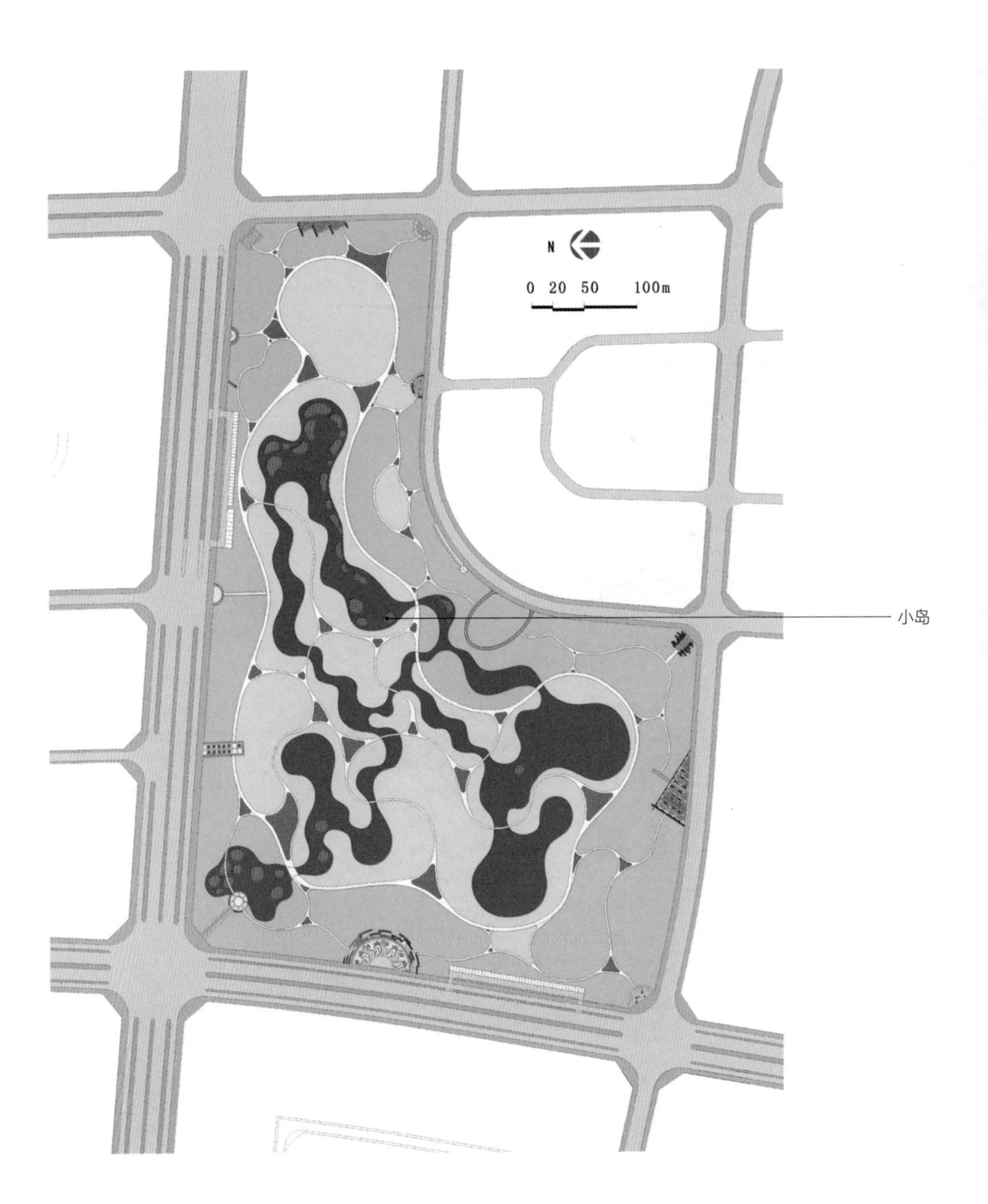
N
0 20 50 100m
小岛

地形分形

地形分形并非只针对目所能及的绿地进行分形，而是场地所有的基本竖向分形，包括入口、道路、绿地、水系在整体上通过等高线、等深线的方法进行的整体竖向设计。

N
0 20 50 100m
等高线
等高距 1m

地形分形二

在这样的大型公园中，竖向设计由于在平面上的表达是通过专业性较强的等高线来描述，对于没有专业背景的业主方不太容易理解其真实含义，由于不理解而产生忽视也会导致设计师的惰性轻视，其实，唯有舒缓密陡、曲线优美的等高线才能表现大地的错落有致。竖向分形是平行于道路分形、水系分形之后的极其重要的第三种曲线分形——空间三维分形。

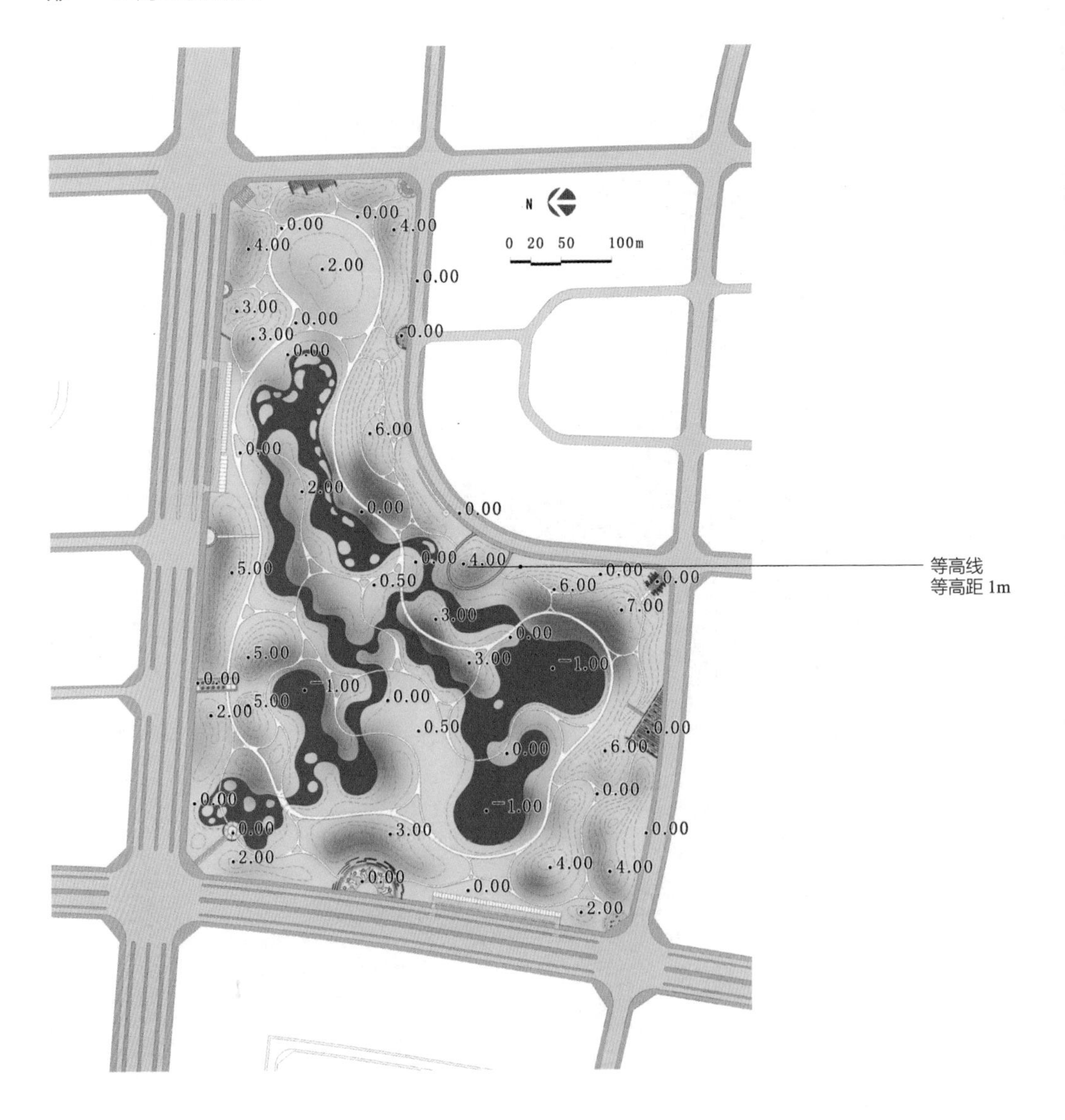
N
0 20 50 100m
.0.00
.0.00
.4.00
.4.00
.2.00
.0.00
.3.00
.0.00
.3.00
.0.00
.0.00
.6.00
.0.00
.2.00
.0.00
.0.00
.0.00
.4.00
.5.00
.0.50
.0.00
.0.00
.6.00
.7.00
.3.00
.0.00
.5.00
.3.00
.−1.00
.0.00
.−1.00
.2.00
5.00
.0.00
.0.50
.0.00
.0.00
.6.00
.0.00
.−1.00
.0.00
.0.00
.3.00
.0.00
.2.00
.4.00
.4.00
.0.00
.0.00
.2.00
等高线
等高距 1m

轴线与节点

到此，公园的整体布局已基本完成，接下去需要将公园内部的各个景观节点逐步完善，如上文所述，本案是一个虚拟场地，并不涉及现实场地的实际问题。人类作为万物中最有智慧者，总是不自觉地去寻求事物的逻辑，比如我们总会在自然中寻找我与目标的最短距离——直线。在景观设计中我们也会不自觉地寻找景观轴线。这种轴线可以是实际存在的也可以是虚拟的，轴线的确立有 3 种情况：1. 两个景观节点之间必然形成的直线。2. 某一景观节点自身形成的直线方向。3. 公园外部城市道路的延伸直线方向。本案公园内部节点位置即由此产生，他们产生于轴线之上，或轴线交点，或轴线与公园肌理变化的边缘交点。

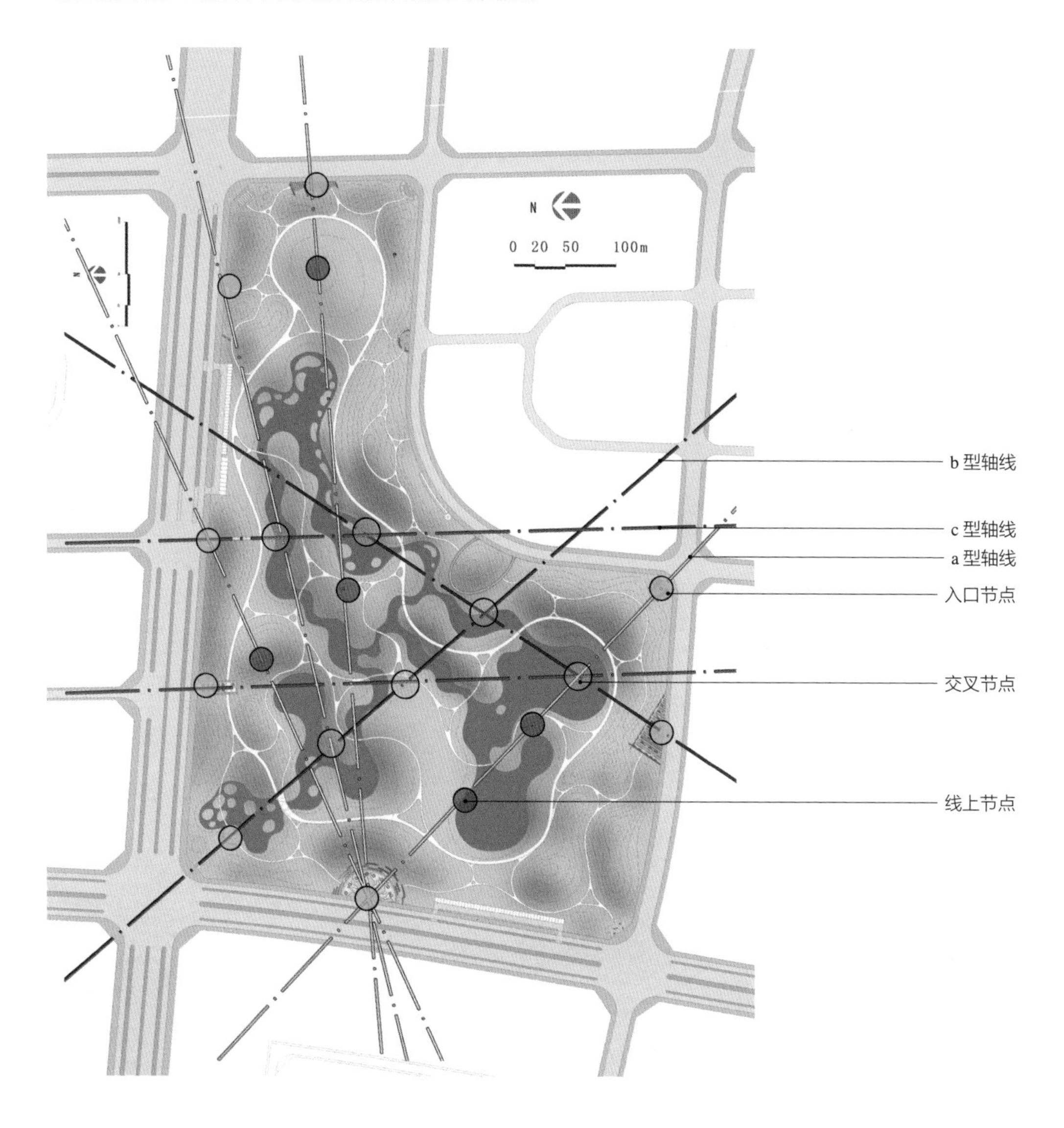
N
0 20 50 100m
b 型轴线
c 型轴线
a 型轴线
入口节点
交叉节点
线上节点

隐藏的轴线

景观节点首先是满足卫生、休闲、餐饮、交通等必要功能需求，其次是人工景观结合自然景观的审美与启智功能需求，只要是多从儿童的角度思考问题，就能创造人性的景观。而从功能的使用角度而言，大部分节点形式已不适合曲线造型，唯有充分利用交通、地形、水体条件因地制宜地展开节点设计和创造它们的“观点”。完成后的景观节点只有部分能感受“轴线”，大部分节点都隐藏在潜在的合乎逻辑的“轴线”之中。

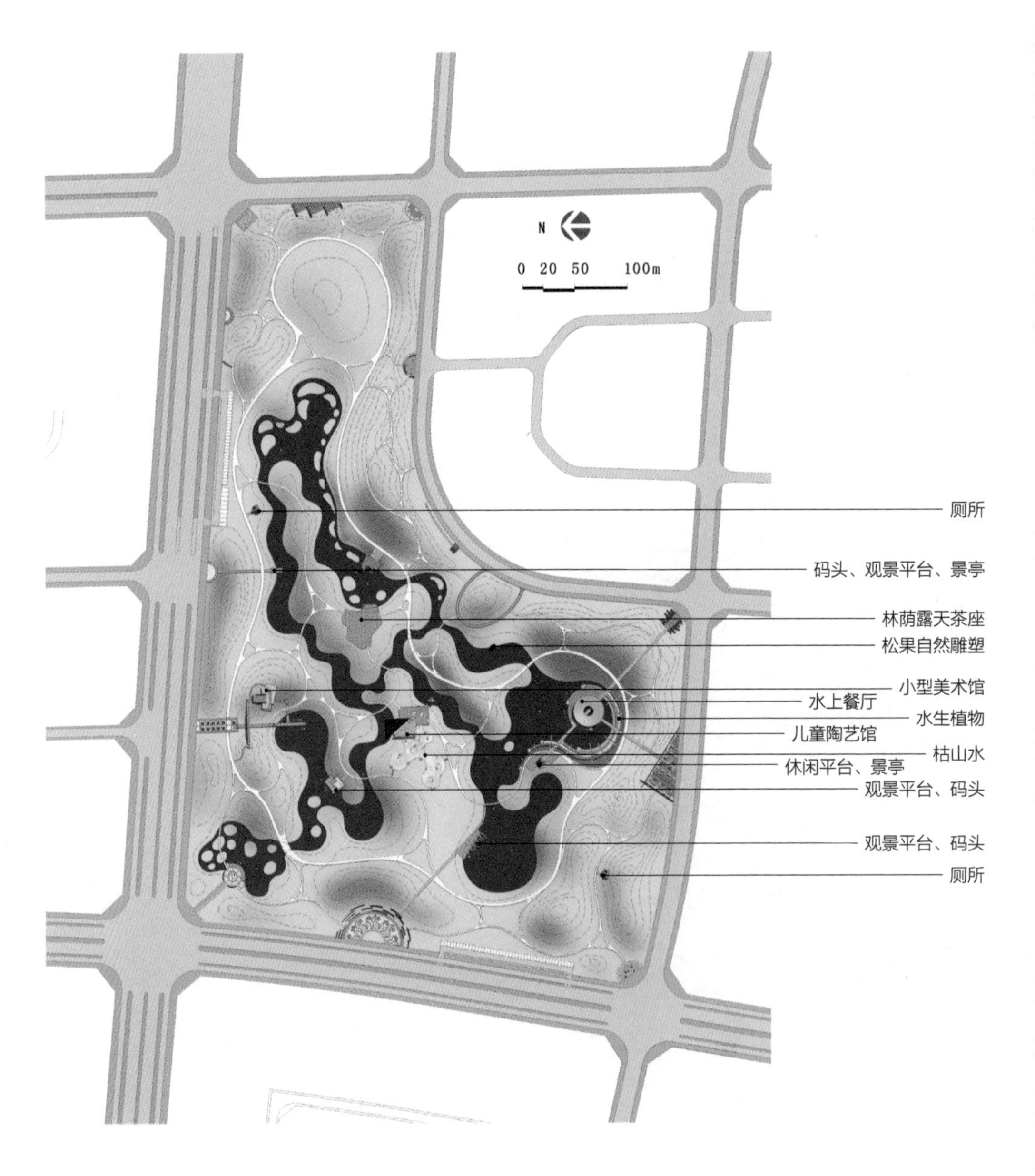
N
0 20 50 100m
厕所
码头、观景平台、景亭
林荫露天茶座
松果自然雕塑
小型美术馆
水上餐厅
水生植物
儿童陶艺馆
枯山水
休闲平台、景亭
观景平台、码头
观景平台、码头
厕所

无乔木区

在道路分形、水系分形、地形分形以及人工景观节点以后，最后要设计就是植物造景，植物造景有各种设计理论体系，限于篇幅，我们在本案中依旧秉持曲线分形的设计方法，在乔木种植设计之前我们首先要规划的却是没有乔木的地方，在有之前先确定无。可以用曲线去圈定无乔木种植区。

N
0 20 50 100m
无乔木种植区

滨水乔木

从生态学讲，需要人工维持的公园生态都是极其脆弱的，比如树木的迁徙、灌溉、农药、施肥、修剪都需要很大的能源消耗，所以作为一个城市公园，生态是一个伪命题，设计师要做的是尽可能地适地适树，因此，在 1.00m 等高线以下到水面，我们选择用耐湿乔木——池杉进行带状片植，挺拔的树冠从空间上再一次勾勒水系边缘。

N
0 20 50 100m
池杉

岛上的无患子

岛上的露天茶座被无患子林包围，想想它们春天的嫩芽，夏天的浓阴，秋天的金色和冬天阳光下树影的斑驳。设计师需要有一颗诗意的心。

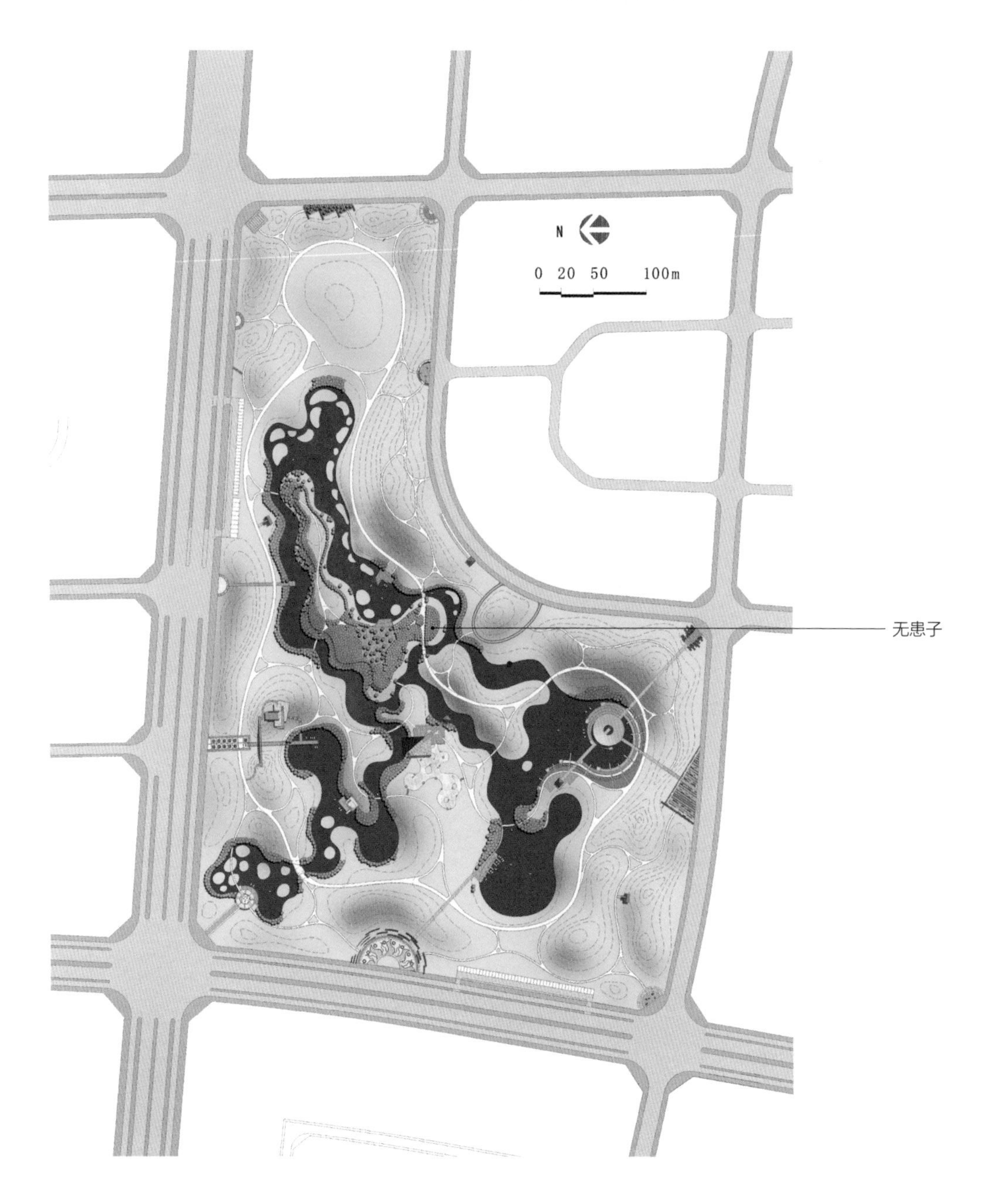
N
0 20 50 100m
无患子

水上森林

星罗密布的小岛微高出于水面，南川柳非常适合生长在常水位线左右的区域，形成水上森林。

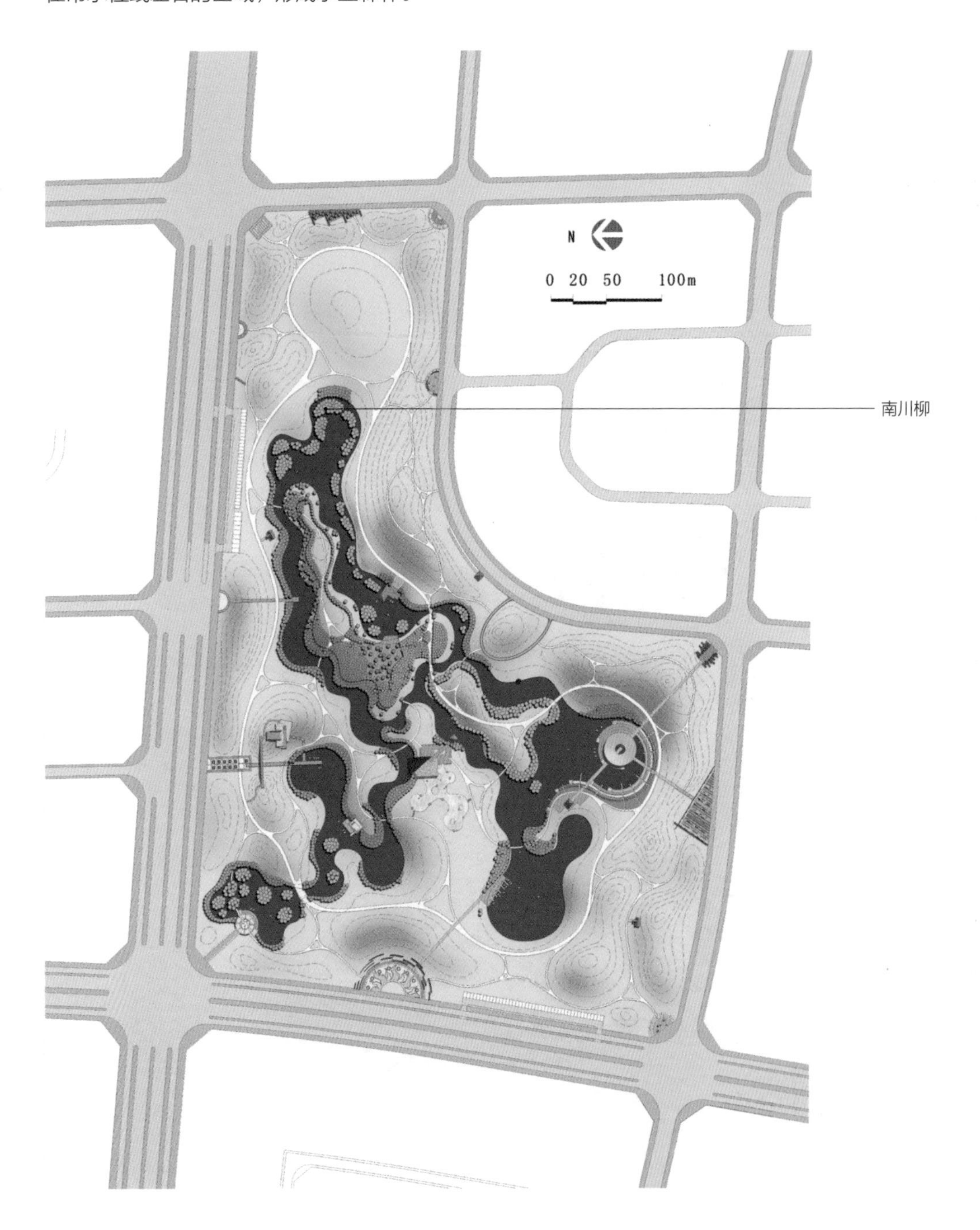
N
0 20 50 100m
南川柳

桃花岛

忽逢桃花林，夹岸数百步，中无杂树，芳草鲜美，落英缤纷。

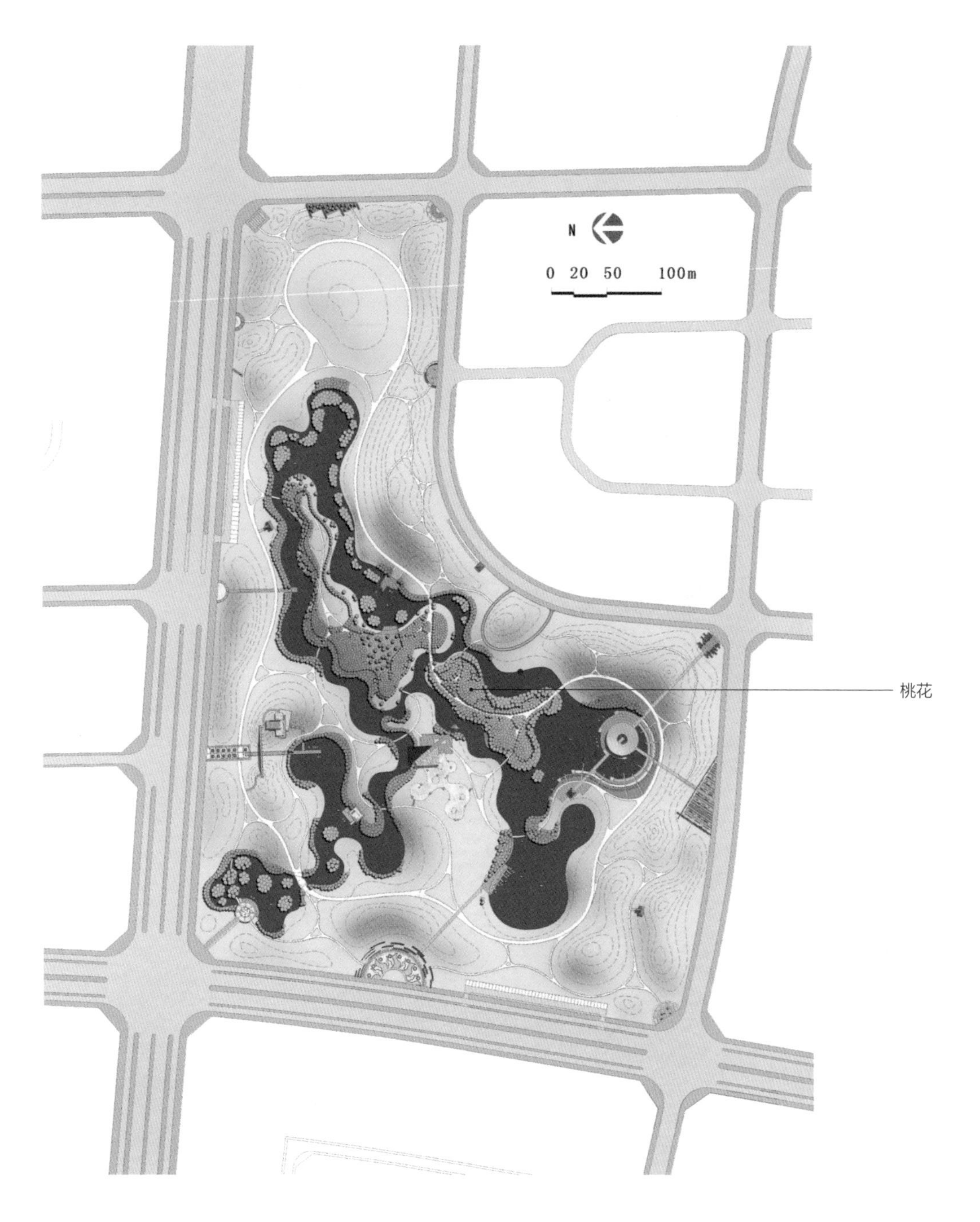
N
0 20 50 100m
桃花

香樟林

江南村落里的古树往往都是大香樟，树形优美，冠幅巨大，气味芬芳，生长迅速，是长江流域景观设计中使用最频繁的常绿树，也是最优秀的背景树之一。

N
0 20 50 100m
香樟

一时俱放

樱花原产于中国，樱花之美并非他花可及，尤其是成片樱花一时俱放，动人心魄。

N
0 20 50 100m
樱花

乐昌含笑

常绿树中，除了香樟的舒展还有乐昌含笑的挺拔浓郁。

乐昌含笑
N
0 20 50 100m

竹林

竹子几乎是中国传统人文精神的化身，竹子也是长江流域生产、生活的重要器物来源。

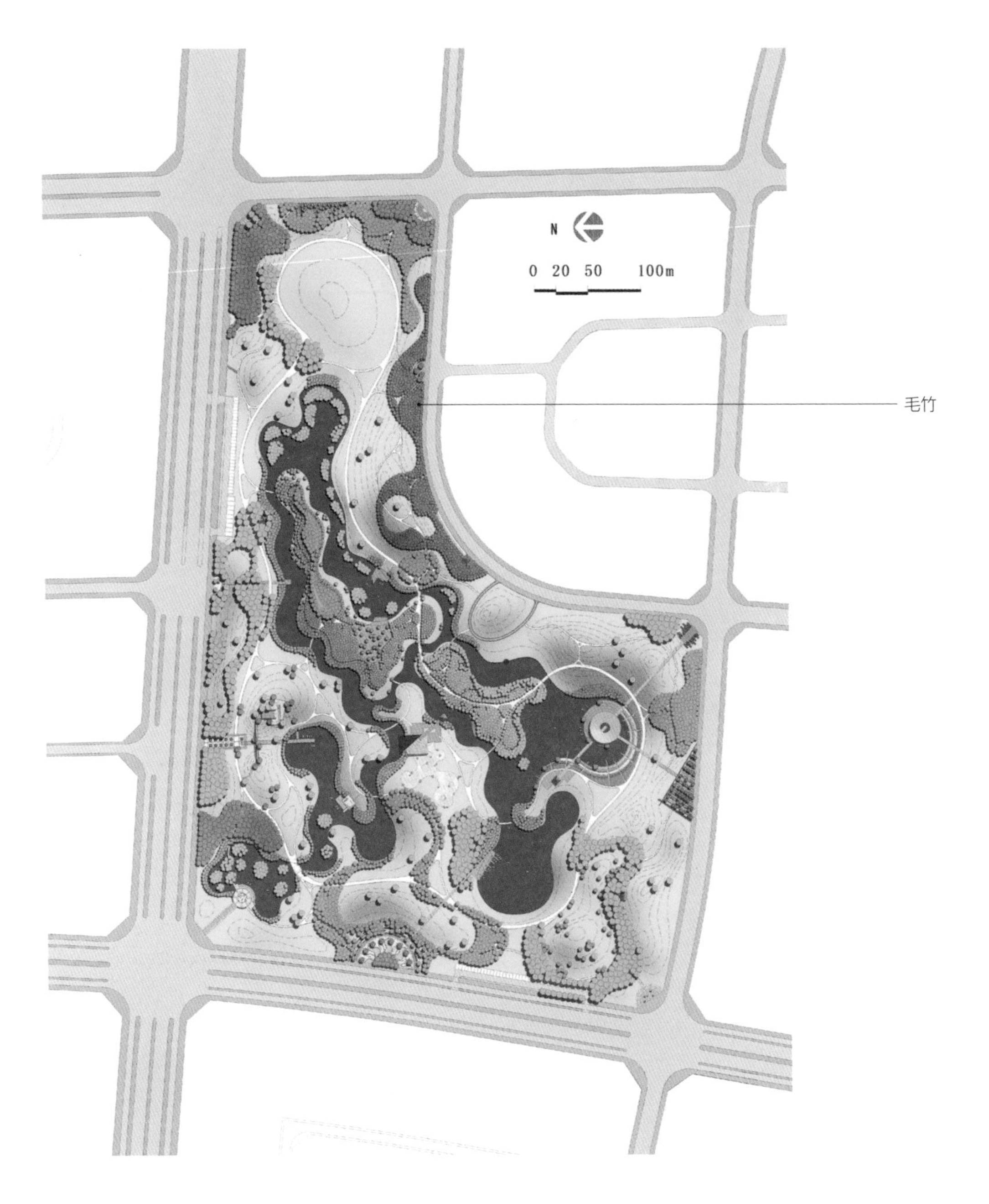
N
0 20 50 100m
毛竹

较少的亚乔

我国的传统绿化设计都讲究层次丰富，但有时只有大乔木和地被也很有森林空间的味道。

N
0 20 50 100m
西府海棠
桑树

统领的水杉

最后，我们用水杉来统领所有非留白区域，这个场地拥有 22.5 万 m^2，但并不一定就需要几 10 种乔木品种，我们仅用 10 个以内的乔木品种也足以创造纯净而丰富的绿色空间，也就是通过乔木的曲线再一次对场地进行了空间分形和景观创作。

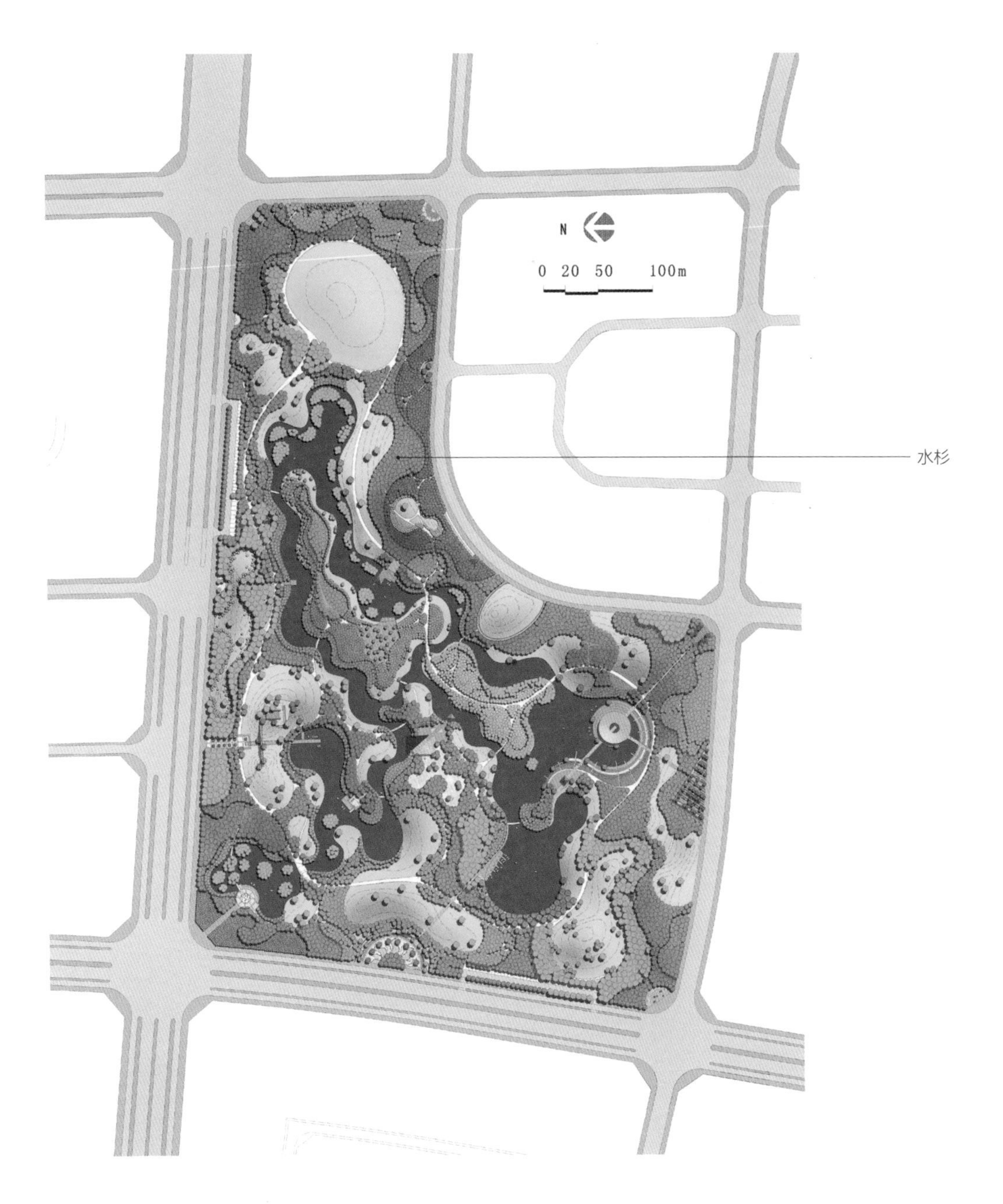
N
0 20 50 100m
水杉

空——地被

不管是林下空间，还是开敞空间，或者水陆边缘，无不需要地被，可以是草坪，但更需要各种野花地被，一切本土地被都可以，比如车前草、蒲公英、毛地黄、石蒜、野菊花、辣蓼、菖蒲、菱角等，本土野草有大美，地被种植形式是本案曲线分形中最后的分形——微观分形。

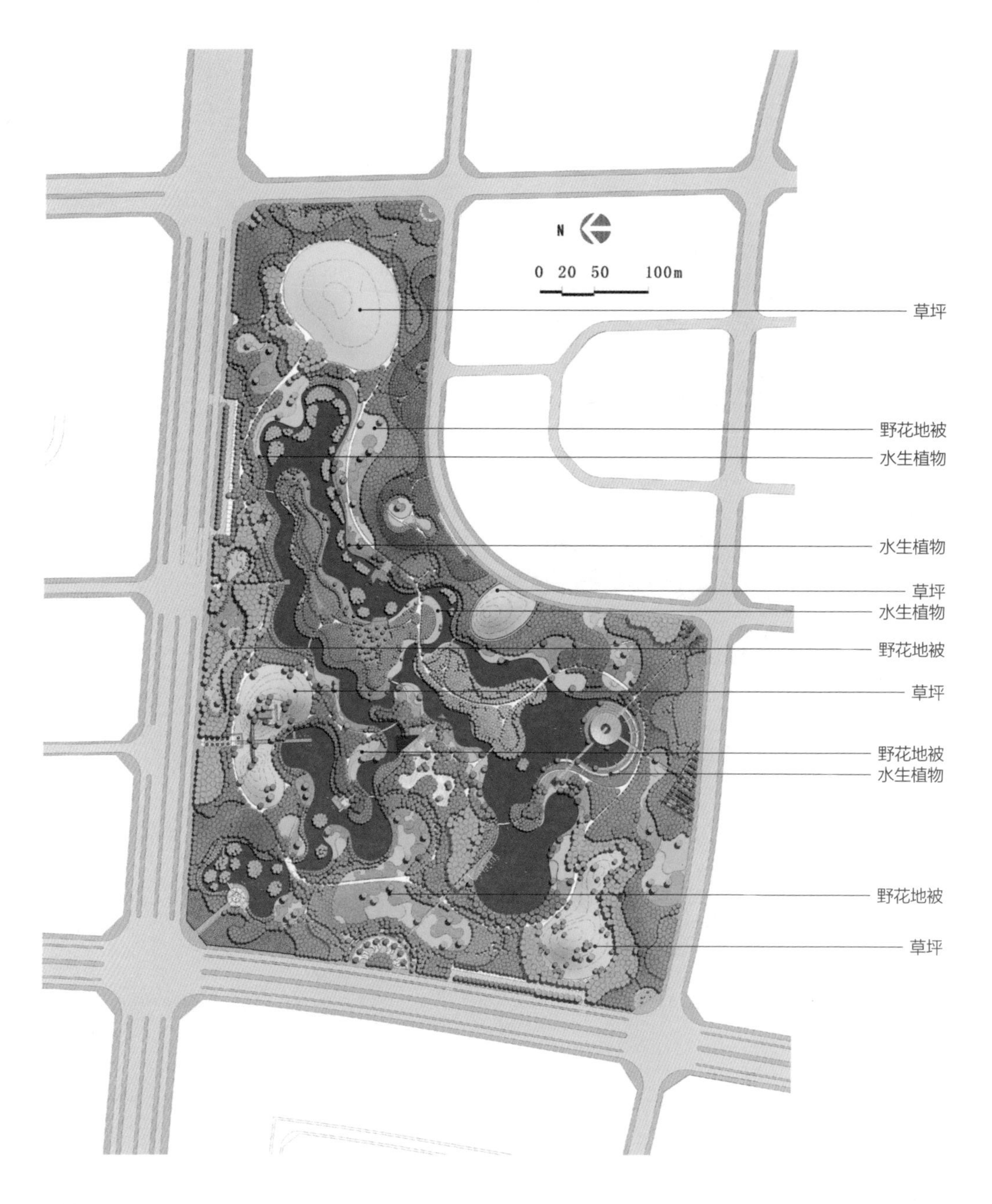
N
0 20 50 100m
草坪
野花地被
水生植物
水生植物
草坪
水生植物
野花地被
草坪
野花地被
水生植物
野花地被
草坪

分形逻辑

总体而言，除了局部景观节点是几何分形以外，场地设计的主体结构均属于曲线分形，分形有纵向和横向两种方式，如道路、水系、地形、植被的分形属于平行的、横向的分形。如道路的宏观到中观则属于单向的纵向分形。可以说，景观设计是多种要素分形的叠加。

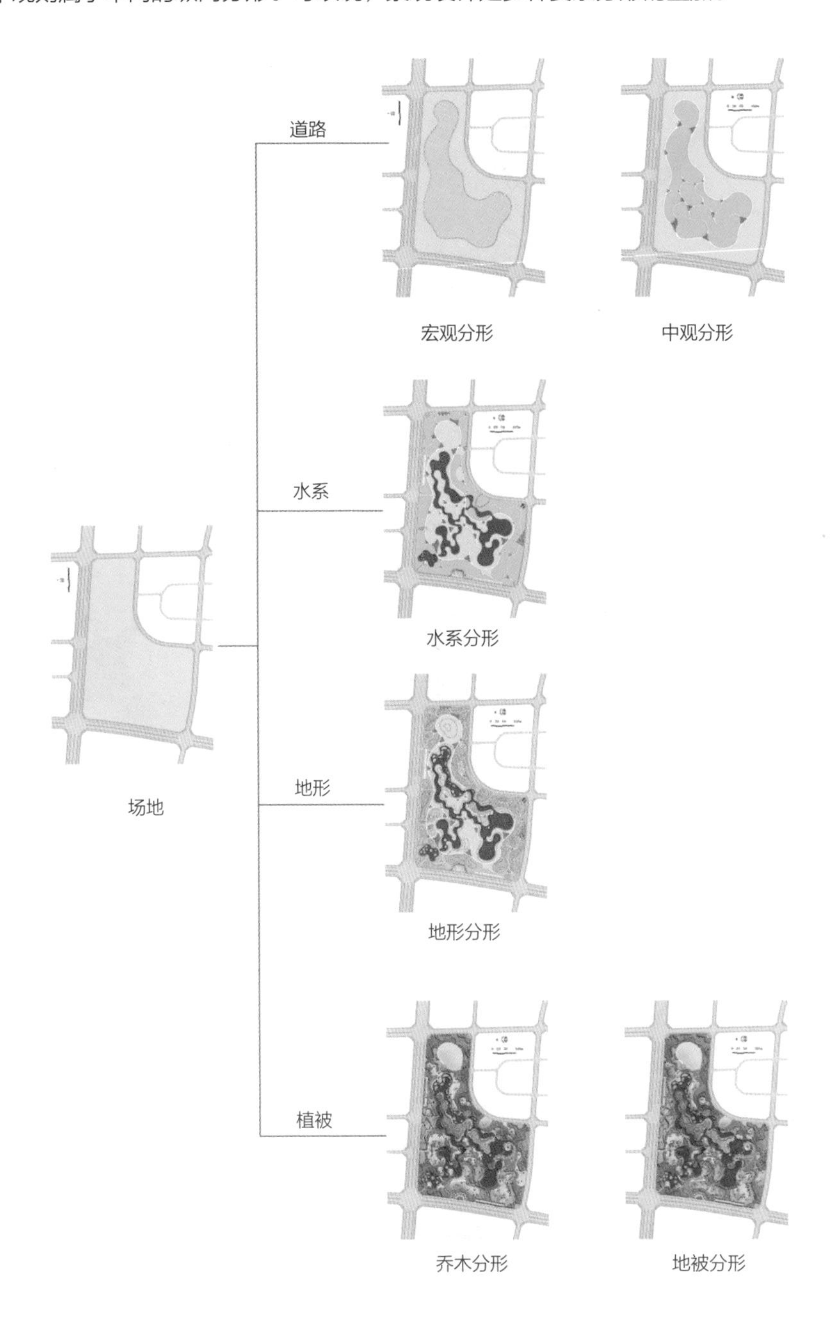
道路
宏观分形
中观分形
水系
水系分形
场地
地形
地形分形
植被
乔木分形
地被分形

鸟瞰图模型

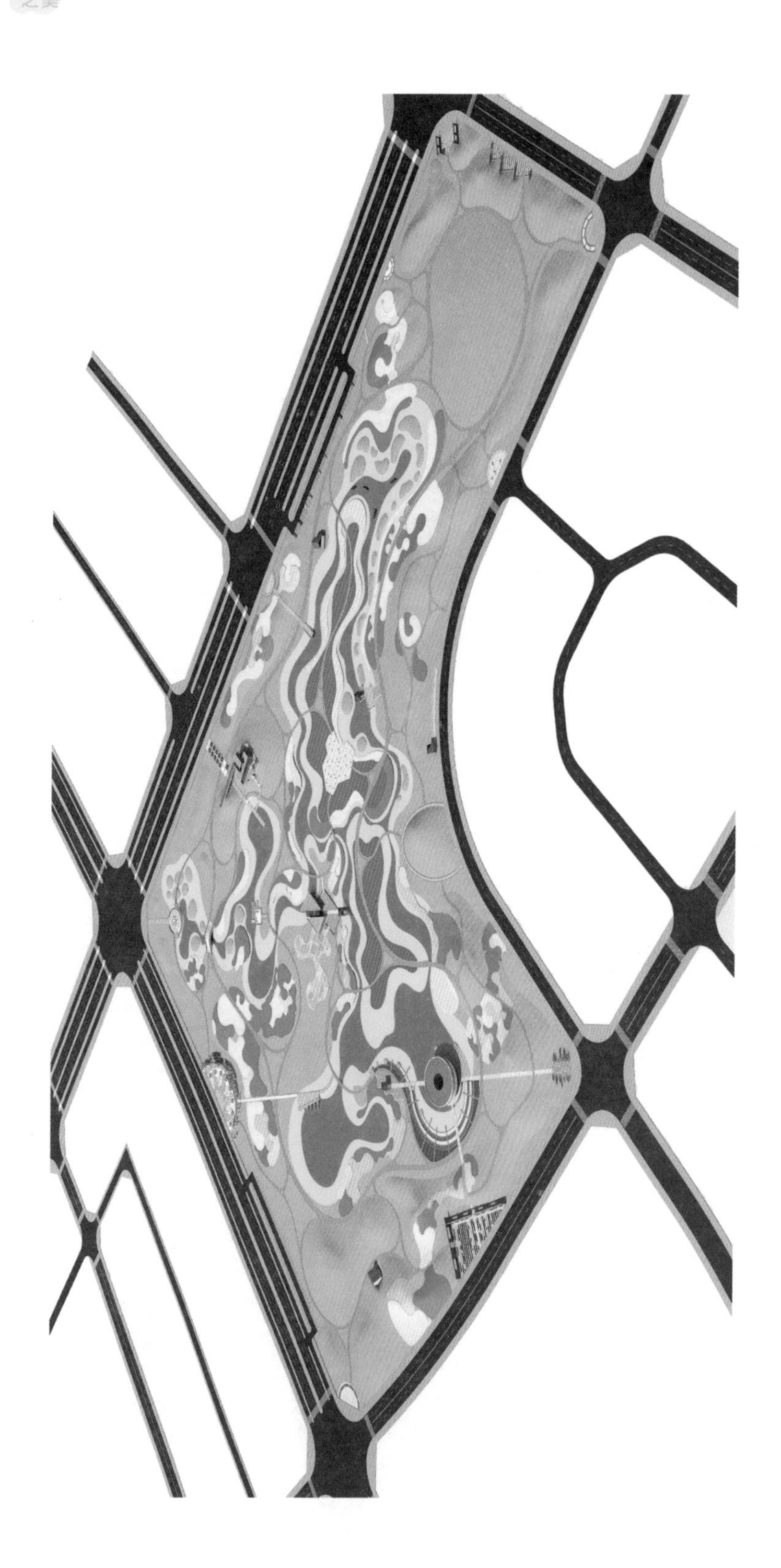

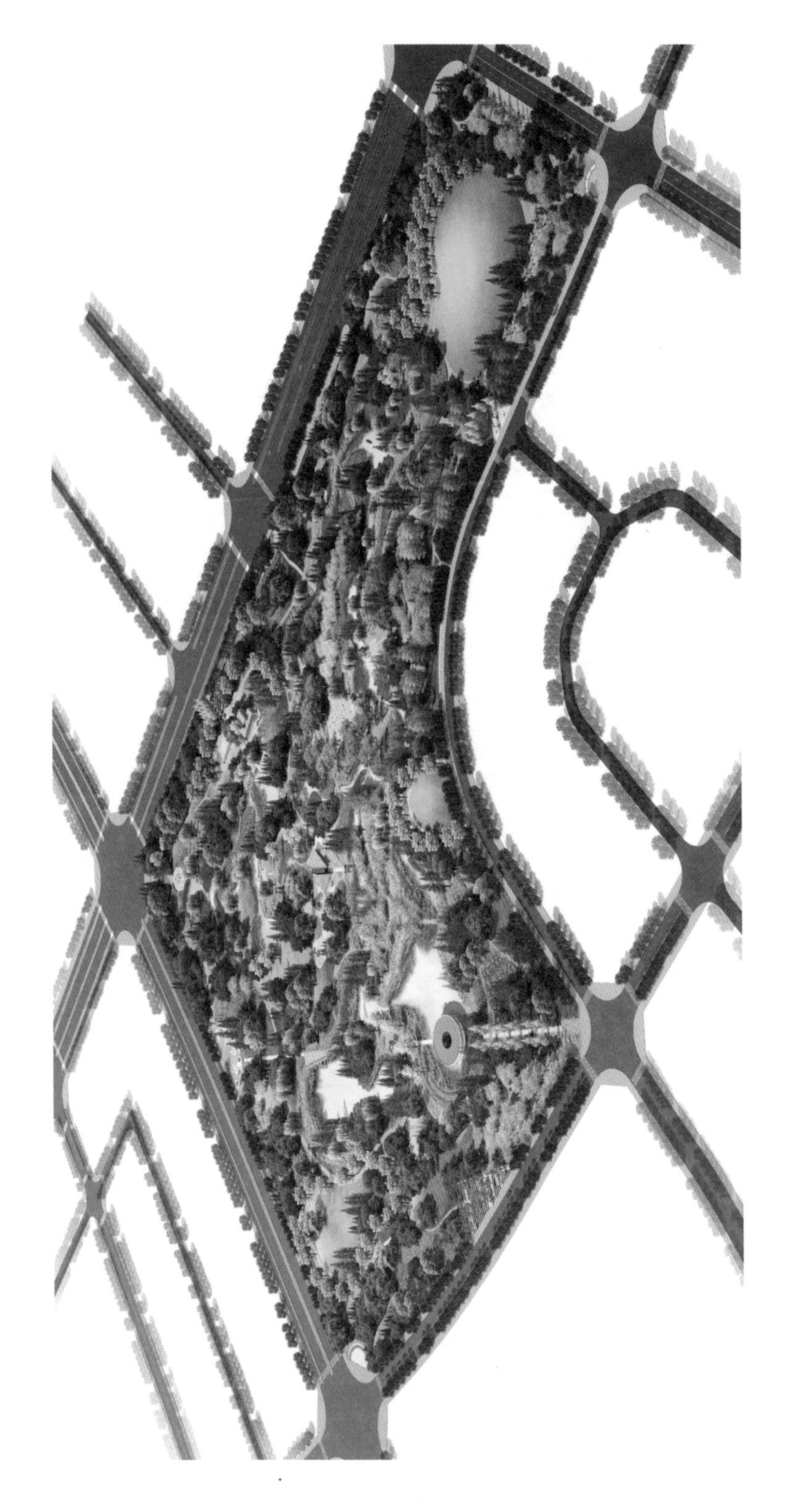

鸟瞰图

局部一

受到书籍开本的影响，大型公园平面较难将景观细节表述清楚，即使如上图的局部也只能到达中观程度，许多细节仍需在扩初和施工图阶段进一步地深入表述。这一局部的“观点”在于轴线入口穿过桑树林，抵达临水圆形石阵小广场，滨水有野花地被和葱郁挺拔的池杉，小舟荡漾在水上森林间。

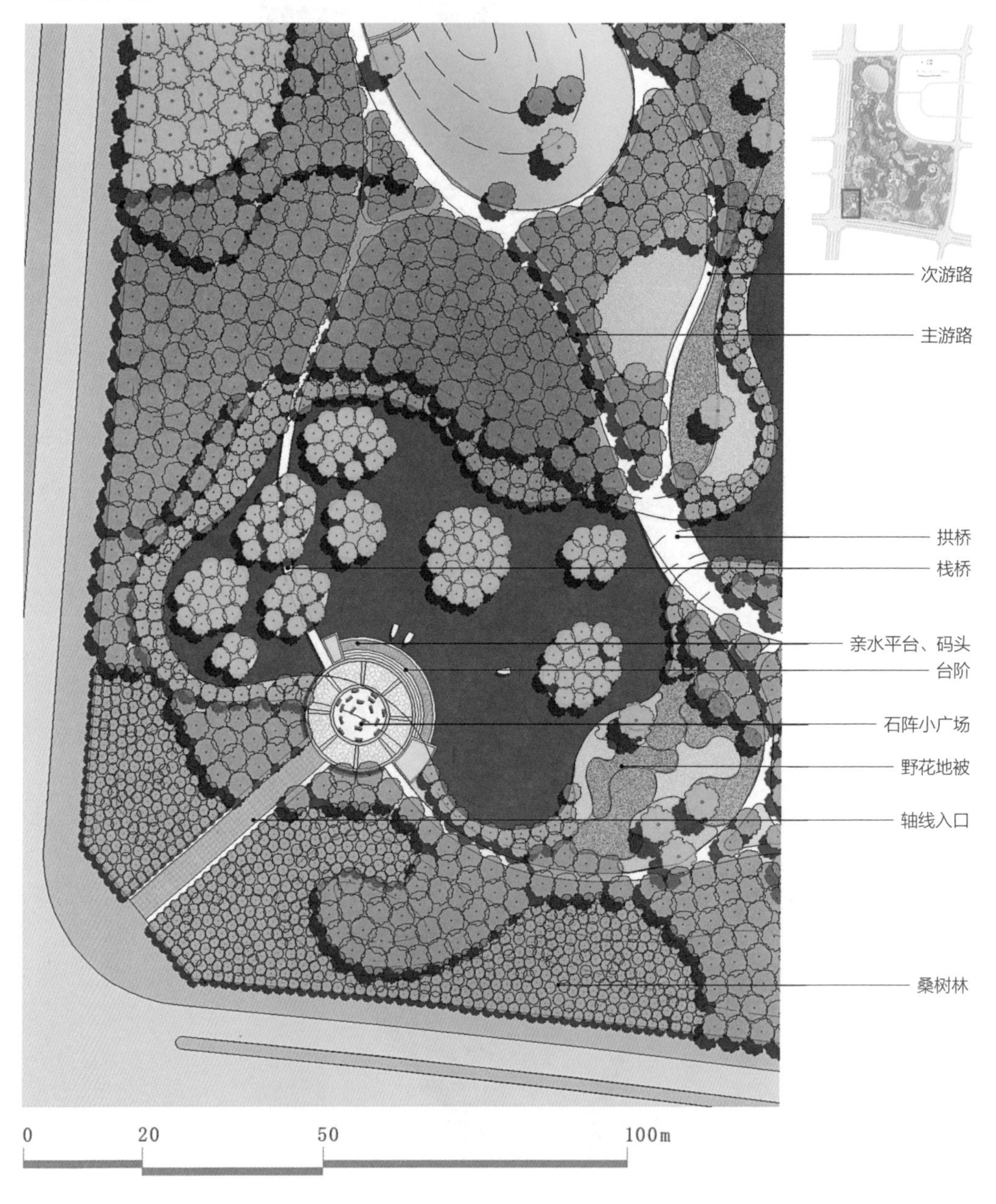
次游路
主游路
拱桥
栈桥
亲水平台、码头
台阶
石阵小广场
野花地被
轴线入口
桑树林
0
20
50
100m

局部一模型及效果图

局部二

红色的玻璃钢树池坐凳小广场入口，可以从两个等高的草坡地形间穿过，其上架设钢化玻璃架空步道，一端通往由两个盒子叠加，依地形而建的小型美术馆建筑，拾阶而下，又可以和码头相连。观点在于将树林、入口、草坡地形、建筑、架空步道、码头、水系互为依存，精密地融合在一起，虽有人工而作，却无斧凿之痕。

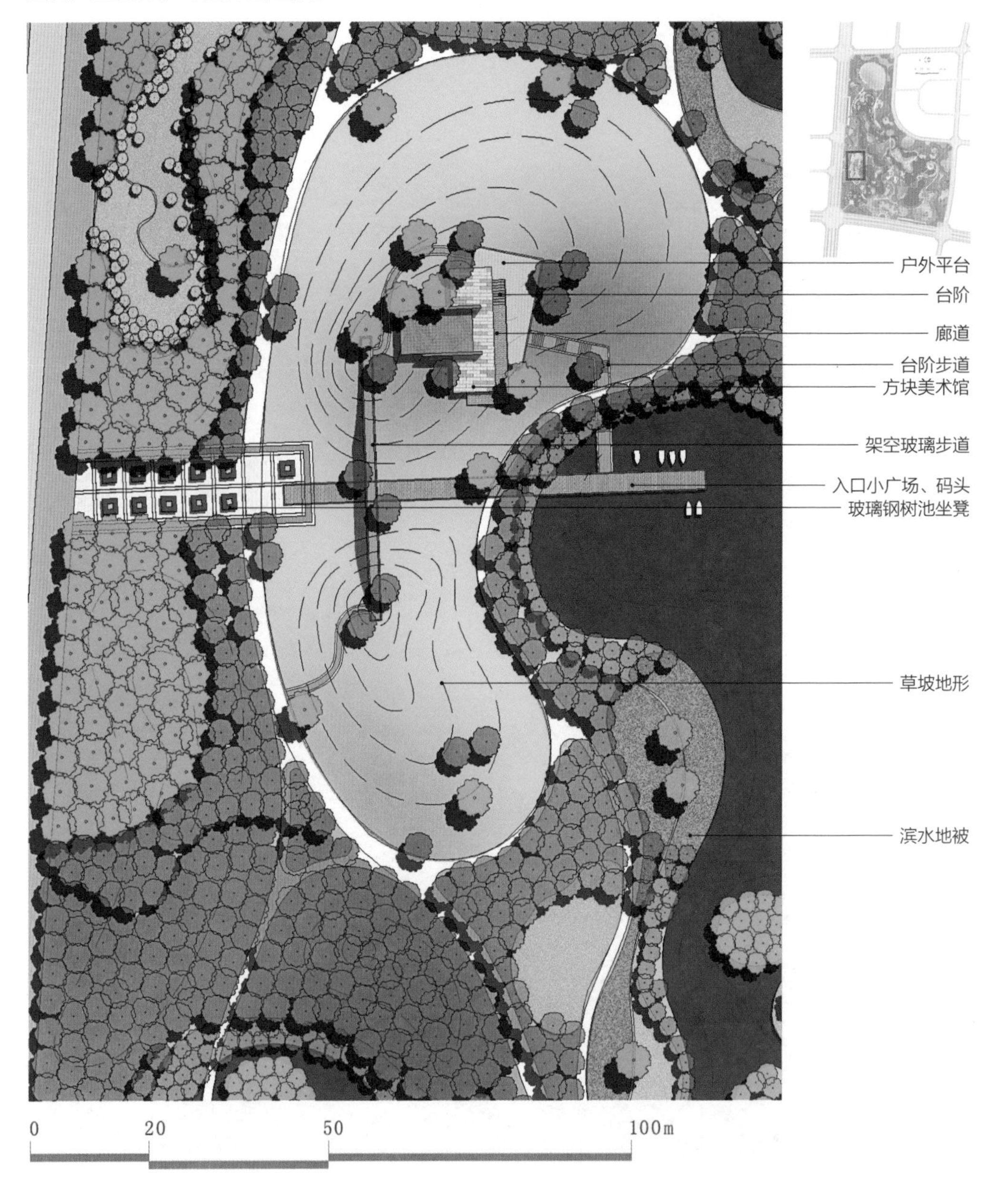
户外平台
台阶
廊道
台阶步道
方块美术馆
架空玻璃步道
入口小广场、码头
玻璃钢树池坐凳
草坡地形
滨水地被
0
20
50
100m

局部二入口模型及效果图

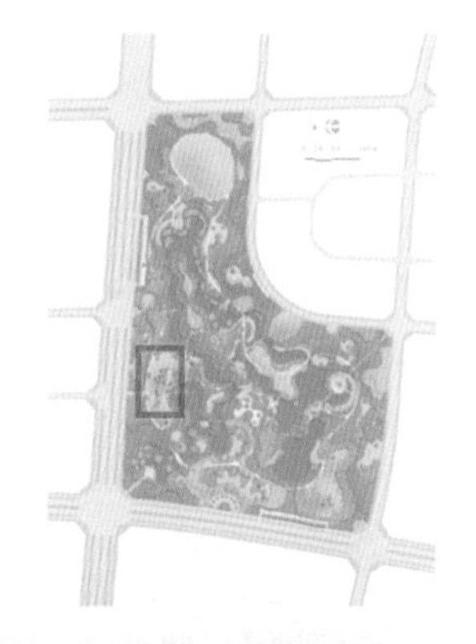

局部二餐厅模型及效果图

局部三

此区域除了停车位、厕所等必要功能以外，景观的“观点”在于空间的开合，一系列的开敞与郁闭交替出现，从右侧被密林围合的小入口空间开始，需要经过密林—野花地被—密林—林荫廊道—滨水密林—东西走向弯曲水系—岛屿密林，在柳暗花明间感受空间的开合。

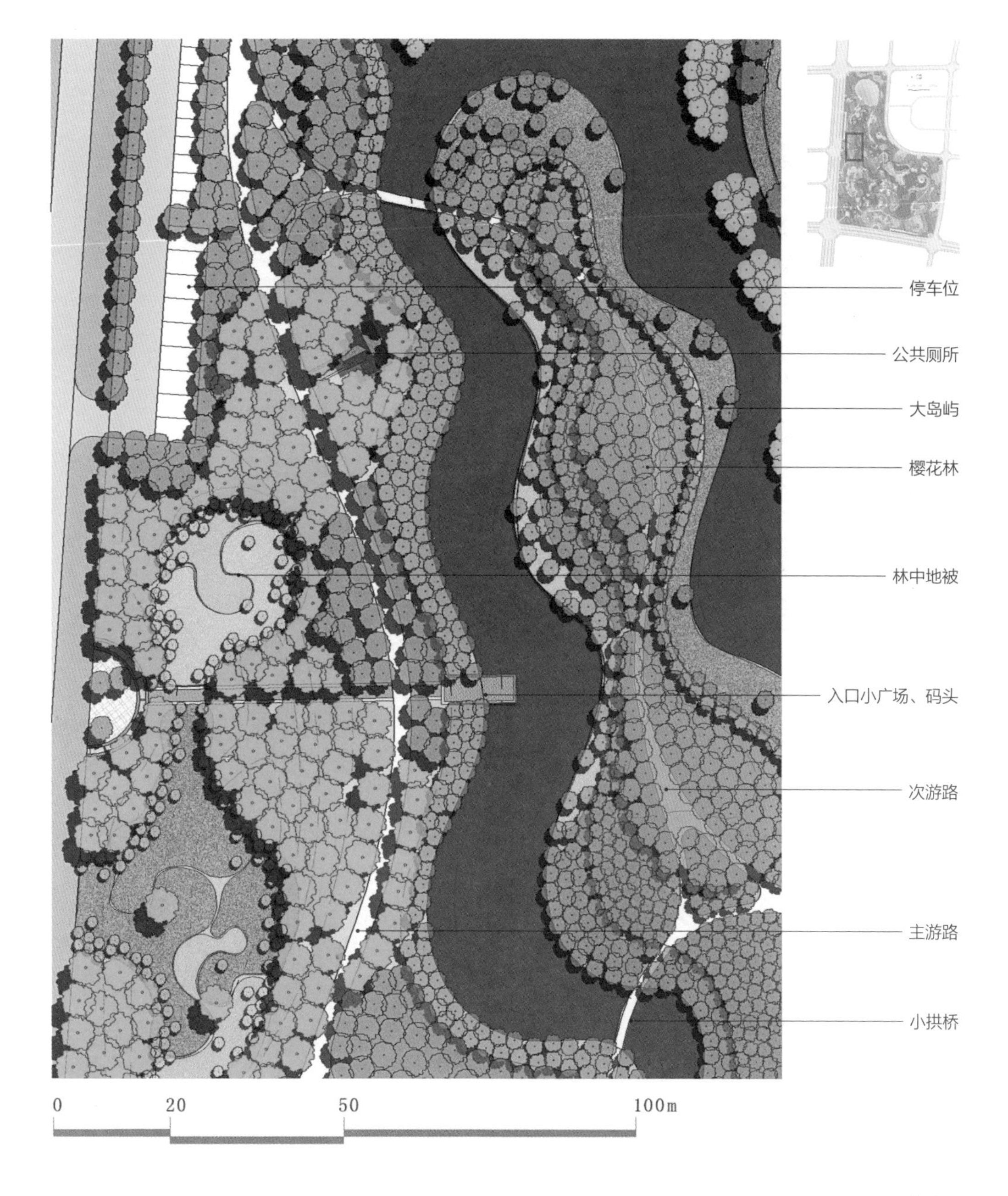
停车位
公共厕所
大岛屿
樱花林
林中地被
入口小广场、码头
次游路
主游路
小拱桥
0
20
50
100m

局部四

从下图标注的视点分析，左上侧是树林障景形成的观之不尽的野花地被；右上侧透过景观大道和树干，依稀看到前方阳光下闪闪发光的辽阔绿茵；右下侧则是岛上柳林，在水一方；左下侧是大弧度的绿荫景观廊道。这些正是由于各种曲线分形而创造出来的奇妙的空间变幻。

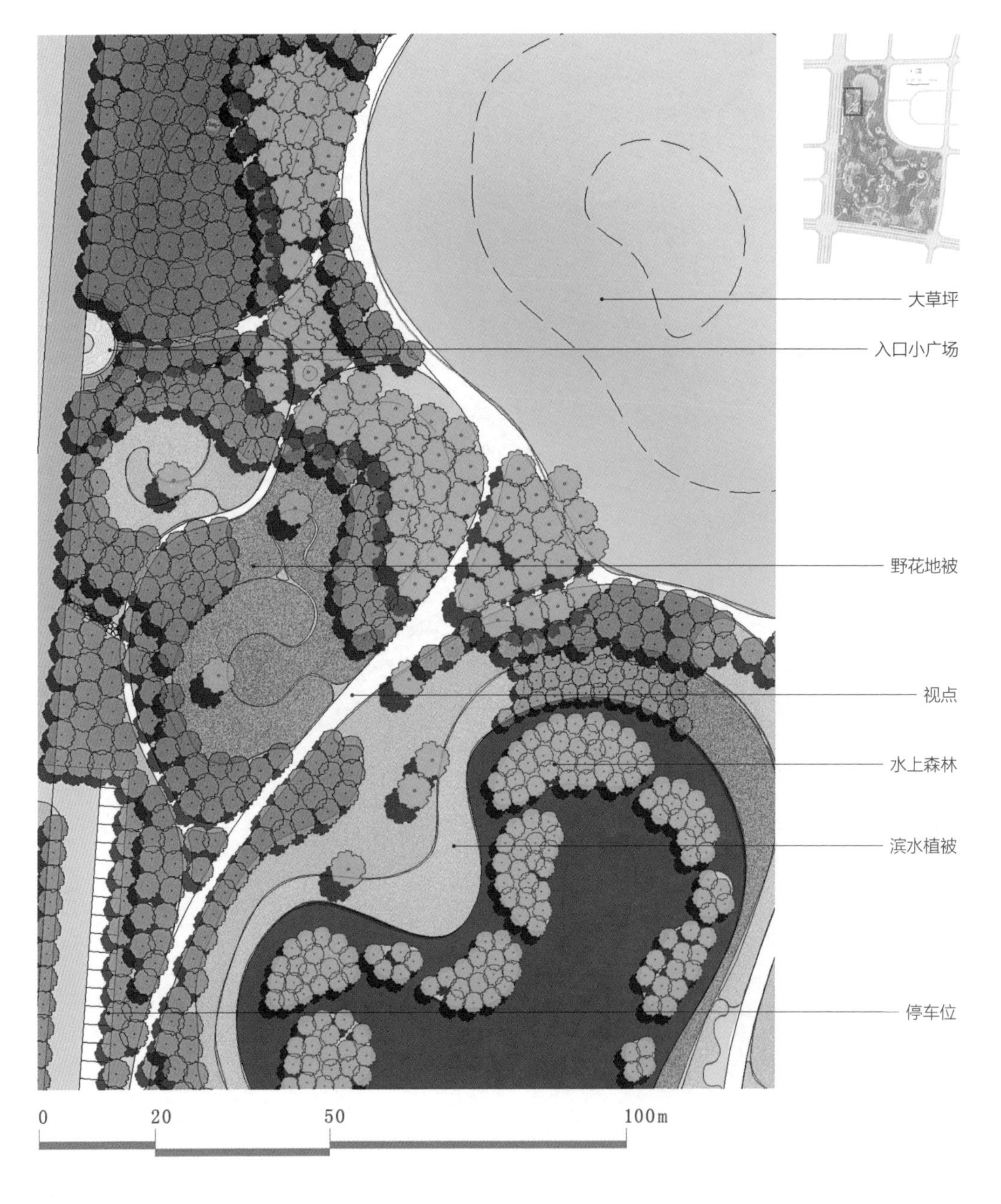
大草坪
入口小广场
野花地被
视点
水上森林
滨水植被
停车位
0
20
50
100m

局部五

综合城市大型公园一般少不了大草坪，自古以来，我国人民都有踏青、踏春的习俗，《诗经》中就有很多如《出其东门》、《溱洧》等青年男女踏春、郊游、斗草这样的诗歌，现代城市居民更需要适时地离开逼仄的水泥森林，去往有一定开敞度的辽阔自然空间放松心情，开阔胸襟。下图的大草坪空间具有微小的坡度，最高处有 2m 的高度，因此，人们从外围道路都不能观其全貌，只能看到远处的密林背景，这也是设计师需要非常重视的从人的视高出发结合竖向和乔木设计创造的空间效果。同时，下图约标准足球场大小的草坪空间也是多功能的，可以举行如音乐节等一类的大型群众活动。

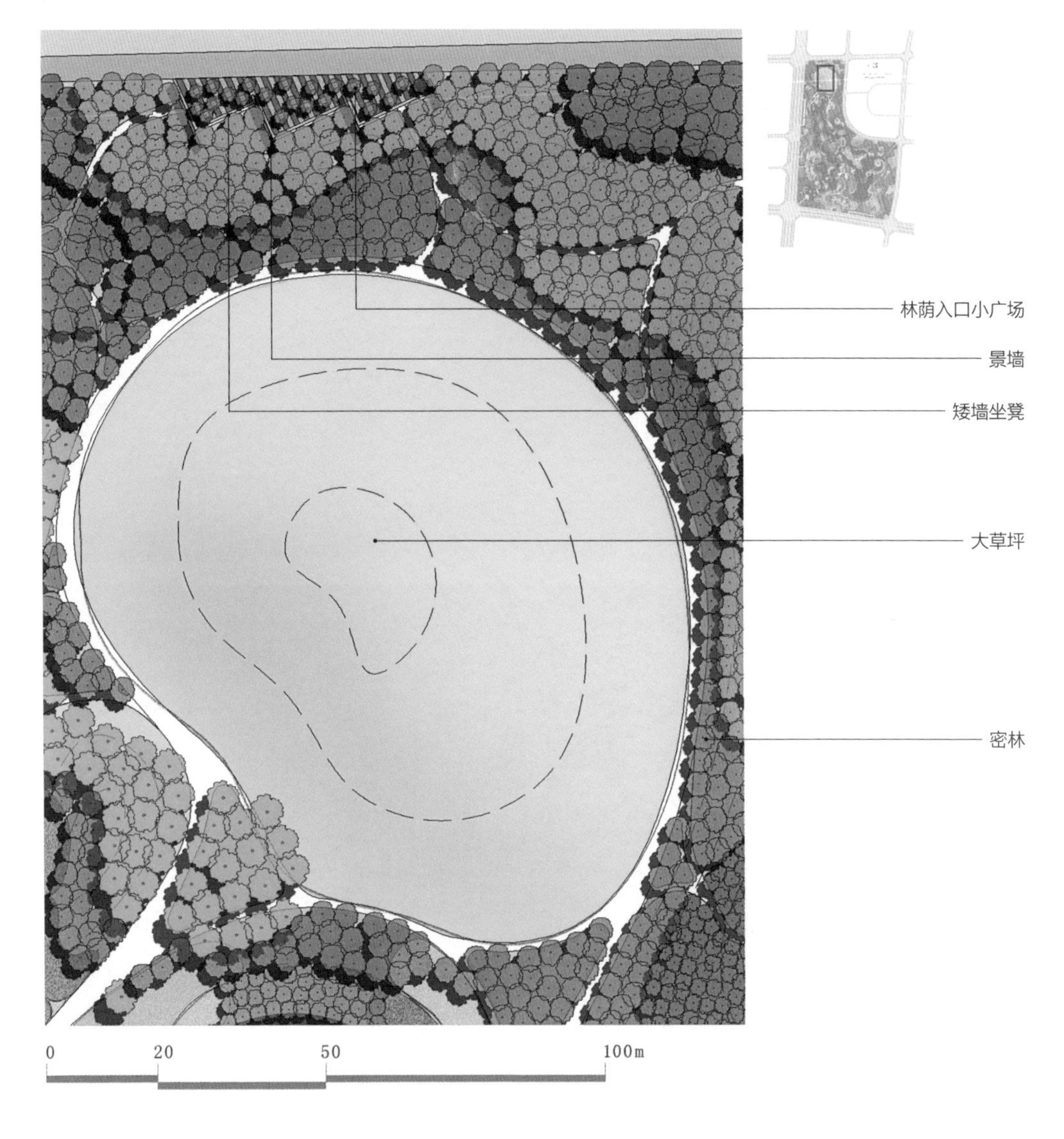
林荫入口小广场
景墙
矮墙坐凳
大草坪
密林
0
20
50
100m

局部五入口模型及效果图

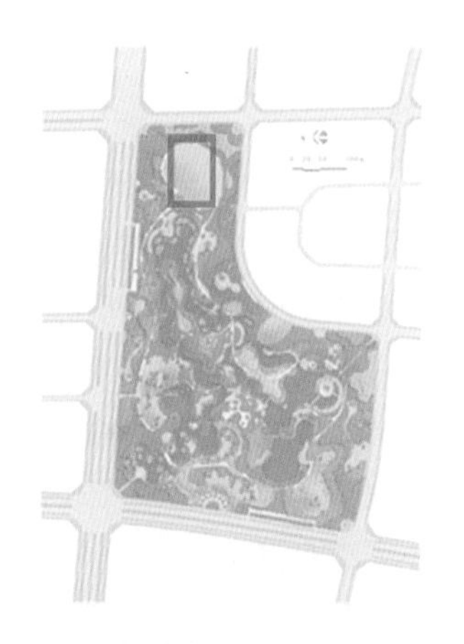

局部六

景观设计犹如中国围棋，讲究金角银边，但曲线分形景观因为其曲线，故而较少角的出现，这就注定了曲线分形景观中“边缘”的重要性。生态学中对边缘效应的解释为“在两个或两个不同性质的生态系统（或其他系统）交互作用处，由于某些生态因子（可能是物质、能量、信息、时机或地域）或系统属性的差异和协合作用而引起系统某些组分及行为（如种群密度、生产力和多样性等）的较大变化，称为边缘效应，亦称周边效应。”简单说来就是自然中的边缘生物是最多样的，景观中的生态和审美也是在边缘最有价值，犹如下图中的标注依次而下为，水系边缘—水上森林边缘—滨水植被边缘—道路边缘—野花地被边缘—密林边缘—林下亚乔边缘—野花地被边缘（林中空隙）—密林边缘，一系列的空间变化勾勒出生动的边缘生态和边缘美景。

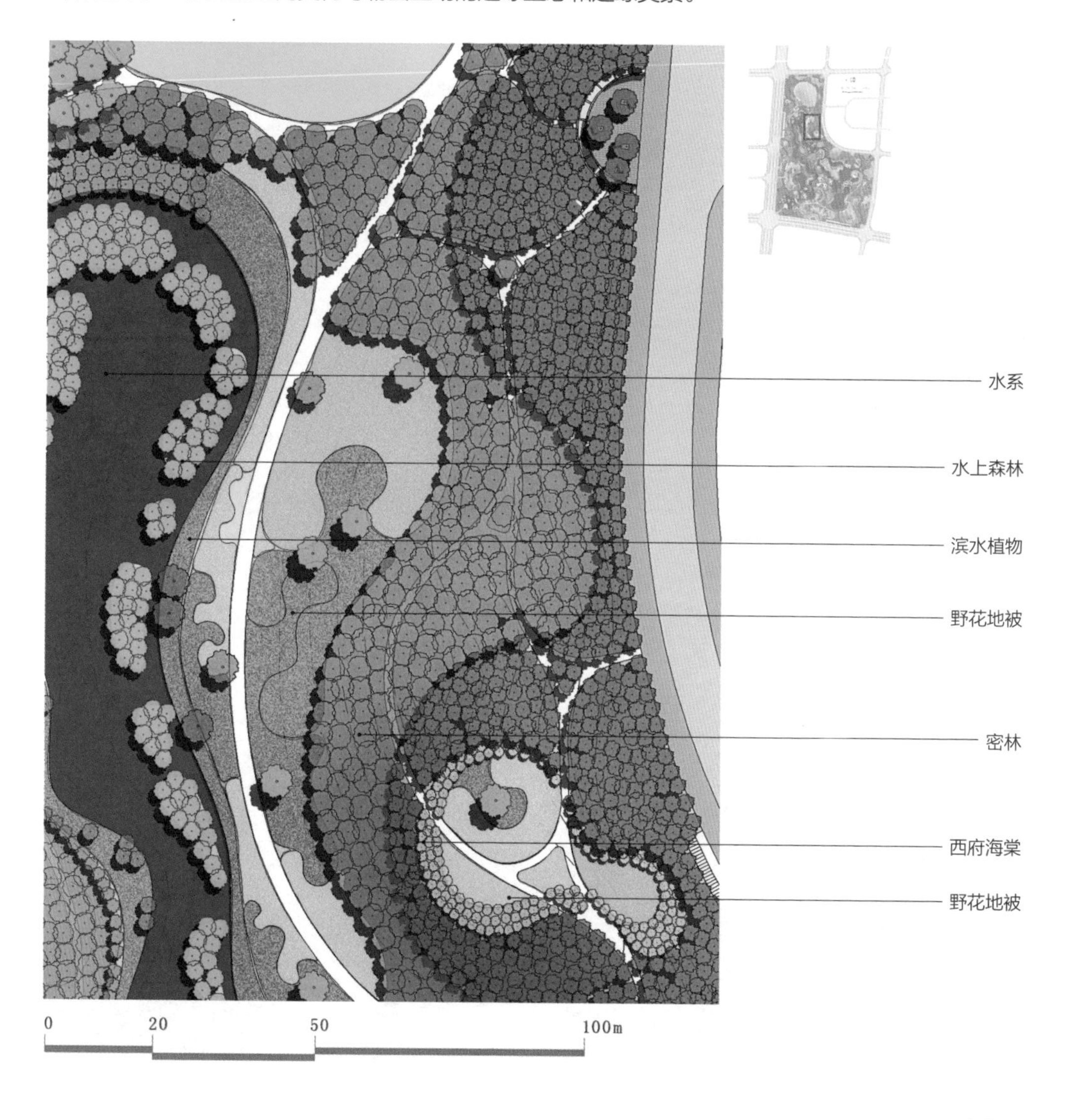
水系
水上森林
滨水植物
野花地被
密林
西府海棠
野花地被
0
20
50
100m

局部六水上森林模型及效果图

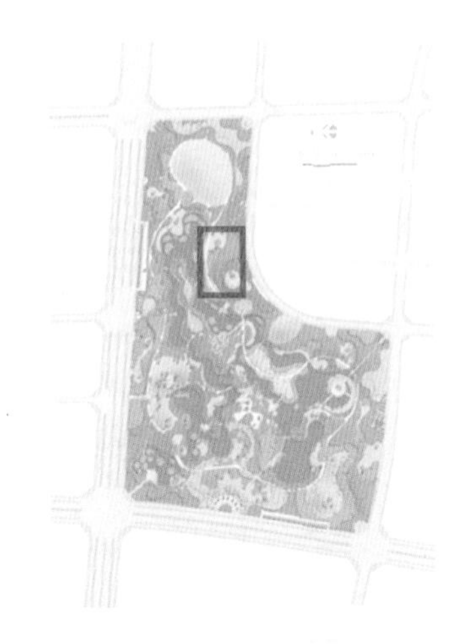

局部七

曲线分形景观设计方法虽然非常简约，但并不简单，在这一万多平方米的局部场地上，沿道路而行可以得到不同的景观审美和景观休闲体验，而各个景观节点又能统一在各种曲线的分形之下，步移景异，和而不同。

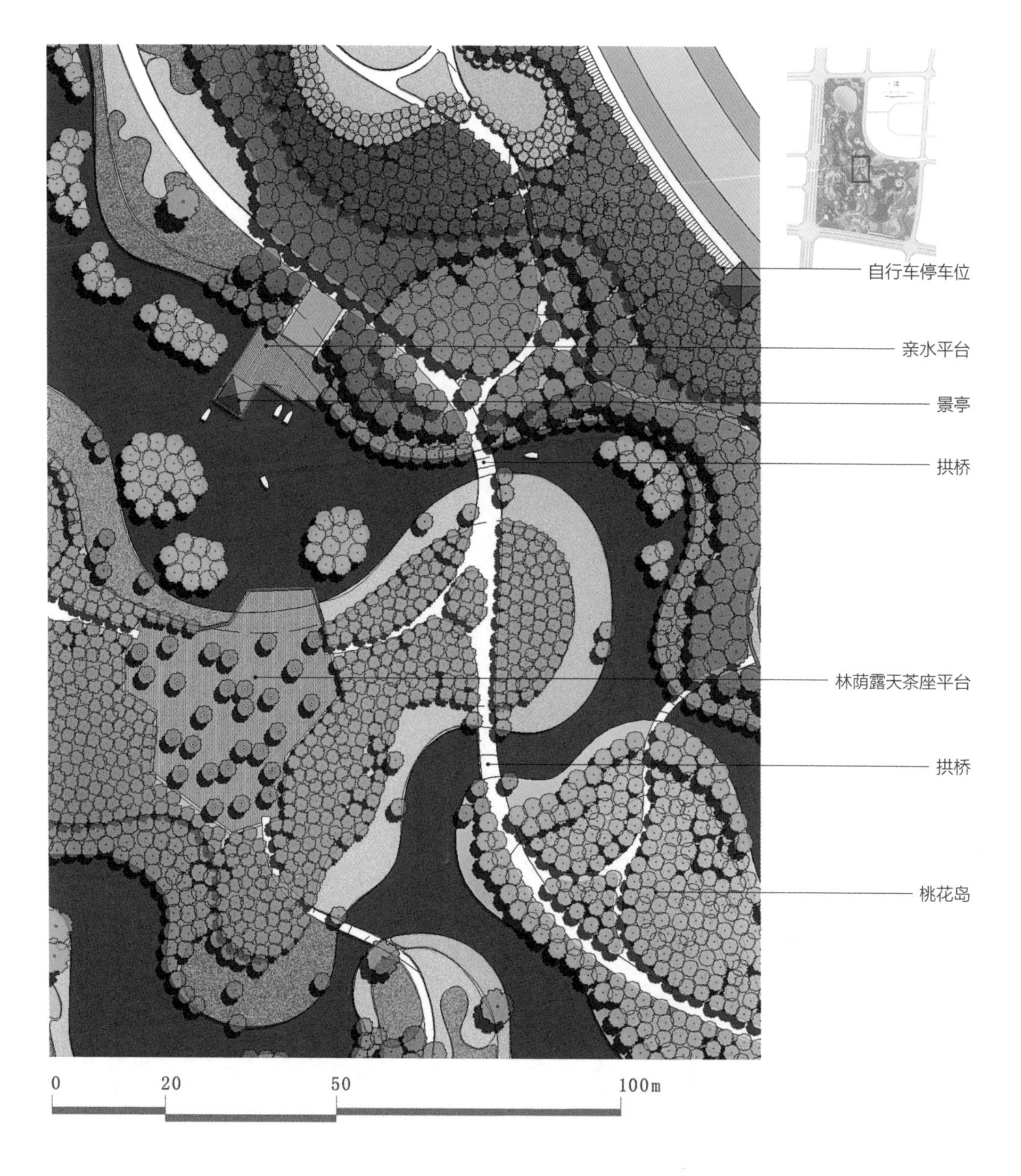
自行车停车位
亲水平台
景亭
拱桥
林荫露天茶座平台
拱桥
桃花岛
0
20
50
100m

局部七亲水平台模型及效果图

局部八

景观设计也可以说就是一种改变大地的艺术，大地艺术（Earth Art)又称“地景艺术”，它是指艺术家以大自然作为创造媒体，把艺术与大自然有机地结合创造出的一种富有艺术整体性情景的视觉化艺术形式。因此，我们可以把水系、滨水植被、椭球草坡、桃花岛、绵延而又变化的密林都作为是大地艺术的一种，下图松果石块雕塑是一位英国艺术家安迪·高兹沃斯的自然雕塑作品，自然雕塑是大地艺术的一个分支，作品都取材于自然，对材料不进行任何人工化的装饰，而是将空间里面的雕塑完全融入自然当中，非常尊重环境的原生态，甚至可以将叶子、树叶、冰块融入到创作中。比如用树枝、树叶组合出造型，随着自然的变化，作品的形式也发生变化。可以说自然雕塑是在景观作品形成之后的二次创作，可以是游客的创作而非景观设计师。

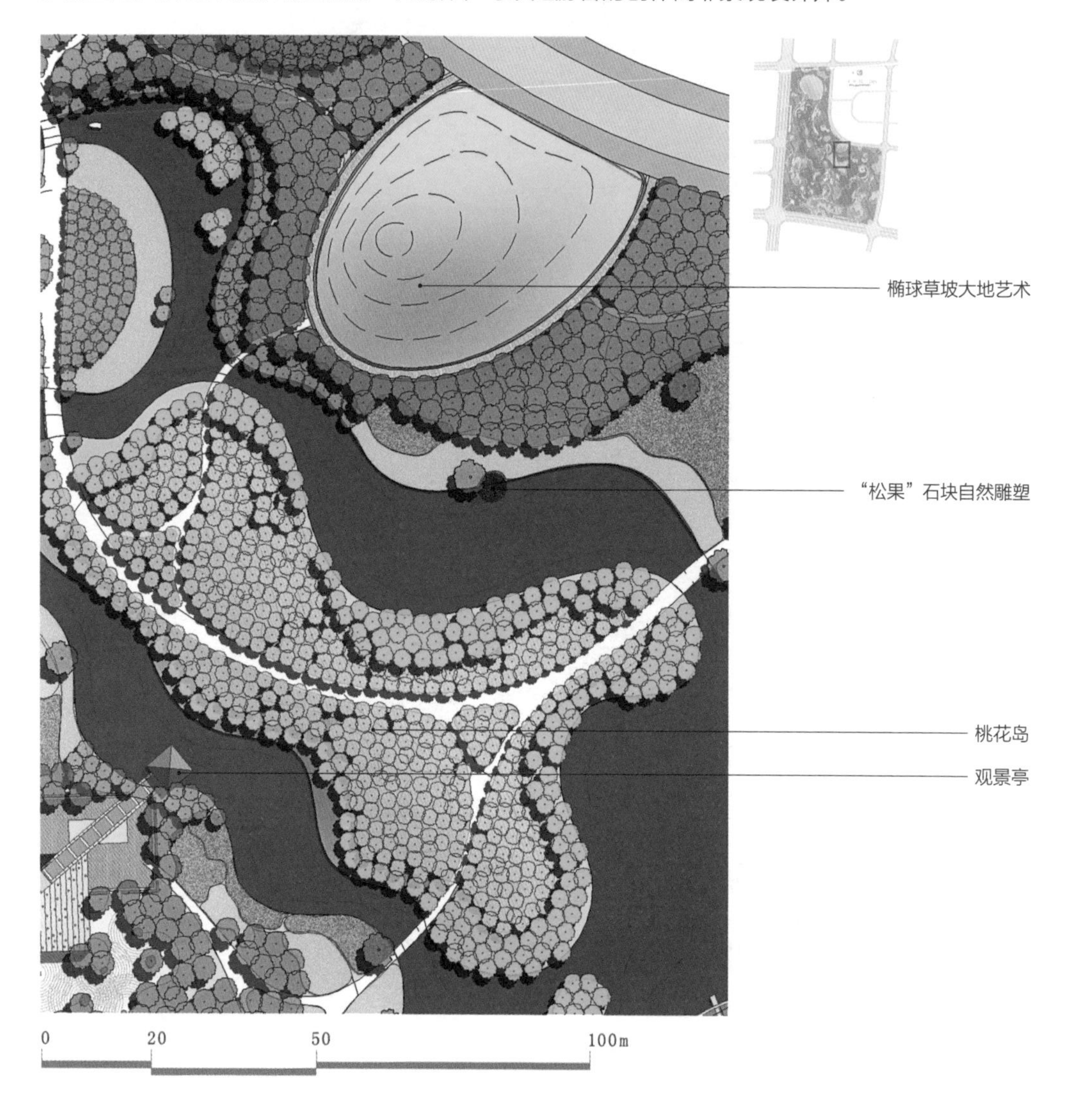
椭球草坡大地艺术
“松果”石块自然雕塑
桃花岛
观景亭
0
20
50
100m

局部九

上文讲到不管是虚拟轴线还是实际轴线相交的点，轴线经过越多就越重要，下图圆心就是有三条轴线交叉而过，因此需要围绕水系弧线及轴线精心设计，通过钢结构、混凝土白墙和蓝色玻璃带营造青瓷大碗造型的水上餐厅景观建筑，再以圆心为中心，用弧形观景平台和逐级下降的水生植物种植槽外向发展，并将水、陆交融，两根轴线步道亦通往圆心，使整个区域都成了以圆心为中心的一个整体。

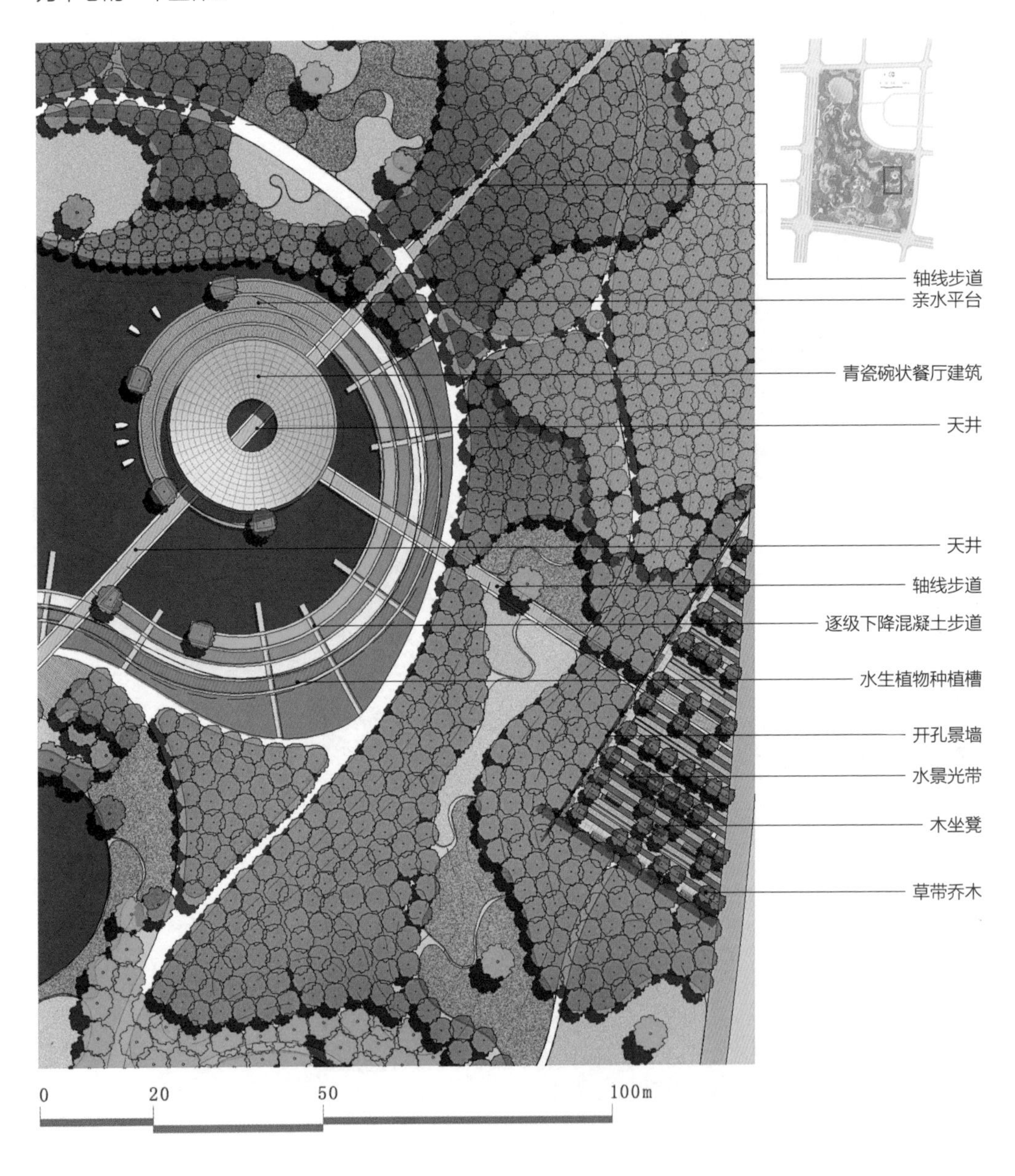
轴线步道
亲水平台
青瓷碗状餐厅建筑
天井
天井
轴线步道
逐级下降混凝土步道
水生植物种植槽
开孔景墙
水景光带
木坐凳
草带乔木
0
20
50
100m

局部九水上餐厅模型及效果图

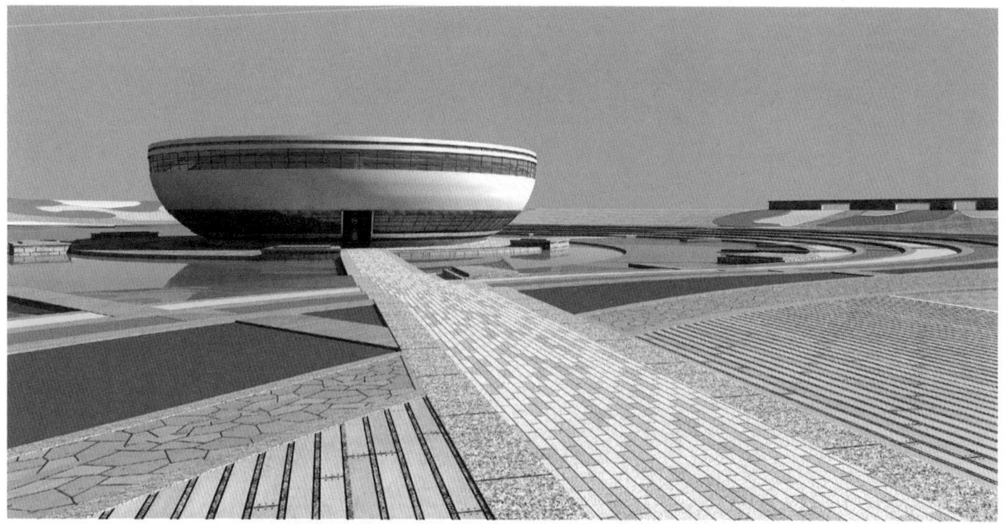

局部九入口效果

局部十

曲线分形景观设计，也须考虑视线观景的余味，比如下图区域的半岛，可以使水面观之不尽，余味无穷。疏林草坡和滨水树林的豁口，不管是从樱花草坡下观湖面，还是从行舟湖上看草坡上的樱花都有无限想象的空间。

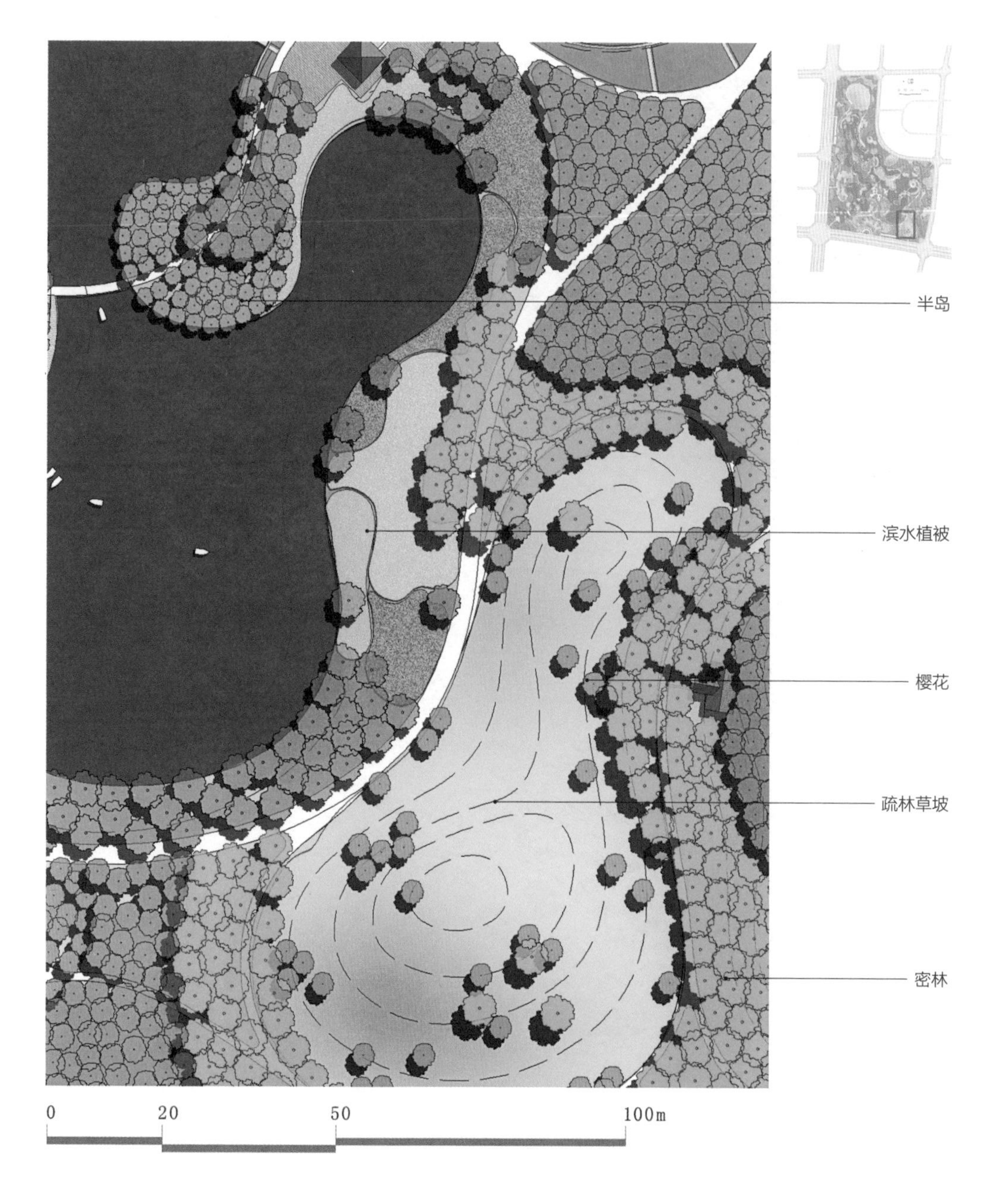
半岛
滨水植被
樱花
疏林草坡
密林
0
20
50
100m

局部十一

该区域是全园最大的主入口空间，圆形的广场空间最怕空洞无味，一旦选择用弧形构成进行硬质空间设计，必须注意：1. 不能缺少林荫（乔木）。2. 需要反复加强弧形平面构成肌理（铺装）。3. 需要从空间上再一次加强弧形空间构成（乔木围合、弧形马头景墙）。高低错落的青瓦白墙的马头景墙背后是成片的樱花片林，围合出微观分形地被，比如白茅、车前草、蒲公英、波斯菊、二月蓝等。

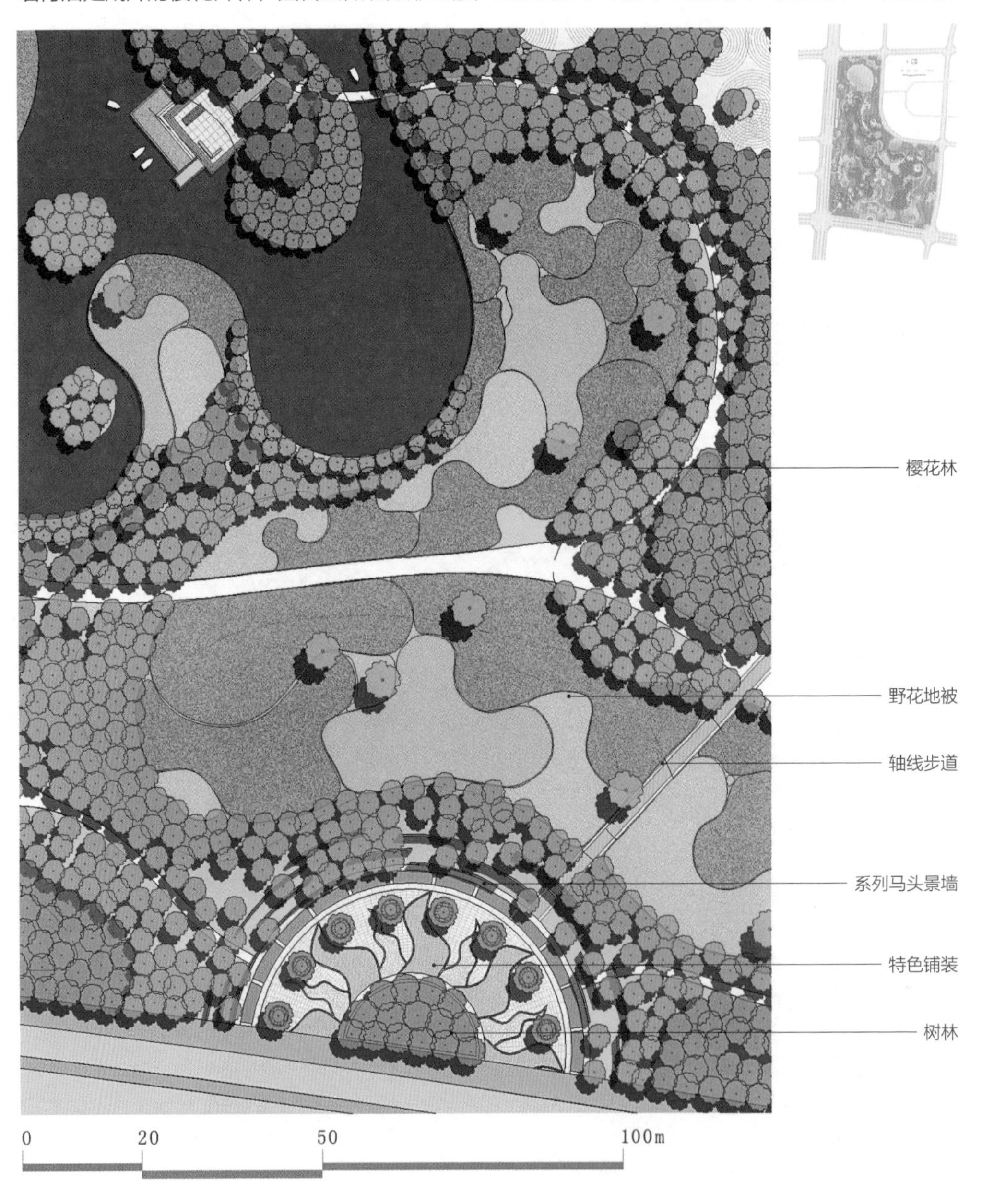
樱花林
野花地被
轴线步道
系列马头景墙
特色铺装
树林
0
20
50
100m

局部十一主入口模型及效果图

分形

局部十一主园路模型及效果图

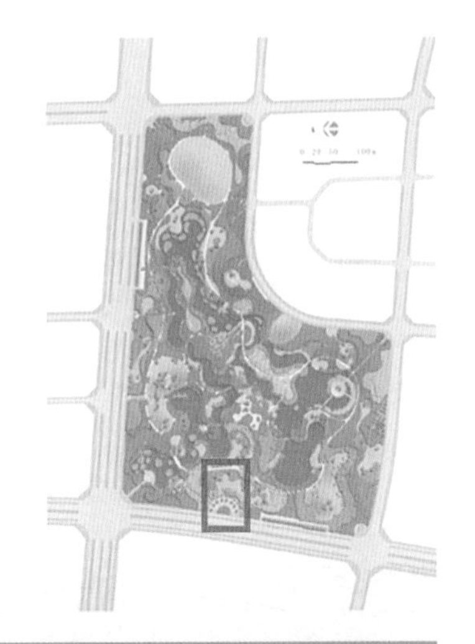

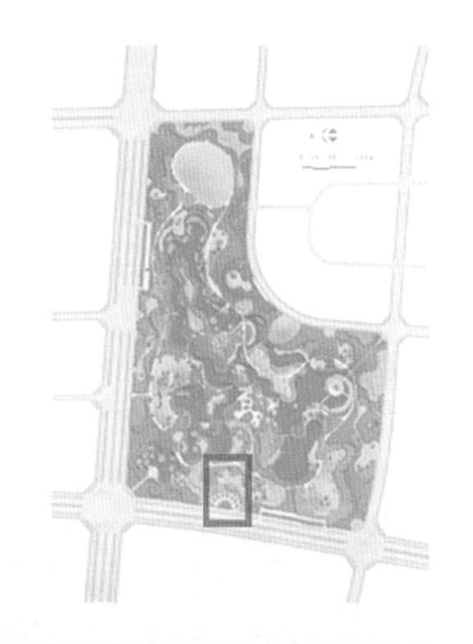

局部十一亲水平台模型及效果图

局部十二

此区域基本是园区中心，亦有较多的轴线在此穿越，因此，这里也是重要的景观节点，公园的景观构筑需要反映地域的历史脉络，但更需反映时代的脚步，无需故步自封去营造那些原本就无法复原的飞檐翘角传统建筑，我们是历史的继承者，更是这段历史的创造者，何必去刻意照搬传统造型而又不可得呢（局限于建材资源及工匠工艺）。下图构筑我们用极简的钢结构“盒子”被玻璃体对角切开，左侧为红色玻璃钢外饰，右侧为传统夯土墙体，开玻璃门窗，我们用一种新古典主义风格，一种多元化的思考方式，将怀古的浪漫情怀与现代人对生活的需求相结合，尤其和周边环境相结合，使构筑既能体现人文精神又能生长在环境之中。

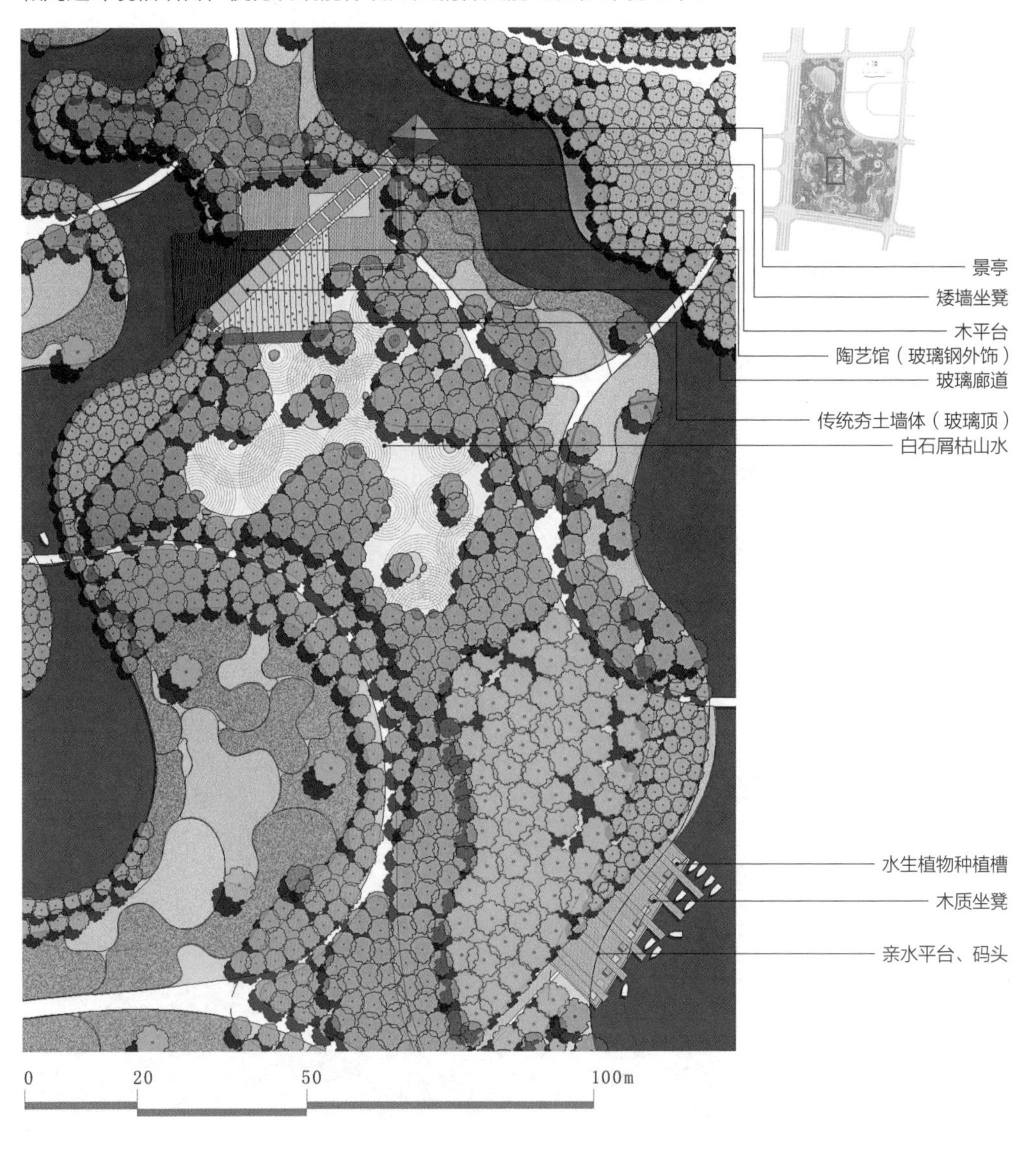
景亭
矮墙坐凳
木平台
陶艺馆（玻璃钢外饰）
玻璃廊道
传统夯土墙体（玻璃顶）
白石屑枯山水
水生植物种植槽
木质坐凳
亲水平台、码头
0
20
50
100m

局部十二陶艺馆模型及效果图

垂直驳坎滨河场地

城市的发展都由河流而成，历史形成盲目的防洪需求，导致流经城市段的河流都进行了硬化，甚至裁弯取直，造成了水生生物栖息地的消失、地下水补充不足、水流流速过快形成的下游洪涝等等一系列生态问题。而所谓的江景房，又往往将河道两侧绿地挤压成几米宽，产生不了以滨水为中心的生态廊道效应。因此，分形学也同样适合城市绿色规划，当我们将河道线形作为启动因子，拓展到两侧一定区域范围作为绿色生态廊道，则不仅仅是廊道的生态效应，城市居民所得到生态服务与区域也更多、更大。此图，我们将以既成现实的垂直驳坎河道周边绿地来进行分形景观设计。

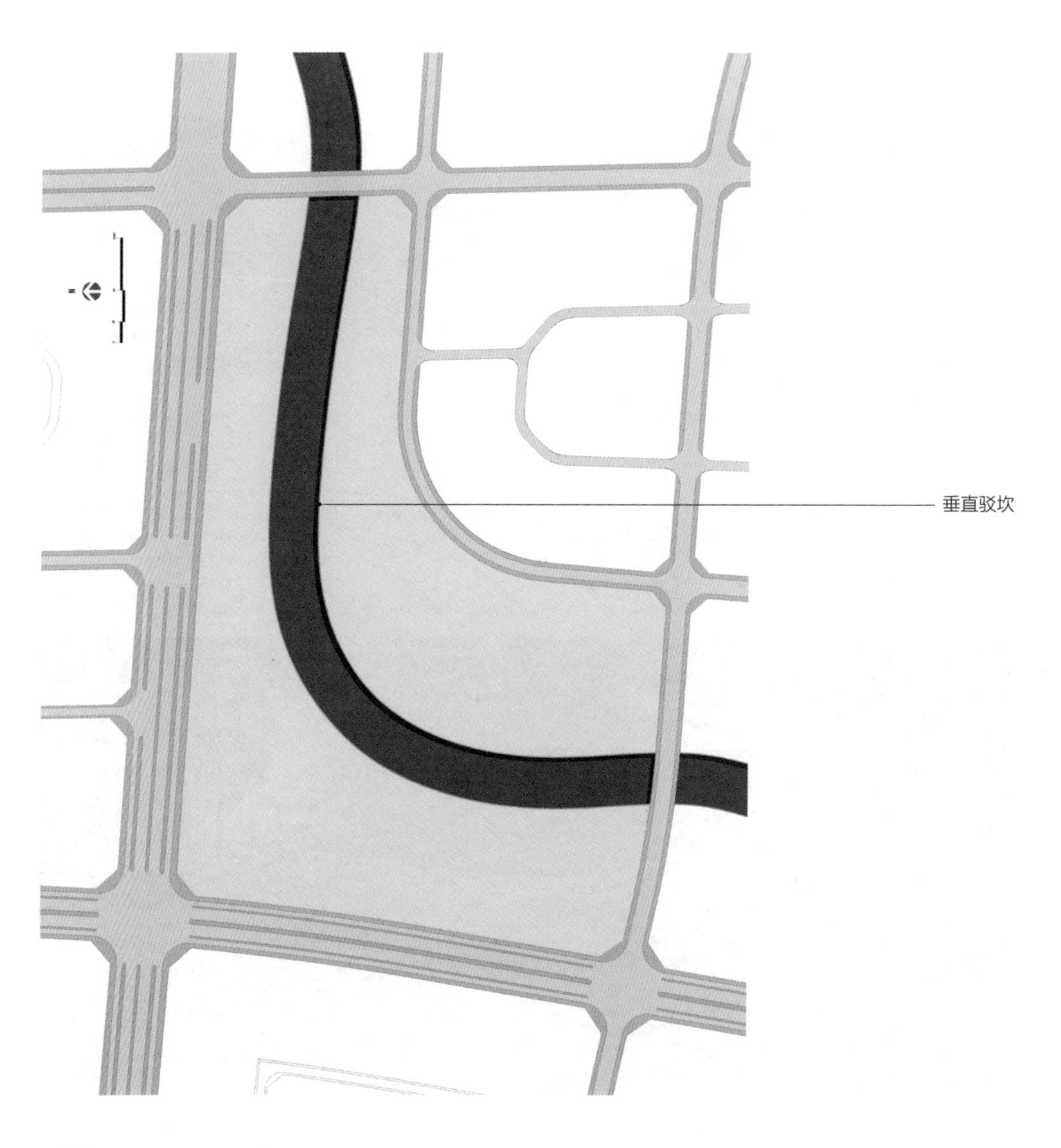
垂直驳坎

公园道路分形

依据河道线形，获得 3 种道路：1. 垂直驳坎堤顶道路。2. 完整穿越绿地曲线道路。3. 若干与城市道路连接道路。

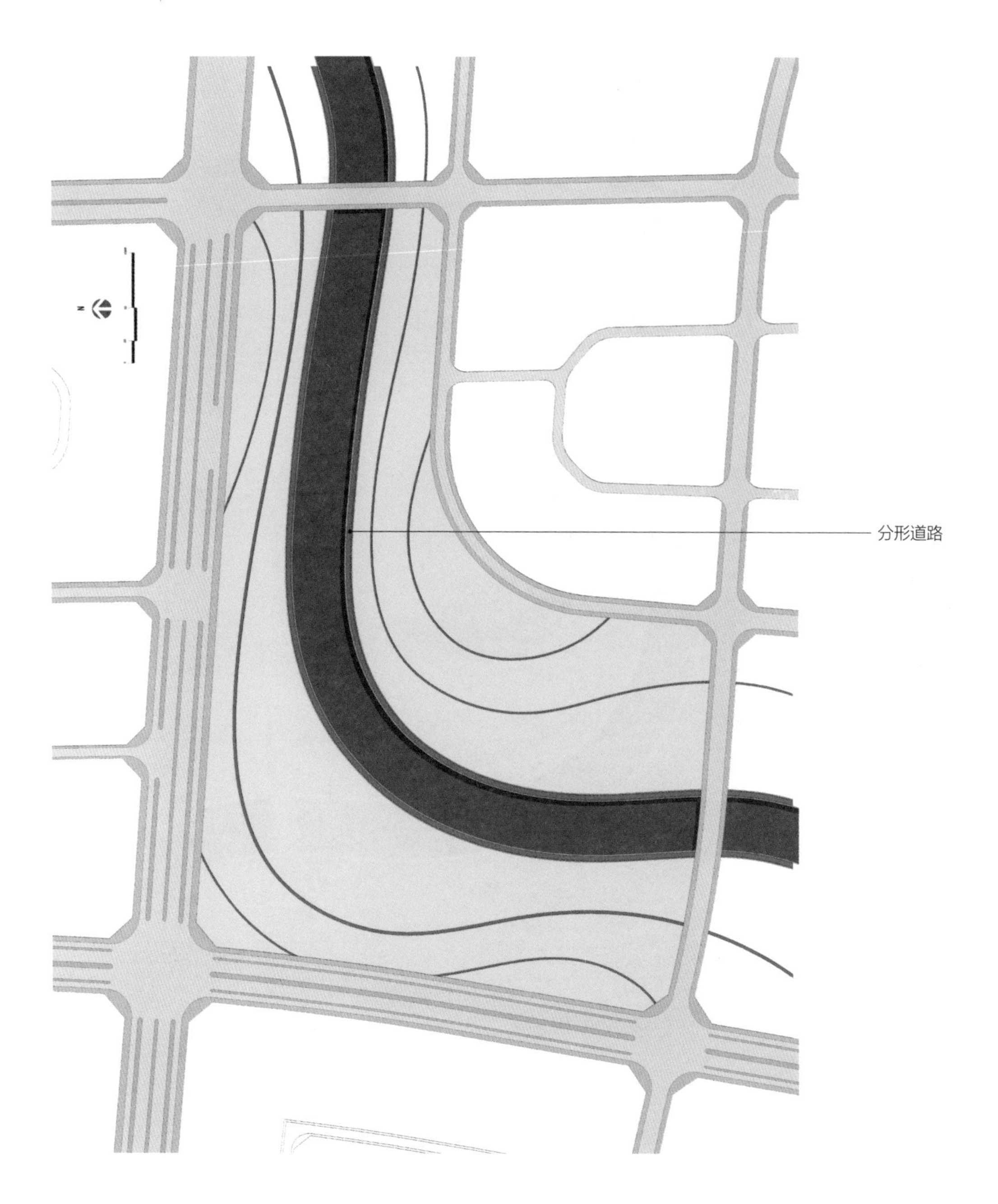
分形道路

地形及绿色分形

在各道路之间继续延续河道与道路曲线进行绿色分形，局部得到 3 个具备明显山脊的大地艺术地形。

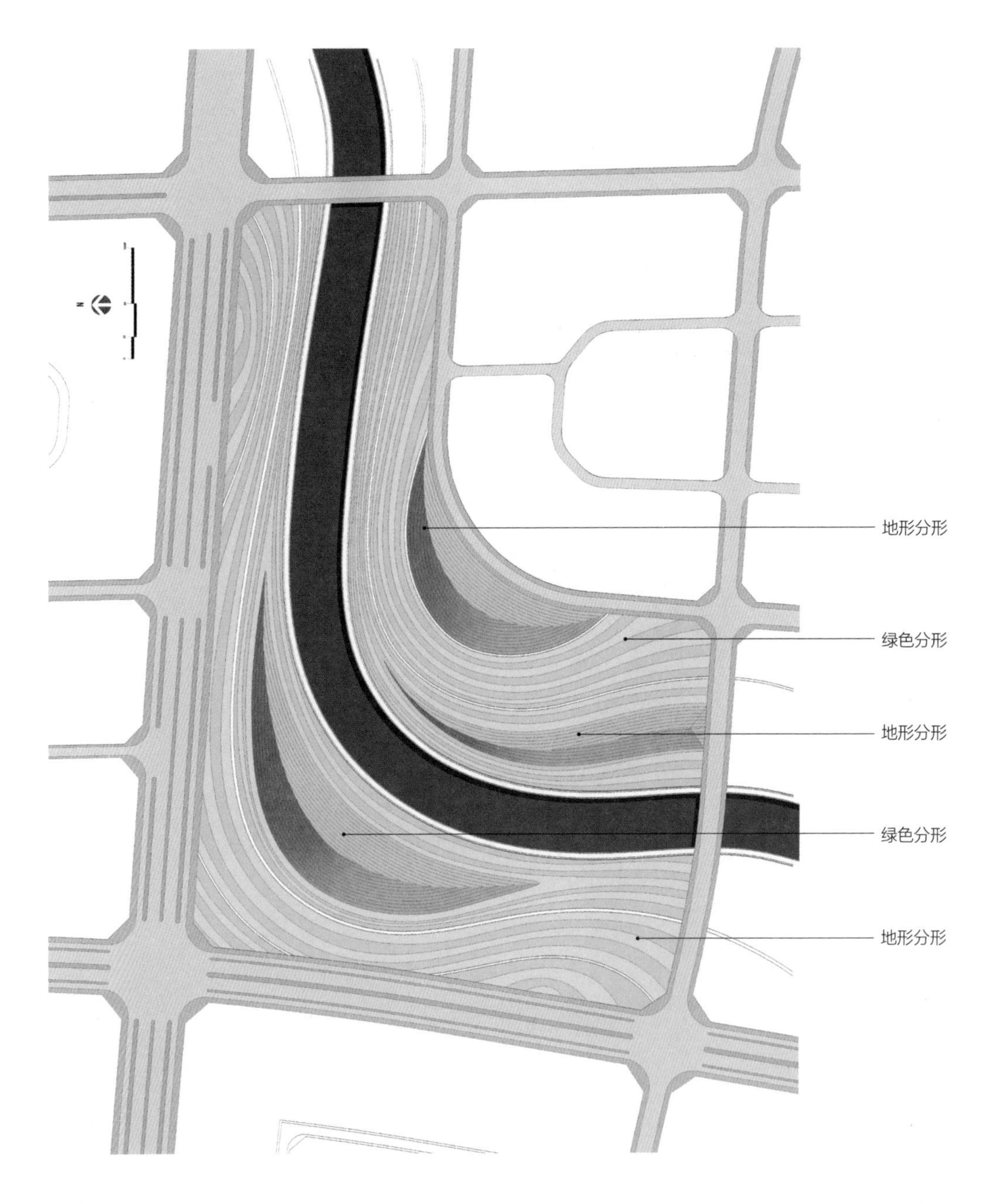
地形分形
绿色分形
地形分形
绿色分形
地形分形

地形及绿色分形

在以河道线形为启动子进行分形完毕后，再次进行垂直两条曲线的直线分形，得到景桥、建筑和不同大小的种植地块，作为城市居民经过申请和选拔，或者作为奖励可获得的小型种植地块，谁说公园就一定是种红花檵木的？

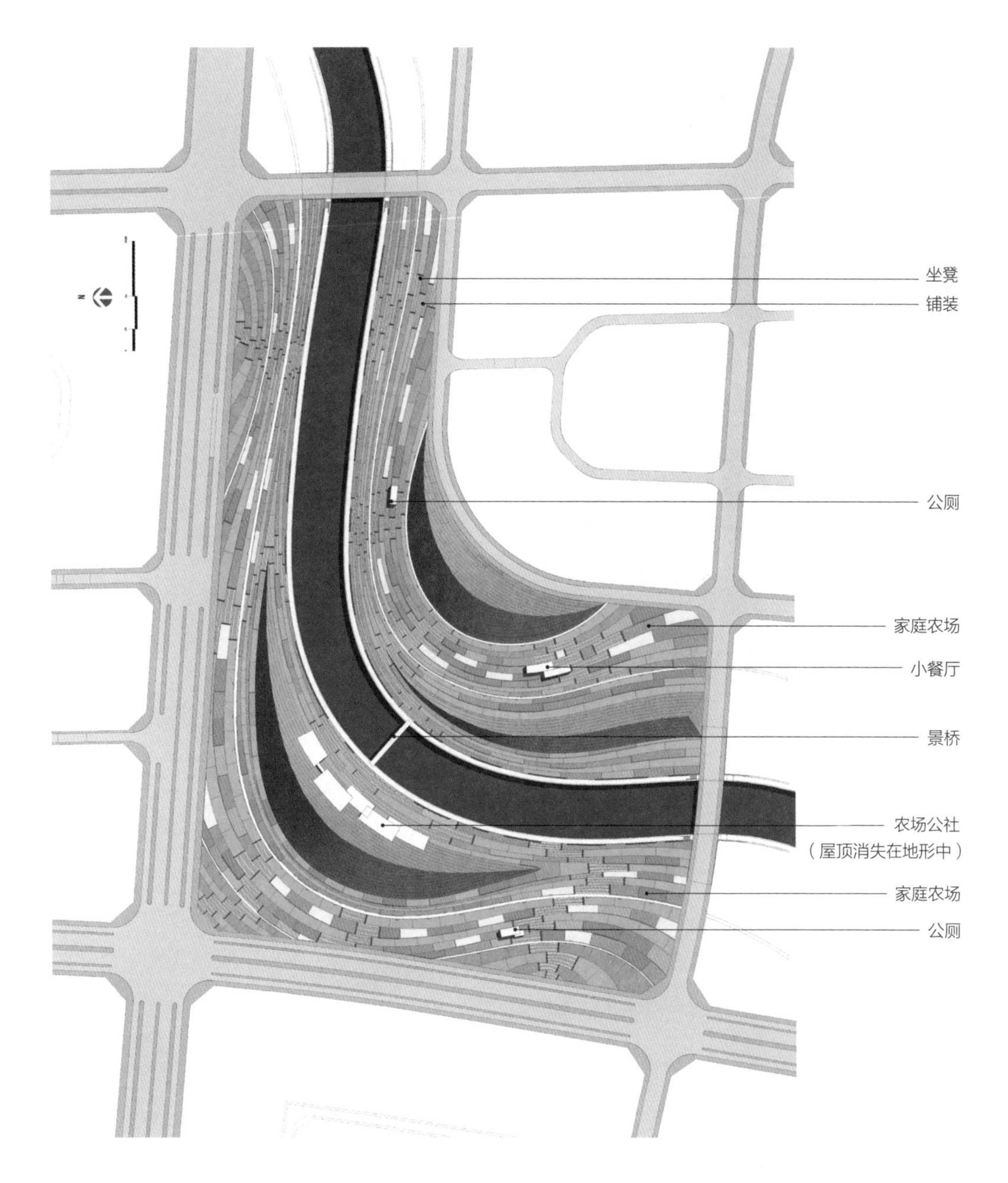
坐凳
铺装
公厕
家庭农场
小餐厅
景桥
农场公社
（屋顶消失在地形中）
家庭农场
公厕

乔木分形

一切都是分形而成，水体、地形、道路、建筑、铺装、坐凳、蔬菜、乔木。

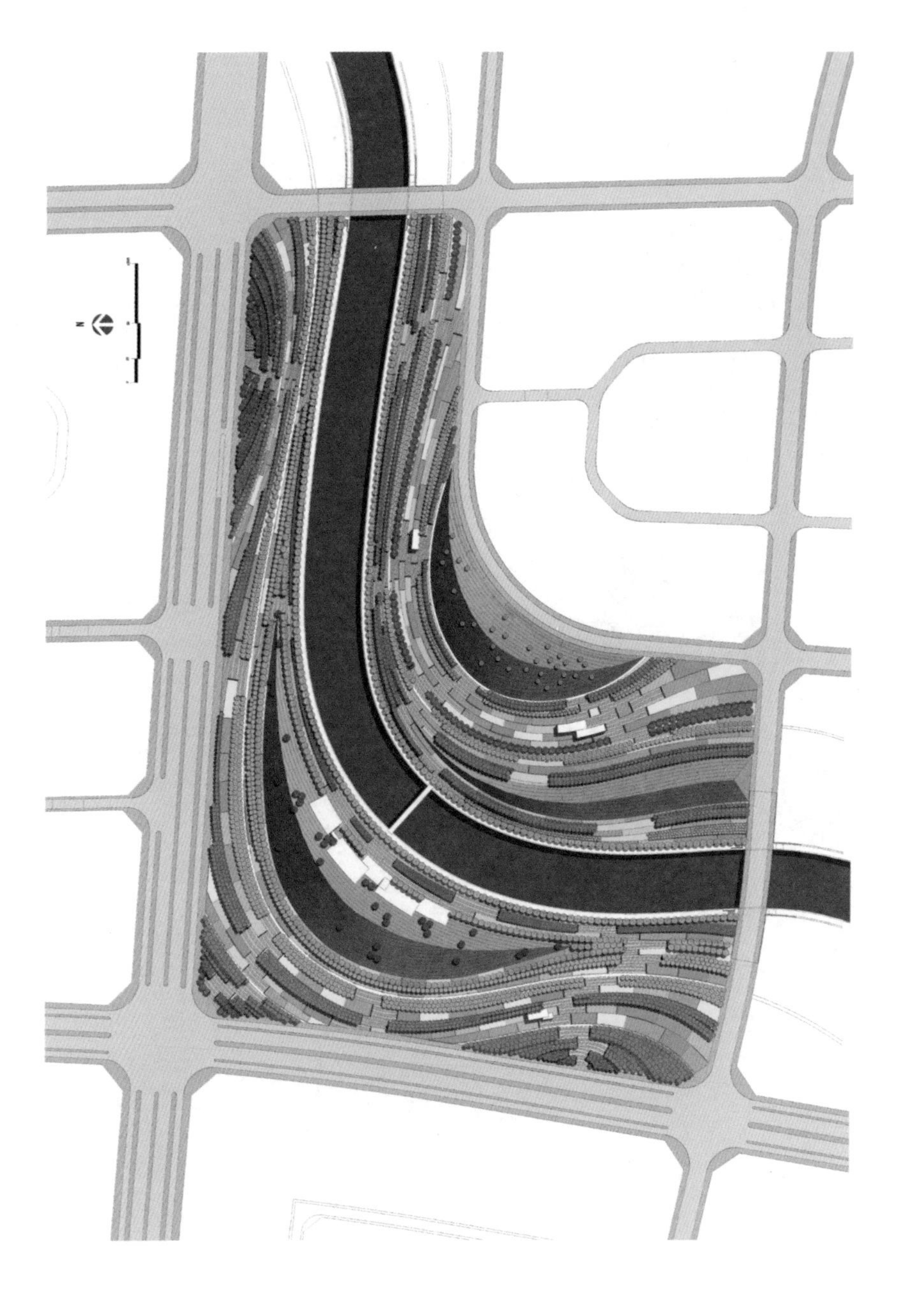

鸟瞰模型与效果图

分形学与景观设计的结合，不是流于言辞的空中楼阁，而是具有极强应用价值的景观新方法；不是仅限于图案的平面构成，而是具备丰富空间的分形景观。

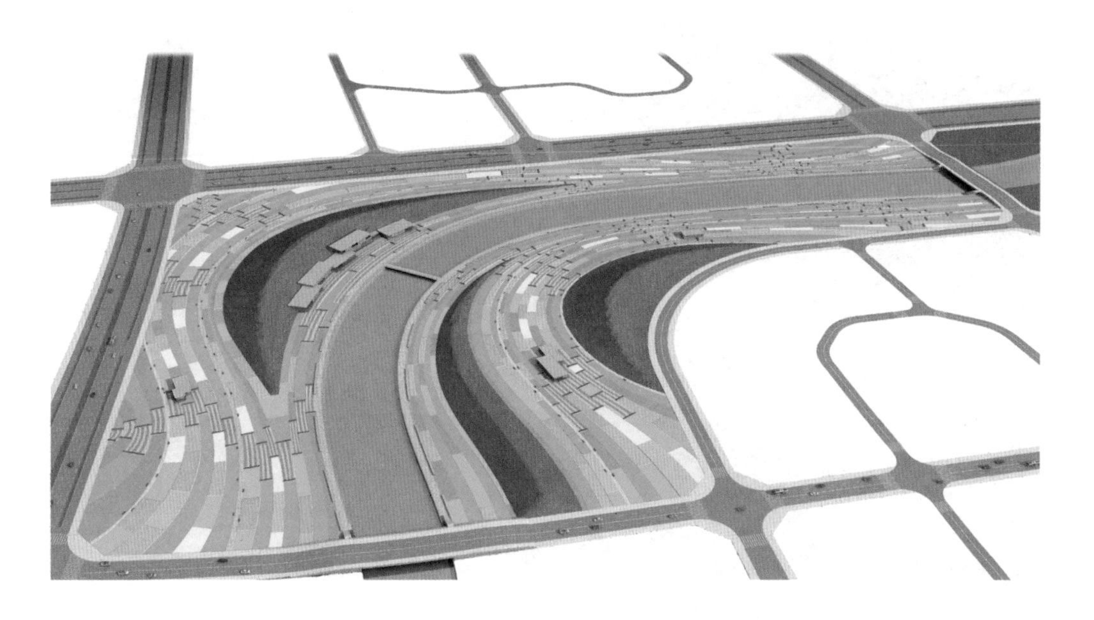

餐厅模型与效果图

所有的景观元素都随着河道的线形分形而成，道路、坐凳、菜地、硬质空间、建筑、地形依次而成。

家庭农场模型与效果图

人们总认为公园中进行的植物造景就是必然的绿色生态，其实大部分的城市公园植被依旧需要大量的能耗才能维持看上去的“生态”。所以，将部分绿地改变用地性质，转换成部分城市居民的“家庭农场”，不失为更高价值的“生态”。

景桥模型与效果图

“名可名，非常名。道可道，非常道”，当下的景观规划师为了迎合业主的需求，只能走上极尽华丽、意义遍地、纸上谈兵的文本之路，即使是那些大谈“野草之美”的大师，也成为工程耗资巨大的伪生态主义者。也许我们只需要一个没有字、没有意义、没有教化、可以种菜的公园。

生态滨河场地

上文已提到，垂直硬质驳坎对生态的危害性，此图我们将以自然河道作为范本来进行自然分形景观设计，对城镇化推进中的乡村河道具有一定的生态意义。

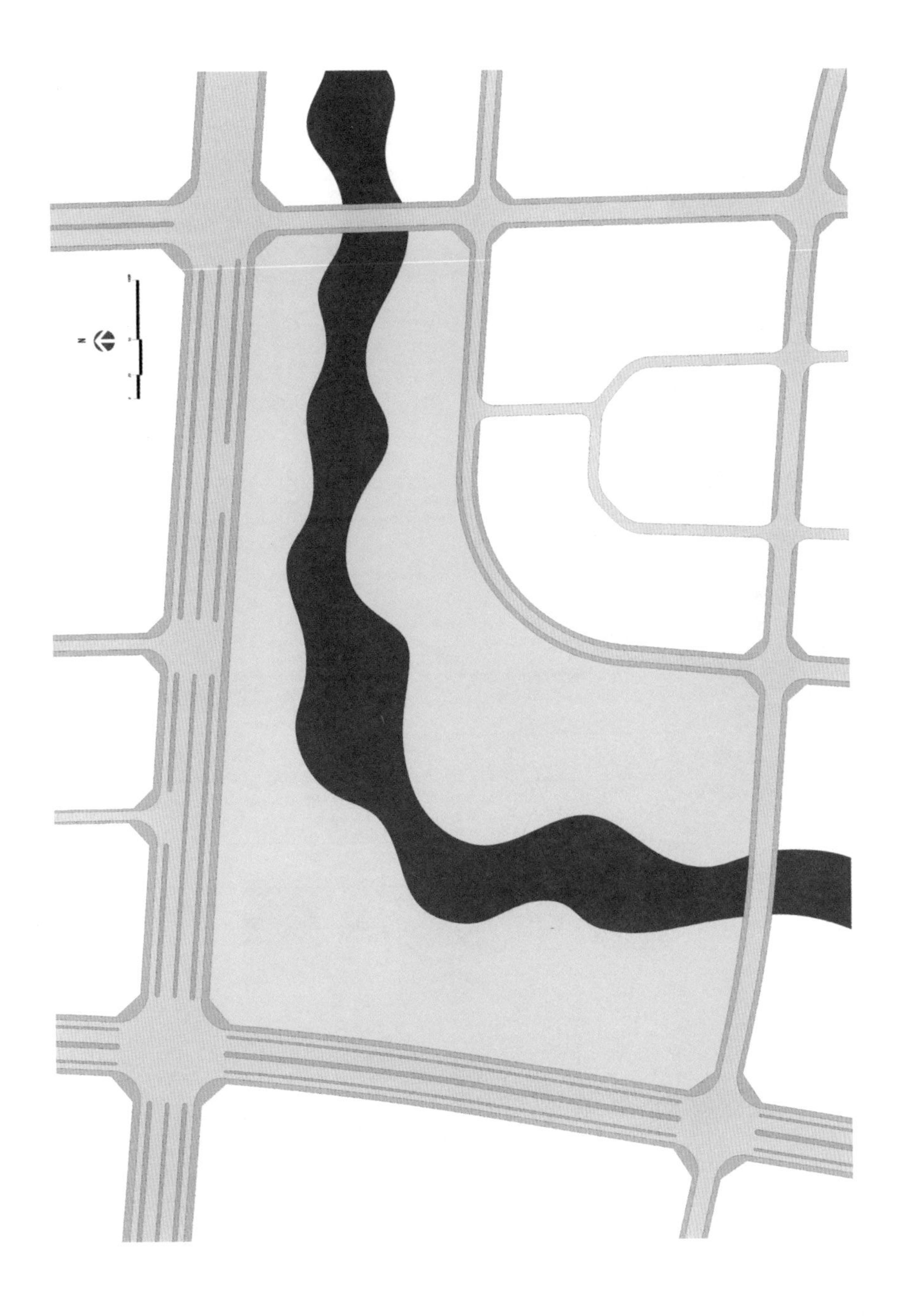

滨河生态消落带

我们暂将河道定义为枯水位线到丰水位线存在 3m 高差的消落带，常水位线上河漫滩形成若干生态小岛，一般不管如何耐湿的乔木树种也只能生长在长水线标高左右的区域。通常水利部门往往认为河道中有乔木的存在影响泄洪，这都属于一孔之见，违背自然规律。由河漫滩形成的地形与植被分形景观正是发挥着防洪的第一作用，河流绿色廊道周边的城市道路发挥防洪的第二作用（相当于堤顶）。

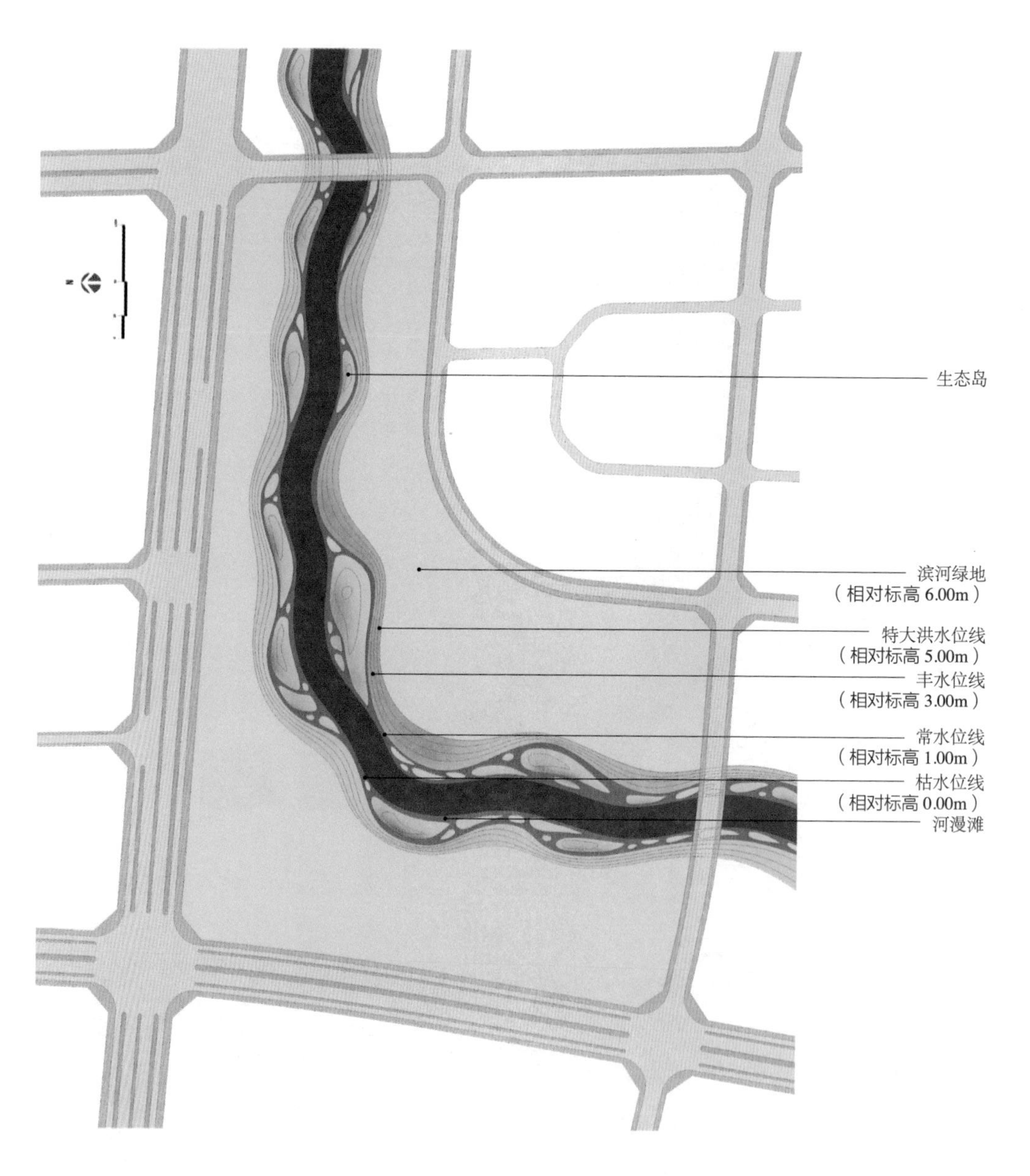
生态岛
滨河绿地
（相对标高 6.00m）
特大洪水位线
（相对标高 5.00m）
丰水位线
（相对标高 3.00m）
常水位线
（相对标高 1.00m）
枯水位线
（相对标高 0.00m）
河漫滩

绿色自行车道分形

当今中国依旧处于炫富的物质时代，尤其是学习美国的汽车生活方式，以至于堵车都成为了步入中产阶层生活的标志，所有的城市规划与建设又往往建立在汽车这个命题之上，无限的拓宽、建设道路，侵占非机动车道，不是汽车服务人类，而是人类服务于汽车。失去了“人”的城市，是否还能叫城市？不停地为汽车所建设的城市又并没有解决人们出行的交通问题。倡导绿色出行已然迫在眉睫，因此，滨河绿色廊道需要为便捷快速的自行车道留出空间。

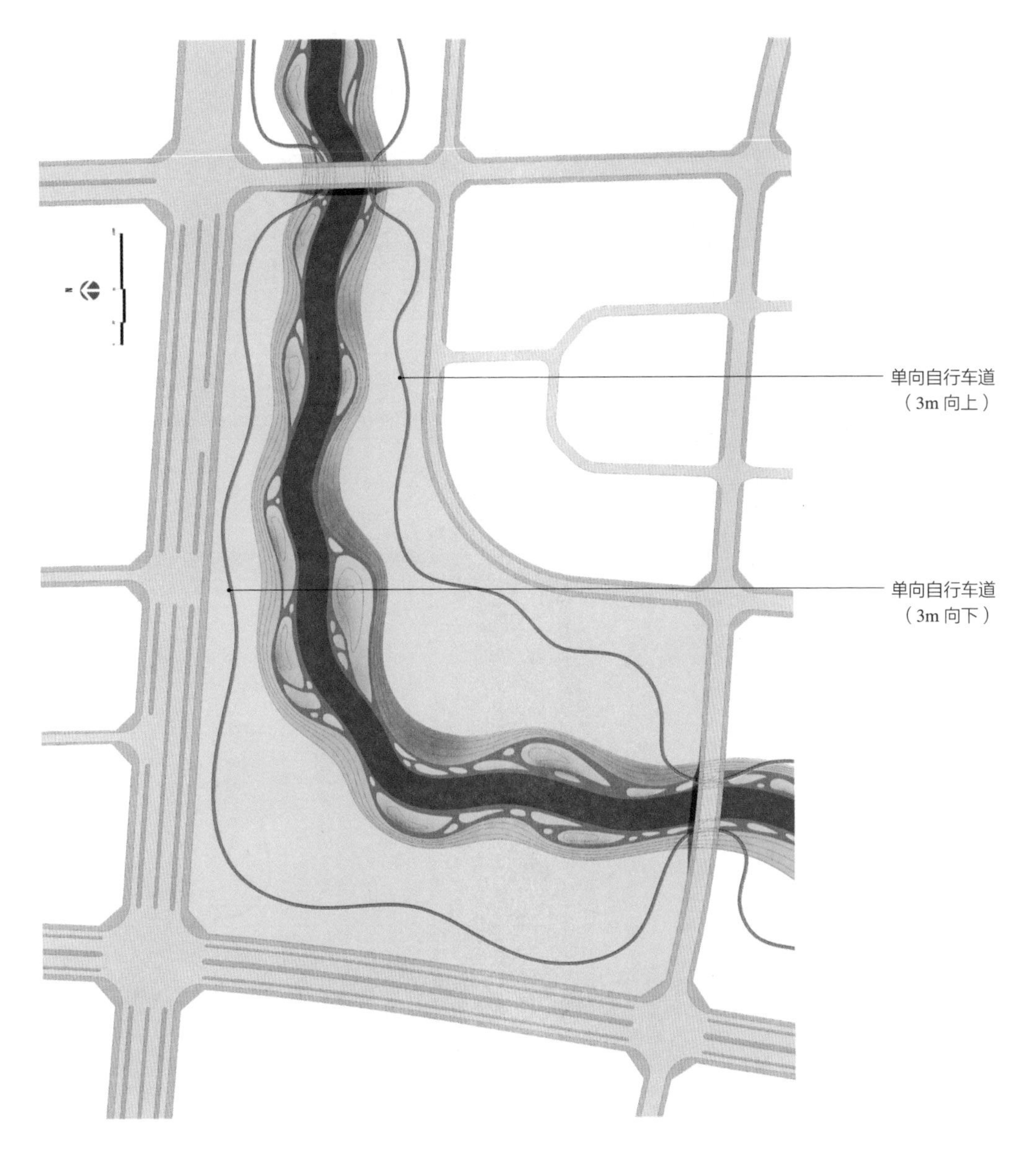
单向自行车道
（3m 向上）
单向自行车道
（3m 向下）

步行系统分形

现下国内的景观设计，往往讲究所谓的文化、主题、形象等伪命题，设计师也过于谄媚于甲方，极尽淫巧奇技之能事，故弄玄虚，实际又流于表象，不能解决公园周边受众的现实需求。一个优秀的景观设计与建筑不同，它是低调内敛的，满足受众实际需求外，并没有人会记得是谁设计的。

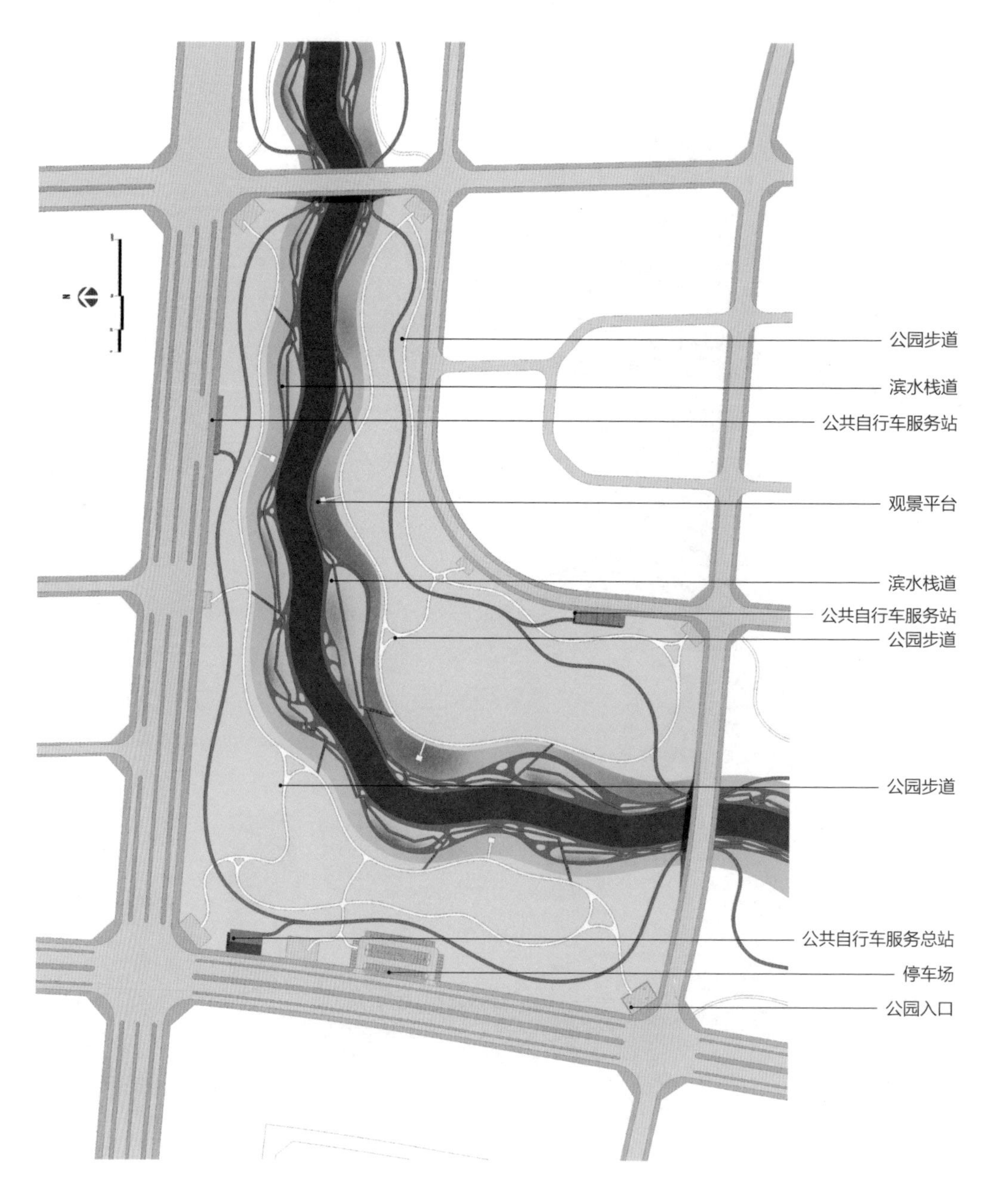
公园步道
滨水栈道
公共自行车服务站
观景平台
滨水栈道
公共自行车服务站
公园步道
公园步道
公共自行车服务总站
停车场
公园入口

无障碍分形

通过地形分形设计，利用立体交通解决自行车道与步行道互不干扰的无障碍问题。通常设计师（包括作者）总会提出一些听上去特别玄乎的理念，比如景观生态学、绿道、廊道等，虽然这些理论都极有意义，但如果只停留在宏大、玄虚的学术层面，那都毫无意义。下图很简单，河道发挥着河道的生态功能，绿地上的道路有三种形式：滨水栈道、水泥步道、自行车道，而且它们互不干扰，仅此就足够了！

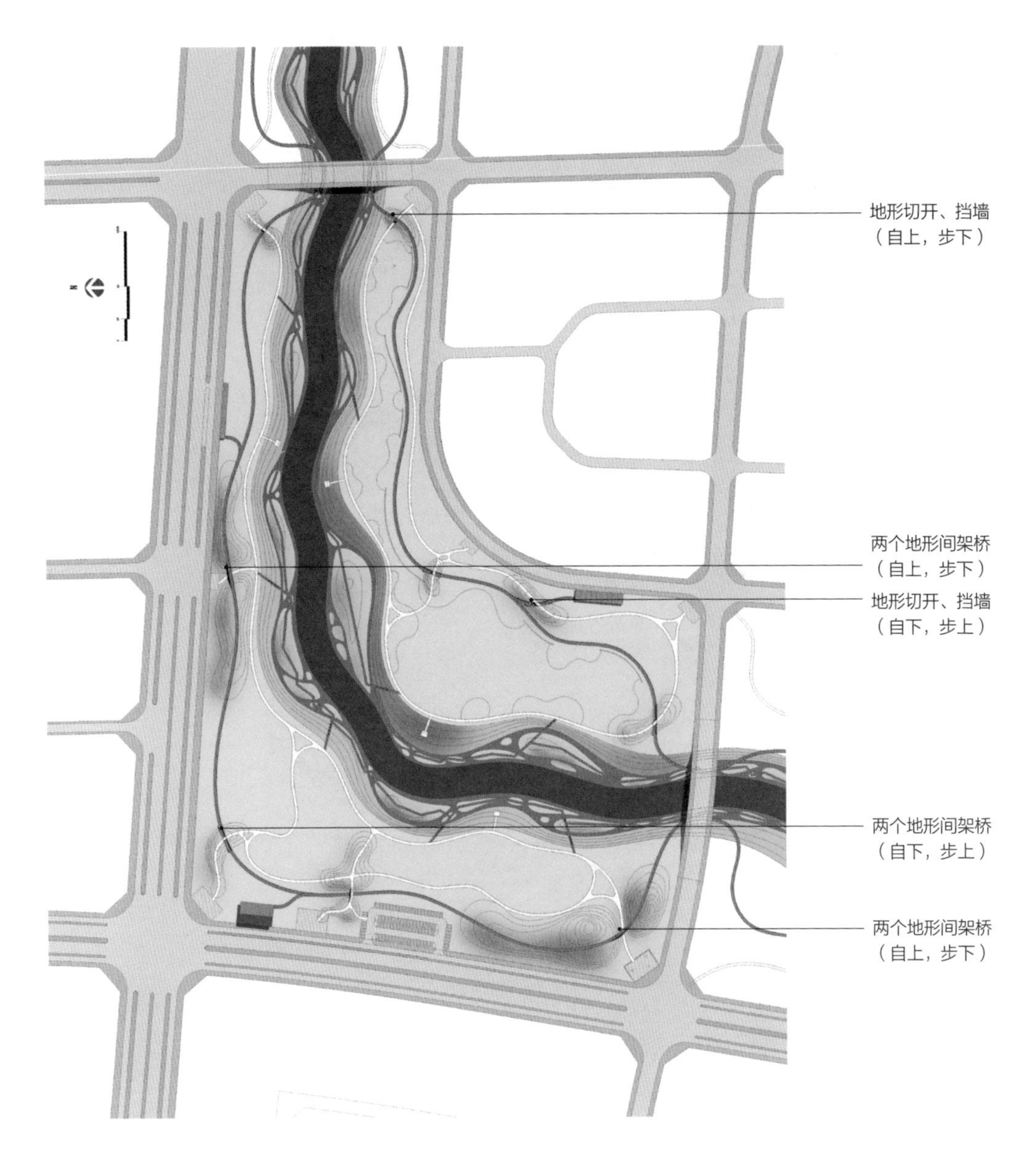
地形切开、挡墙
（自上，步下）
两个地形间架桥
（自上，步下）
地形切开、挡墙
（自下，步上）
两个地形间架桥
（自下，步上）
两个地形间架桥
（自上，步下）

立体交通

用最简单明了的方法解决场地问题，称之为“景观设计”。

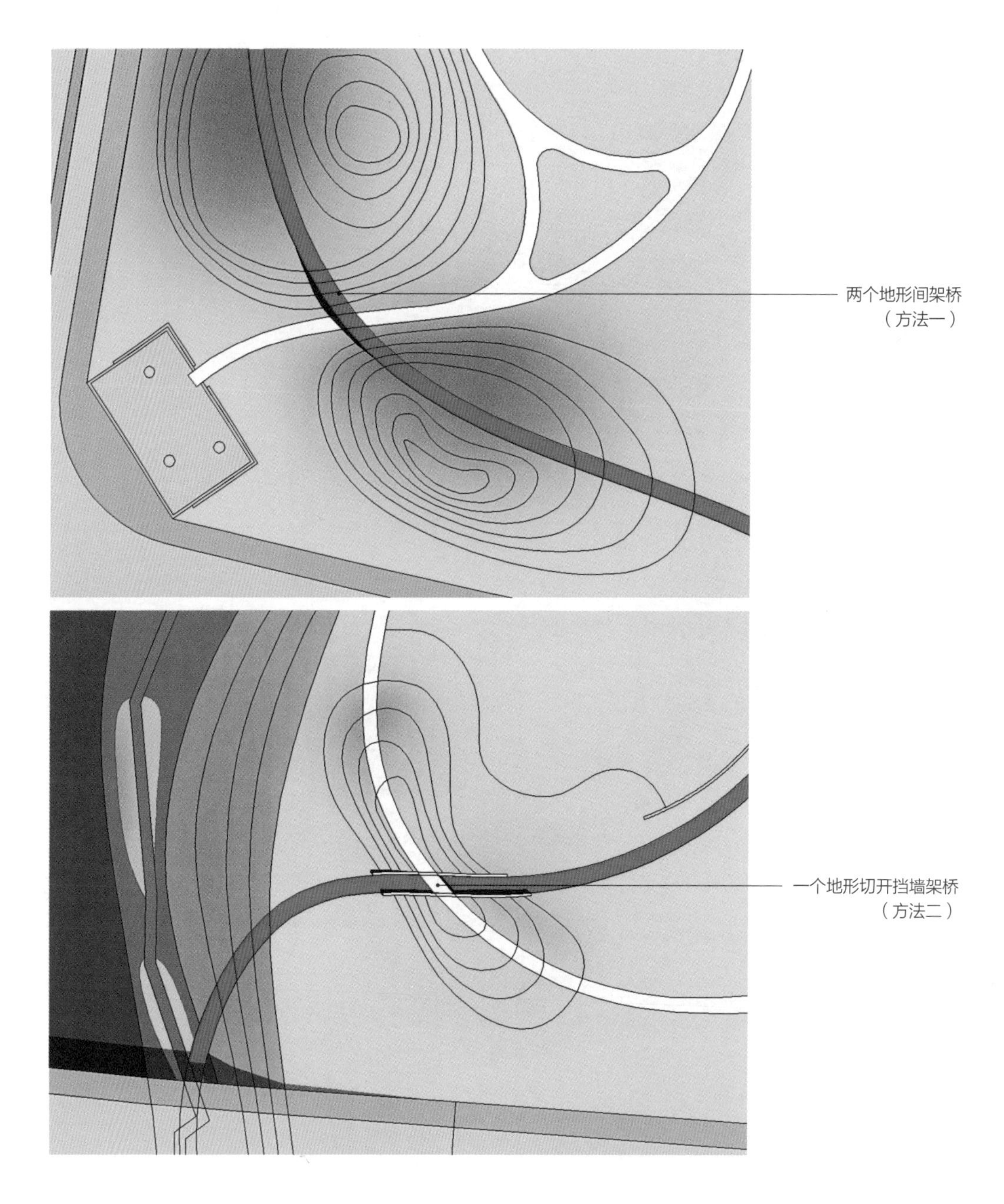
两个地形间架桥
（方法一）
一个地形切开挡墙架桥
（方法二）

方圆分形

在学校从教多年，真真切切地发现学生体质越来越差，球场上往往没有几个青年踢球，而大妈和婴幼儿又极多，这其中对于景观设计而言反映出了两个问题：一是我们城市中针对青少年的运动场地过少；二是很少有为儿童和婴幼儿设计的互动景观（有的也只是成品滑梯之类）。那些大而无当或者奢华无用的景观为何不能是青少年的运动场地和儿童嬉戏之处呢？他们才是国家的未来，我们太少为他们思考，他们运动时的脚步声和童真的笑声何尝不是最美的景观！曲线分形构架之下，进行简明的方圆分形——方形的运动场地，圆形的儿童互动景观。

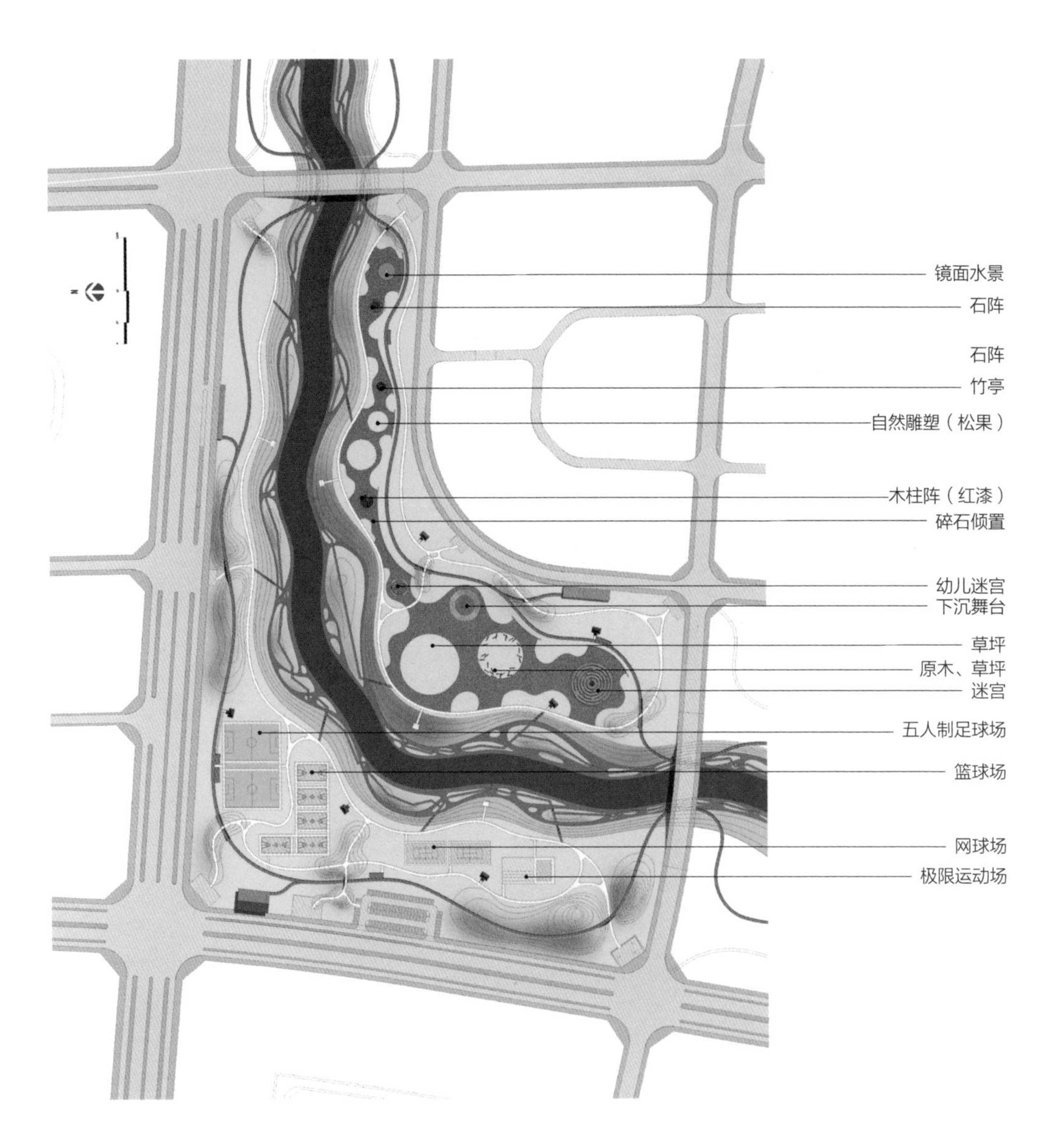
镜面水景
石阵
石阵
竹亭
自然雕塑（松果）
木柱阵（红漆）
碎石倾置
幼儿迷宫
下沉舞台
草坪
原木、草坪
迷宫
五人制足球场
篮球场
网球场
极限运动场

树的分形

最后，还是那句话，没有树，一切都显得没意义！滨河缓坡上长满了蒲公英、紫花地丁、车前草、马兰头、荠菜、艾草和白茅，河漫滩上长着芦苇与茭白。这些植物让我们能感知时序的推移、季节的变幻。设计师无非是自然与人联系的纽带，分形学就是这纽带的密码！

细节

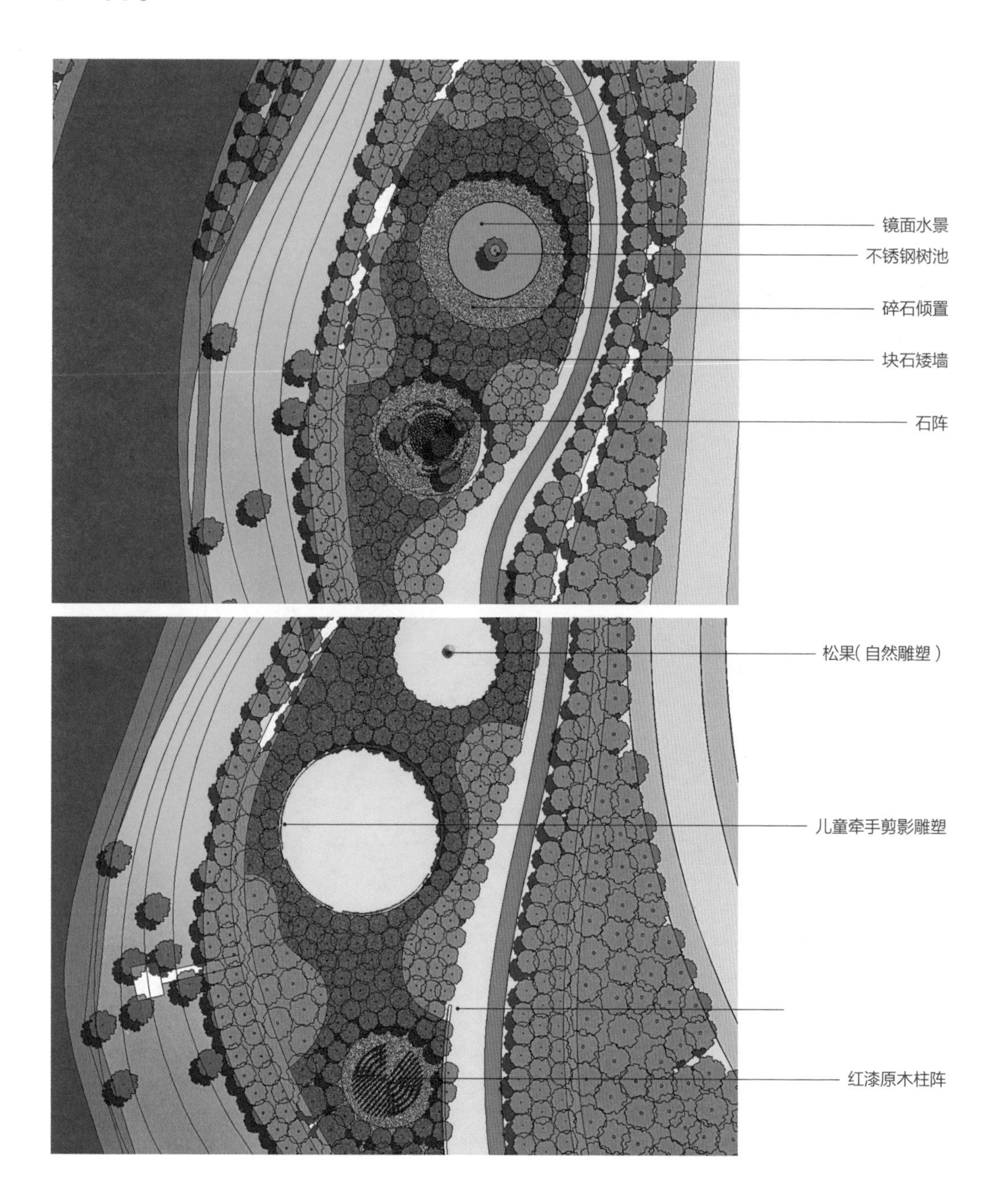
镜面水景
不锈钢树池
碎石倾置
块石矮墙
石阵
松果(自然雕塑)
儿童牵手剪影雕塑
红漆原木柱阵

细节二

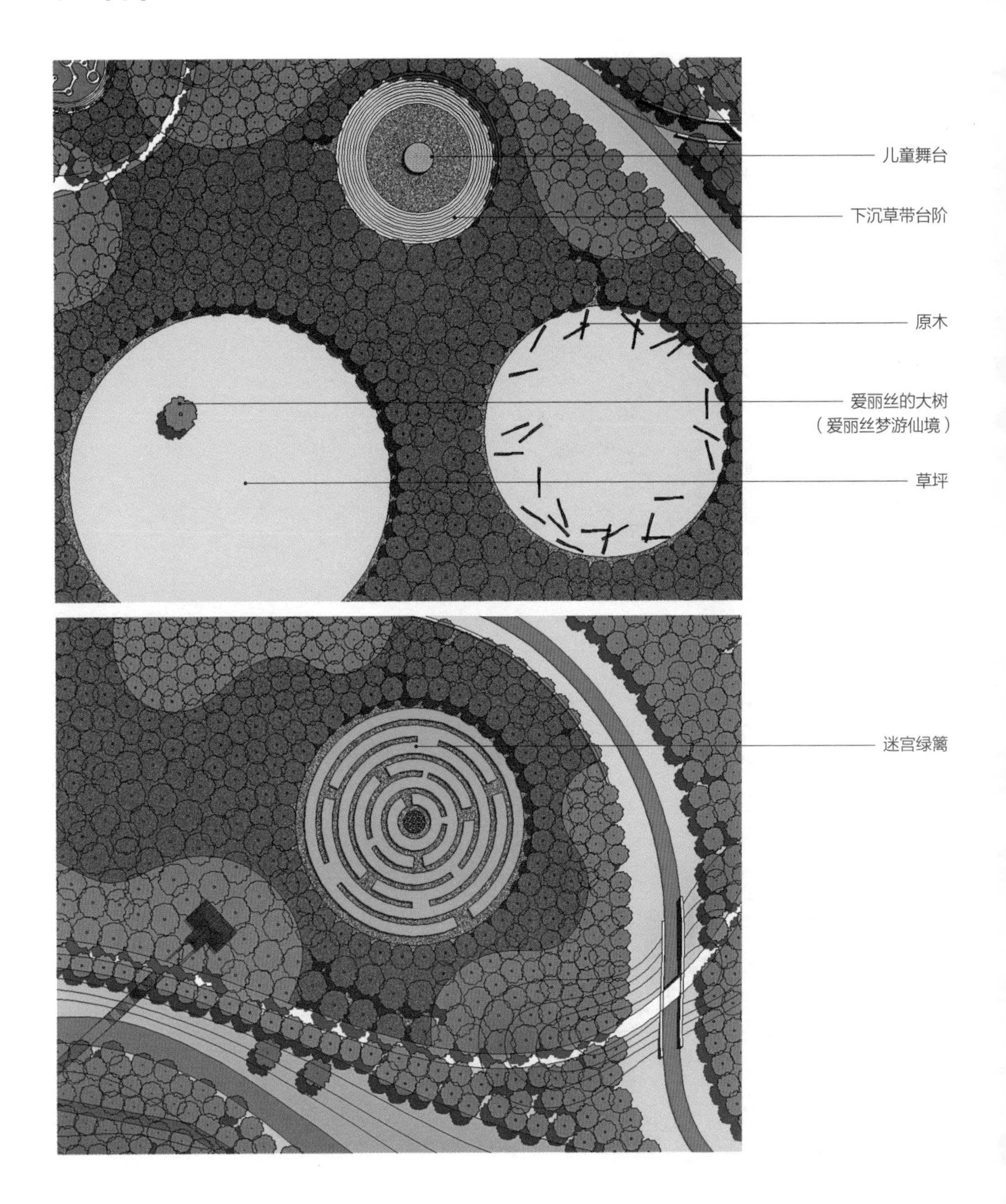
儿童舞台
下沉草带台阶
原木
爱丽丝的大树
（爱丽丝梦游仙境）
草坪
迷宫绿篱

鸟瞰模型与效果图

有那么多学者高谈阔论各种主义、各种淫巧奇技，为什么总是把问题尽一切力量复杂化？为什么不能是一个简单的孩子们的乐园？

栈道模型与效果图

在消落带上，南川柳、中山杉、风杨、池杉、落羽杉等乔木都是极耐水淹的树种，但还是必须种植在常水位标高之上才能生长良好。

入口及自行车道模型与效果图

通过两个地形形成架空自行车道，人行步道从下穿越，解决人与自行车分流的问题。

儿童空间及缓坡模型与效果图

对于孩子们来说，河边的缓坡就是一个最吸引人的地方。

自行车道模型与效果图

第二种人与自行车分流的方式，切开的地形，架空步行道，使自行车道穿过不同的林子。

后记

我所生活与工作的江南小城——临安，三面环山，天目山崇山峻岭，深沟幽谷，苕溪贯穿城市进入东南面浩渺曲折的青山湖。与许多城市相比，应该说，城市的自然条件十分优越，但是生活在其中，我们依旧需要忍受长时间的雾霾、污浊的河流、嘈杂的噪声……自我来到临安的十几年间，深刻地感受到这个城市的生态环境没有变得更好，而是更糟！这也是我国所有其他城镇生态环境问题的一个缩影。在这样的前提下，谈论园林之美多少显得伪善和无能，就如三国袁术战败后嫌饭粗劣，不能下咽，命取蜜水止渴是一个道理。环境问题是如此迫在眉睫，我们已经没有资格讨论遗老遗少们的"透瘦漏皱"或者土豪们的"法式加州"。失去天地自然，我们将何所依归？我们需要寻找到一种全新的、健康的、伦理的环境审美，能引导我们与自然主客一体，才不会破坏我们的寄居之地——地球，才能健康地生活。这种环境美学并不依附也不脱离于传统文化；并不从属也不排斥西方现代美学；并不排斥也不放纵对于物质的需求。我无法用非常具有逻辑和哲学的语言来组织它，事实上过于饰过和玄乎的理论很难被人们所接受，我想这种环境美学它应该是儒家的中庸，人与自然的一种平衡状态；是道家的清静，对自然最小的干扰，无为而无不生；是佛家的悲悯，不要让丰富多彩的生命形态持续消失；是西方现代环境美学的"参与美学"，不再无利害性地像看一幅画一样地去静观自然；它是环绕的、多维度的、极为丰富的审美体验。每一位现代景观设计师都有义务普及这样的环境美学，并带着自然至美的基因结合人性场所应用于景观设计之中。

简而言之，欣赏一幅齐白石的河虾图是美的，但见到真实的河虾才是最美的，它们让我感知造物主的神奇与无私，它们让我想到在瓦尔登湖的梭罗用它垂钓鲈鱼，想到我逝去的祖父喜欢吃河虾。这种环境美学可以解放当下被科技"殖民"的人们，我们会真切地去感受世界，真切地喜欢一朵真实的花，而不是喜欢用手机去拍摄！大千世界，真实不虚。物我两忘，天人合一。华枝春满，自然至美。

2014年8月5日